中小微企业知识产权经营管理实训系列

专利信息分析实训

王　冀　叶珺君　主　编
杨　雪　崔　皓　刘斌强　副主编
李超凡　主　审

图书在版编目（CIP）数据

专利信息分析实训/王冀，叶珺君主编. —北京：北京大学出版社，2017. 4
（中小微企业知识产权经营管理实训系列）
ISBN 978-7-301-27805-5

Ⅰ. ①专…　Ⅱ. ①王…②叶…　Ⅲ. ①专利文献—情报分析—职业教育—教材　Ⅳ. ①G306 ②G252. 7

中国版本图书馆 CIP 数据核字（2016）第 290240 号

书　　名	专利信息分析实训 ZHUANLI XINXI FENXI SHIXUN
著作责任者	王　冀　叶珺君　主编
责任编辑	桂　春
标准书号	ISBN 978-7-301-27805-5
出版发行	北京大学出版社
地　　址	北京市海淀区成府路 205 号　100871
网　　址	http://www.pup.cn　　新浪微博：@北京大学出版社
电子信箱	zyjy@pup.cn
电　　话	邮购部 62752015　发行部 62750672　编辑部 62756923
印 刷 者	北京鑫海金澳胶印有限公司
经 销 者	新华书店
	787 毫米 × 1092 毫米　16 开本　18.25 印张　357 千字
	2017 年 4 月第 1 版　2020 年 1 月第 2 次印刷
定　　价	38.00 元

“中小微企业知识产权经营管理实训系列”教材

编委会

“中小微企业知识产权经营管理实训系列”教材

序

知识产权，创新之魂；强国建设，人才为本；温州着力，著书培训；中小企业，画龙点睛。元旦前夕，陶鑫良教授邀请我为国家中小微企业知识产权培训（温州）基地与温州知识产权学院组织编写的“中小微企业知识产权经营管理实训系列”教材写个序；躬逢其盛，欣然从命；协力助推，情不自禁。“中小微企业知识产权经营管理实训系列”教材的编写和出版，是国家中小微企业知识产权培训（温州）基地与温州知识产权学院最新的核心举措和重点工程之一。期待系列教材的陆续出版，将有力地促进中小微企业知识产权管理能力的提升和有效推动中小微企业知识产权实务人才的培养。

2013年9月温州知识产权学院的成立和2014年11月国家中小微企业知识产权培训（温州）基地的建立，为我在担任浙江省知识产权局局长期间，记忆犹新，感触颇深。温州是我国市场经济的一个主要发源地，也是许许多多中小微企业的富集出生地。温州人或者温州企业一贯凸显的“走尽千山万水，说尽千言万语，想尽千方百计，吃尽千辛万苦”的创业精神与实干精神，也早就传诵于世间和为人所乐道，被誉为“温州精神”。而“温州精神”多年来也贯穿在知识产权领域，温州一直是浙江省知识产权工作的先进地区，在“激励创造，有效运用，依法保护，科学管理”的方方面面，也一贯洋溢着勇于开拓、锐意创新、锲而不舍、努力前行的温州精神。可以说，由温州市科技局、温州市高新区管委会与浙江工贸职业技术学院共同创建的温州知识产权学院与国家中小微企业知识产权培训（温州）基地的建设，就体现了“温州精神”的树大根深；而他们正在组织编写和出版的“中小微企业知识产权经营管理实训系列”教材，则展现出了温州精神的花香果馨。

记得温州知识产权学院是在我国数以百计高职院校中成立的第一家知识产权学院；记得国家中小微企业知识产权培训（温州）基地也是在我国几十所高等院校已建设的二十多家国家知识产权培训基地中面向中小微企业的浙江省第一家；记得“知识产权管理”专业是第一个在浙江省高职教育层面设立的专业；国家中小微企业知识产权培训（温州）基地与温州知识产权学院瞄准中小微企业急需知识产权经营管理实务

人才的现实需求和潜在需求，坚持“适应需求、突出特色、整合资源、注重实效”，尤其致力于培养中小微企业急需的经管层面上操作化的知识产权实务人员，致力于培养具有经营思维、管理才干的应用型、实战型、操作型的中小微企业知识产权经营管理人才，致力于推进中小微企业知识产权经营管理人员的在学培养和在职培训。在完善我国知识产权人才培训链中具有拾遗补阙、配套成龙的特色功效和特殊影响。几年来，培养了一批善经营、能管理、会操作、能动手的知识产权人才，为促进大众创业和万众创新，加快知识产权强市、强省、强国建设做出了积极的贡献。

系列教材从应用与实务操作角度出发，全面布局于中小微企业的知识产权创造、运用、保护、管理、服务诸方面，对专利挖掘与撰写、专利信息分析、专利申请、专利许可贸易、商标经营管理、著作权经营管理以及知识产权纠纷与处理等方面都有部署和安排，既能为中小微一般企业知识产权经营管理人员以及中小微知识产权中介服务企业的从业人员提供知识产权经营管理的厚实的实践指南，也为高职或其他层面之知识产权管理专业的在校学生打开知识产权实务的丰富的导游手册。

纵览“中小微企业知识产权经营管理实训系列”教材，不但可以清晰地看到当前我国中小微企业知识产权经营管理的经纬脉络，更能亲身感受到开拓、创新、务实的“温州精神”熠熠生辉。系列教材的面世，必将对促进温州市内外中小微企业知识产权经营管理能力的提升及其运营优化提供合宜的教科书，对推动中小微企业知识产权应用人才的培养及其路径创新产生积极而深远的影响。

洪积庆

2017年1月15日

前　　言

近六年，国内知识产权圈出现了很多新动向，版权价值迅猛提升，已成为互联网视频产业不得不面对的成本之痛；商标价值在王老吉加多宝之争、阿里巴巴“双11”立旗等典型事件的推动下日益提升；而专利的价值，在全行业探索“专利运营”、各种专利投资基金呼之欲出的大背景下，预计很快也会有显著的体现。可以这样讲，在目前的时间节点上着手“玩”专利，无论是从专利获取成本的角度，还是从竞争对手规模的角度，现在都是最佳介入时机。怎么样才能“玩好”专利，不同的行业有各自不同的特点，其实现手段和执行步骤没有唯一的答案。但可以确定的是，专利信息利用是和专利申请质量管控同样重要的工作，它是专利价值评估、技术转移与作价入股等一切专利运营工作的前提。

专利信息分析是专利信息利用工作最主要的实施方式。专利信息分析是指通过对专利信息进行精确地聚焦和科学地加工，并有针对性地进行挖掘与剖析，从而将专利信息转化为企业经营活动中有价值的情报的理论和方法。换句话说，专利信息是专利信息分析的原料，企业经营情报是专利信息分析的产品，而专利分析方法是保障原材料能够高质量地转化为产品的管控手段。截至2013年年底，全球专利文献数量已经突破1亿条，每天新增专利文献超过百万条，并且每一条专利文献又蕴含了内涵丰富的技术、法律和经济信息，因此使得专利信息成为具有大数据概念的情报资源宝库。现在，专利信息分析的实用价值已经被越来越多的创新主体所认识。在我国各级政府的培育和引导下，专利信息分析的影响力正在逐渐扩散，专利信息分析已经融入宏观调控政策制定、重大项目分析评议、技术转移价值评估等诸多环节，可以说，专利信息分析项目的需求规模正处于高速发展的战略机遇期。

本书是一本有关专利信息分析工作的基础教程，定位于以职业岗位要求出发，采用模块导向、任务驱动的编写模式，培养学习者的实际操作技能。全书在结构设置上具备以下特点。

一、项目设置系统化

本书将专利信息分析项目拆解成项目准备、文献检索、数据处理、图表制作、分析方法5个关键步骤，每个步骤独立作为本书的一篇。在每篇中又根据任务驱动要素设置若干子任务，进而手把手地指导学习者如何策划专利信息分析类项目以及如何操作项目中的各个环节。

二、技能设置独立化

如果需要通过学完本书全部章节，才能掌握专利信息分析的技能，显然违背了学习者成长的规律，事实上，快速提升学习者实务技能的关键在于间歇性地满足学习者的自我成就认知。本书整体上设置了15个模块42项任务，每一个任务都有独立的应用场景，并需要独立的操作技能来支撑。通过在每个模块中设置一系列任务，使学习者掌握相对独立的“十八般武艺”，进而可以在实际工作中自如地选取、组合，以应对不同类型的专利工作需求。

三、案例设置开放化

在企业发展过程中，很多问题的解决是没有标准答案的，而专利信息分析的目的往往就是围绕企业的商业发展战略，因此专利信息分析的结论也同样是开放性的，分析论证的目标就是探讨最优解。本书在案例设置方面，充分考虑对所需技能的指引，同时启发学习者思考各种可行方案，通过教学者之间、学习者之间的思维碰撞，提升学习者解决实际问题的能力。

本书由王冀（现就职于阿里文娱集团大优酷事业群法律团队）、叶珺君（现就职于浙江工贸职业技术学院知识产权学院、浙江工贸职业技术学院设计分院）任主编，杨雪（现就职于国家知识产权局专利局光电技术发明审查部）、崔皓（现就职于国家知识产权局专利局专利审查协作北京中心）、刘斌强（现就职于东莞市优赛诺知识产权服务有限公司）任副主编，李超凡（现就职于超凡知识产权服务股份有限公司）任主审。具体编写分工如下：王冀撰写模块1～3以及模块13的部分内容；叶珺君撰写模块4；崔皓撰写模块5～7、模块14；杨雪撰写模块8～10、模块12；刘斌强撰写模块11、模块15以及模块13的部分内容。

专利信息分析是一门快速发展的新兴学科，编者虽殚精竭虑，倾尽心血，书中仍难免有疏漏和不妥，望广大读者批评指正。

主　编

2017年1月6日

目　　录

项目准备篇

文献检索篇

数据处理篇

图表制作篇

分析方法篇

项目准备篇

模块1　专利信息分析的概念

知识目标

- 了解专利信息的含义
- 了解专利信息分析的理论
- 了解专利信息分析项目管理的理论

实训目标

- 了解专利信息分析项目的流程

技能目标

- 准确识别专利文献各著录项目的含义
- 掌握制订项目计划书的基本方法
- 具有专利信息分析项目管理的初级能力

本模块主要介绍专利信息的概念、专利信息分析项目流程、专利信息分析项目管理三个任务。认识专利信息的概念是专利信息分析的理论依据；专利信息分析项目流程是探讨专利分析项目的实施步骤；专利信息分析项目管理是指专利分析项目的质量控制手段以及项目计划书的内容规范。专利信息分析是通过对专利信息进行精确地聚焦和科学地加工，并有针对性地进行挖掘与剖析，从而将专利信息转化为企业经营活动中有价值情报的理论和方法。认识专利信息分析，可以看作是整个专利信息分析过程的起点，其目的是找准专利信息分析的实用价值和工作定位，因此，认识的高度将决定分析内容的宽度和深度。

任务1　专利信息的概念

专利信息属于科学技术信息，泛指一切专利活动所产生的相关信息的总和。一般来说，专利信息涵盖了技术信息、法律信息和商业信息，其根据出版格式可分为扉页著录信息和专利文本信息。这些原本记录在专利申请文件中的文字，如实反映了专利申请过程中的主体、客体、时间、地域等一系列状态，这些状态信息如能够经过有效地分析处理，就可以转化为互相关联的、准确的、可使用的情报①。

专利信息具有主题新颖、描述详细、方法可靠、分类系统、格式规范、便于查阅等特点，优于一般意义上的科技情报。专利信息分析能将个体的、孤立的离散信息转化成完整的、系统的关联情报，使专利信息发生质的变化，使它们从描述某一具体细节的战术情报上升为能对竞争对手或技术发展进行评价的战略情报。

案例展示 1-1

图 1-1 展示了一份中国发明专利说明书的扉页，包括申请公布号、申请号、申请人等数项著录项目，这些著录项目与企业经营活动有较强的内在关联，如果留心观察这些法律状态信息，就会获得有益的技术情报和商业情报。

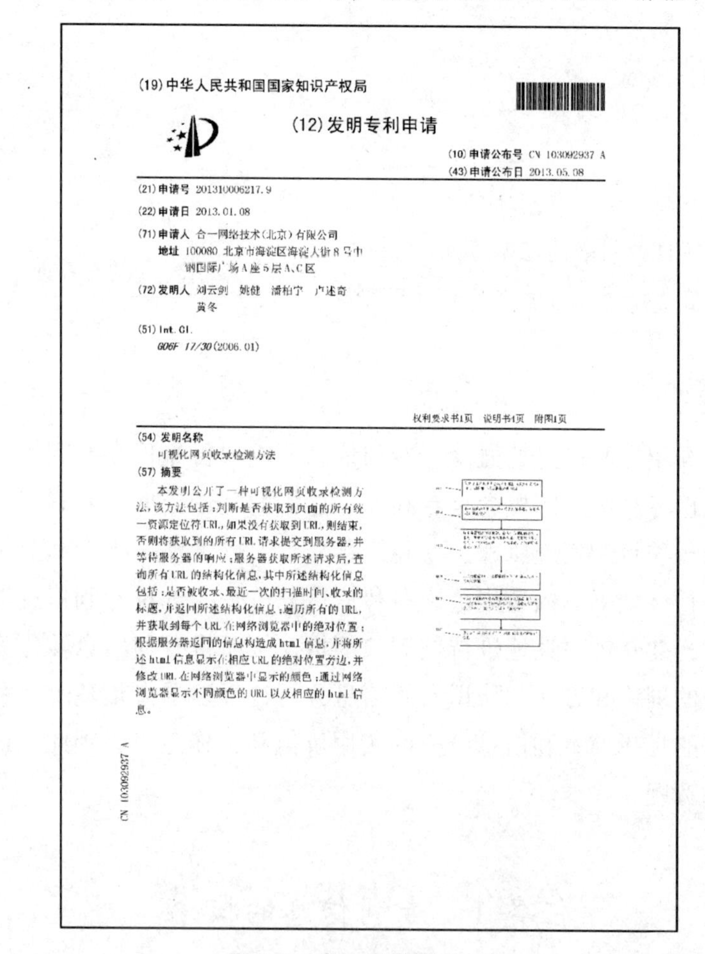

(19) 中华人民共和国国家知识产权局

(12) 发明专利申请

(10) 申请公布号 CN 103092937 A
(43) 申请公布日 2013.05.08

(21) 申请号 201310006217.9

(22) 申请日 2013.01.08

(71) 申请人 合一网络技术(北京)有限公司
地址 100080 北京市海淀区海淀大街 8 号中钢国际广场 A 座 5 层 A、C 区

(72) 发明人 刘云剑 姚健 潘柏宇 卢述奇 黄冬

(51) Int. Cl.
G06F 17/30 (2006.01)

权利要求书1页 说明书4页 附图1页

(54) 发明名称
可视化网页收录检测方法

(57) 摘要
本发明公开了一种可视化网页收录检测方法，该方法包括：判断是否获取到页面的所有统一资源定位符 URL，如果没有获取到 URL，则结束，否则将获取到的所有 URL 请求提交到服务器，并等待服务器的响应；服务器获取所述请求后，查询所有 URL 的结构化信息，其中所述结构化信息包括：是否被收录、最近一次的扫描时间、收录的标题，并返回所述结构化信息；遍历所有的 URL，并获取到每个 URL 在网络浏览器中的绝对位置；根据服务器返回的信息构造成 html 信息，并将所述 html 信息显示在相应 URL 的绝对位置旁边，并修改 URL 在网络浏览器中显示的颜色；通过网络浏览器显示不同颜色的 URL 以及相应的 html 信息。

CN 103092937 A

图 1-1　发明专利扉页示例

① 肖沪卫. 专利地图方法与应用 [M]. 上海：上海交通大学出版社，2011.

图1-1是一份发明专利说明书扉页（注：专利文献权利要求书、说明书和说明书附图中也包含一定的信息，本节为了介绍著录项目信息，暂时不介绍除扉页之外的信息），专利说明书扉页是专利文献的重要组成部分之一，记载了大量与专利申请状态相关的著录项目。

全球主要国家的专利文献在印刷版式结构上虽不相同，但却共同使用一套经过规范的通用著录项目进行信息表征。这些著录项目采用一套国际承认的著录数据识别代码，建成INID码，由圆圈或括号中的两位阿拉伯数字表示①。各国的专利说明书扉页中使用的基本著录项目有以下几部分。

文献标志：(11) 文献号、(13) 文献类型代码、(19) 国际或组织代码；

专利或补充保护证书申请数据：(21)～(26) 申请号、申请日期等；

优先权数据：(31)～(33) 优先申请的国家、日期及申请号；

文献的公知日期：(43)～(45) 各种说明书的出版日期；

技术信息：(51)～(58) 专利分类、发明题目、发明文摘、权利要求、检索领域等；

与文献有关的人事引证：(71)～(74) 专利申请人、发明人姓名（或设计人姓名）。

以图1-1为例，逐项介绍专利说明书扉页上的著录项目：

(19) 表示在中国国家知识产权局申请；

(12) 表示这篇专利的类型属于发明专利申请；

(10) 表示专利申请公布号；

(43) 表示专利申请向公众公开的时间是2013年5月8日；

(21) 表示该专利申请时给的唯一标示申请号；

(22) 表示专利申请的申请日期；

(71) 表示申请人为合一网络技术（北京）有限公司，申请人地址为××××；

(72) 表示该专利发明人是刘云剑、姚健、潘柏宇、卢述奇和黄冬；

(51) 表示国际专利分类为G06F 17/30；

(54) 表示发明名称为可视化网页收录检测方法；

(57) 表示专利申请的摘要。

之所以提取著录项目信息作为反映专利文献信息的数据项，是由于著录项目包括专利文献技术、法律、经济三种信息的集合。

技术信息特征：是指揭示发明创造技术方法的信息特征。包括：某一技术领域内的新发明创造，某一特定技术的发展历史，某一技术关键的解决方

① 李建蓉．专利文献与信息［M］．北京：知识产权出版社，2002.

案，某项发明创造的所属技术领域，某项发明创造的技术主题，某项发明创造的方法提示等。例如：(51) 国际专利分类，(54) 发明名称，(57) 摘要。

法律信息特征（又称权利信息特征）：指揭示与发明创造的法律保护及权利要求有关的信息特征。包括：某项发明创造申请是否授权，某项发明创造申请请求法律保护的范围，某件专利受保护的地域范围，某件专利的有效期，某件专利的专利权人等。例如：(22) 申请日、(43) 申请公布日。(22) 申请日揭示的法律信息非常重要，它不仅是新颖性判定、先用权认定的界定日，也是大多数国家专利有效期计算的起始日。

经济信息特征：指揭示发明创造潜在的市场前景、经济价值的信息特征。包括：某项发明创造寻求保护的地域范围、拥有的同族专利数量，对同一技术问题不同技术解决方案进行比较，可以使人们了解各国在不同技术领域发明创造的活跃或衰落程度、企业正在进行的商业活动、正在开辟的技术市场；某项产品销售的国家或地区、权利人建立生产基地的国家等，从而确定较为经济的技术发展战略。值得注意的是，专利文献的经济信息往往从技术信息和法律信息入手，通过对专利文献进行大量的分析、综合得出。

技能训练 1-1

发明专利和外观设计专利是两种保护客体不相同的专利申请形式，二者在保护期限、保护范围、审查程序等诸多方面存在差异。

训练要求 (1) 以小组为单位，可利用任何检索工具，获取来自国外申请人的中国发明和中国外观设计专利各一件；(2) 以表格的形式比较这两篇专利文献所蕴含信息的异同之处；(3) 分组讨论，基于发明专利的信息分析和基于外观设计专利的信息分析各自有什么样的应用用途，二者的异同包括哪些，并形成书面报告。

任务 2　专利信息分析项目流程

不管把专利信息分析的过程当作课题还是当作项目，最终的研究成果都可以看作是一件“产品”，因此就有必要对这件“产品”的各个生产环节以及每个环节的输入输出进行规范和量化。在“专利信息分析”为中国知识产权界所认识的初期，业界普遍认为专利检索和对检索结果的统计分析是其主要的组成部分，这确实抓住了“专利信息分析”的精髓，但相对来讲内涵还不够丰富，应用用途也比较单一。

随着“专利信息分析”在实践中的不断发展、并经过越来越多研究成果的验证，业界逐渐意识到，除了检索和统计之外，检索质量的评估、图表展现的形式、数据分析的方法都至关重要，因此专利信息分析的操作流程一直在不断深化、不断完善。目前业界对专利信息分析项目的操作流程基本形成了一个共识，认为操作流程分为项目准备、数据检索与处理、专利分析、项目论证与验收四个阶段，每个阶段包括若干具体的工作环节，每个工作环节都有明确的工作任务，对于不同阶段的成果通常具有独立的评价形式和评价指标。专利信息分析项目的整体质量，通过对每个阶段的成果进行管理和评价来实现，每个阶段的评价结果同时也是阶段工作成果的总结。各阶段的主要工作环节如表1-1所示。

表1-1　专利信息分析项目各阶段的主要工作环节

<table>
<tr><th>阶段</th><th colspan="2">主要工作环节</th><th>阶段成果评价形式</th></tr>
<tr><td>项目准备</td><td colspan="2">● 拟订工作方案
● 项目申报/投标
● 组建研究团队
● 行业调查和技术调查
● 确定项目需求
● 技术分解</td><td>立项评审</td></tr>
<tr><td rowspan="2">数据检索与处理</td><td>● 专利数据检索</td><td>➢ 制定检索要素表
➢ 选择数据库
➢ 专利文献检索
➢ 检索数据去噪
➢ 检索数据评估
➢ 补充检索
➢ 法律信息检索</td><td rowspan="2">数据结果评估</td></tr>
<tr><td>● 专利数据处理</td><td>➢ 专利数据采集
➢ 专利数据清理
➢ 专利数据标引</td></tr>
<tr><td>专利分析</td><td colspan="2">● 选取分析方法及工具
● 数据图表制作
● 数据图表解读与分析
● 分析报告撰写</td><td>交叉评审</td></tr>
</table>

续表

阶段	主要工作环节	阶段成果评价形式
项目论证与验收	● 专家讨论 ● 产业论证 ● 修改完善分析报告 ● 项目验收	验收评审

从项目普通执行者的角度讲，以上四个阶段中有八个工作环节是专利信息分析工作之基石，也是本书所要重点讲述的方法。这八个基础工作环节分别是：行业调查和技术调查、技术分解、专利数据检索、专利数据清理、专利数据标引、数据图表制作、数据图表解读与分析、分析报告撰写。

案例展示1-2

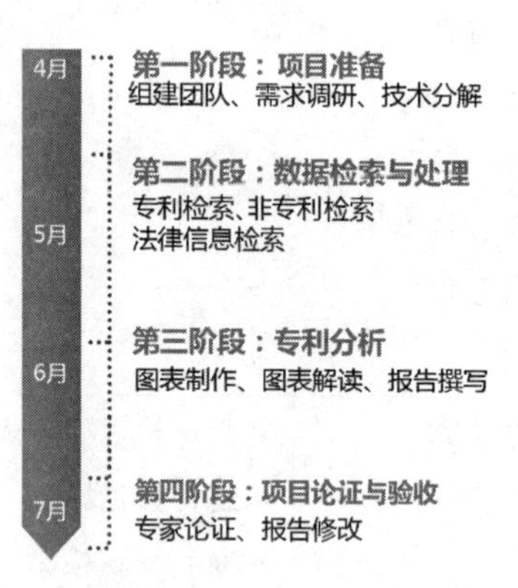

图1-2　智能头戴设备专利分析项目工作计划

A研究团队在M公司智能头戴设备专利分析项目的投标环节展示了一页PPT，如图1-2所示，这页PPT简要介绍了专利分析项目的预计投入时间和比例分配情况。A研究团队表示，智能头戴设备专利分析项目总计持续12周，约3个月；研究过程主要分为四个阶段，分别是项目准备阶段、数据检索与处理阶段、专利分析阶段、项目论证与验收阶段。其中，第一阶段项目准备约持续2周，第二阶段数据检索与处理约持续5周，第三阶段专利分析约持续3～4周，第四阶段项目论证与验收约持续1～2周。除此之外，A研究团队还对各阶段输出的成果物进行了预估，整体上项目的最终成果包括行业调查报告、技术调查报告、技术分解表、专利分析报告、专利数据清单（数据库）、新挖掘专利申请（不少于3件）。

技能训练 1-2

一个大型的专利信息分析项目在操作流程上包含了前文所述的四个阶段以及相应的多个工作环节，其中各个工作环节的时间花销是不相同的，同时在不同类型的项目中各个工作环节的比重也是会发生变化的。

训练要求　(1) 以小组为单位，分组讨论制约各工作环节时间花销的因素分别有哪些？哪些工作环节的时间花销更不容易控制及其原因是什么？各工作环节的经济成本该如何分配？

(2) 将讨论结果形成书面意见。

任务3　专利信息分析项目管理

(一) 专利信息分析的质量管控

任何专利信息分析项目都要注重对于研究质量的管控，衡量研究质量的标准一般包括时间进度、交付标的、方法深度、结论高度等指标，时间进度是指什么时间该做完什么事，交付标的是指最终需要哪些成果，方法深度是指分析研究需要考虑哪些角度，而结论高度是指结论建议与实际状况的契合度如何。

时间进度指标和交付标的指标是可以定量考核的，而方法深度指标和结论高度指标往往是定性考核的。为此，很有必要对专利信息分析项目进行质量管控，管控的思路包括：进度管理、交付管理、过程管理、方法管理。

(1) 进度管理，是指设置项目进度时间节点，其与交付管理结合进行，严格按照项目进度节点完成研究方法，提交阶段成果，从而保证项目在整个研究时间内以及各时间节点内完成相应的项目研究。

(2) 交付管理，是指研究团队需要按照研究进度的安排，分批分次交付研究项目各阶段的中间成果物，交付管理在本质上是按照过程管理的要求将项目分解为若干不同的子项目进行管理，以降低项目风险。

(3) 过程管理，是 ISO9000：2005. IDT 质量管理体系标准强调的管理方法，是“为使组织有效运行，必须识别和管理许多相互关联和相互作用的过程，通常一个过程的输出将直接成为下一个过程的输入，系统地识别和管理组织所应用的过程。特别是这些过程间的相互作用”①。质量的产生、形成和实现，都是通过过程链来完成的。

---

① ISO9000：2005. IDT，中华人民共和国国家质量监督检验检疫总局和中国国家标准化管理委员会.

过程管理覆盖了组织的所有活动，涉及组织的所有部门，并聚焦于关键/主要过程，包括过程策划（计划）、过程实施、过程检测（检查）和过程改进（处置）。

（4）方法管理，是指在项目管理中的每个节点设置质量指标，通过每个过程细节进行控制管理，从而达到全面质量管理。

上述四个管理思路应相互结合使用，使得项目研究在进度、成果和结论建议方面得以保证。[①]

专利信息分析项目的整体质量，需要通过对不同阶段不同环节的成果进行管理和评价，每个阶段每个环节的评价结果同时也是阶段工作成果的总结。

（二）专利信息分析的项目申报与管理

专利信息分析项目的来源一般为企业或机构，在此我们将其统称为客户，想要从客户手中拿到专利分析项目的订单并不容易，为了给客户留下专业且经验丰富的印象，制订一份出色的项目计划书是必不可少的。可以说，制订项目计划书在项目准备阶段是最重要的工作环节之一，其重点在于对项目行进过程的前期策划，可以将时间管理、任务管理和经费管理的安排突出，其目的在于使客户对项目承担方的经验和实力给予认可、对项目行进过程中需要配合的人力和资金有所预估。当然，前期策划在执行中可以适当调整，但整体要求应该相对明确，对于主要任务完成的时间节点应当确定。

项目计划书需要阐明项目执行过程的基本要素，这些要素包括但不限于团队人员构成、所属领域现状、现有研究基础、初拟工作计划、项目预期成果、报价及明细、甲方的配合方式等，其要求如表1-2所示。

表1-2　基本要素应符合的要求

基本要素	要　求
团队人员构成	应当明确团队负责人、客户对接人和团队规模，必要时可介绍团队负责人和团队各成员的专业背景、项目经验和任务分工
所属领域现状	应当指出所属领域的产业现状和技术动向，必要时可介绍相关产业政策、行业标准、关键技术、国内外典型企业、研究机构和专家
现有研究基础	应当列出在项目准备阶段所检索出的专利初步数量，必要时可提供与项目相关的已有研究报告或论文
初拟工作计划	应当阐明项目持续时间和实施步骤，最好能将项目分成若干明确的工作阶段并确定交付指标
项目预期成果	应当规划项目各阶段和最终交付的成果形式，预估项目最终可以达成的研究目标
报价及明细	应当列出项目涉及的工具、人力、差旅等各类成本项，给出项目整体预算，必要时可注明费用产出明细
甲方的配合方式	应当阐明甲方需要支持的资源，明确甲方应当在什么阶段以什么形式进行协作

---

① 杨铁军．专利分析实务手册［M］．北京：知识产权出版社，2012.

工作计划部分的撰写要突出时间规划和任务规划。首先应当明确项目的启动时间、持续时间，以及各工作阶段的始末时间。前文介绍过，工作阶段一般包括项目准备阶段、数据检索与处理阶段、专利分析阶段、项目论证与验收阶段，每个工作阶段又包括若干工作环节，根据项目目标不同可以有不同设计。计划书应当明确研究过程中的人员安排和阶段性成果，并将人员安排与阶段性工作成果相关联。由于分析项目的交付成果主要可通过研究过程中的文件体现，因此计划书可将阶段性成果与工作文件或文档的管理结合，对于不同时间或阶段的工作均可通过阶段文档管理实现。

为了成功获得“客户”的合同，除了项目计划书，项目承担方还可视情况准备其他有关材料，比如已取得的资质证明、汇报用的 PPT、调查问卷、初步研究成果等。

案例展示1-3

Y 公司是一家从事虹膜采集设备设计和生产的企业，其制造的 M1 型虹膜采集仪在国内具有一定的市场占有率，近期将会赴欧洲和东南亚参展，意在开拓海外市场。此外，Y 公司目前还在筹划研发下一代产品：M2 型虹膜采集仪。Y 公司在市政府知识产权局的支持下，启动了针对虹膜识别技术的专利分析项目，希望能在专利风险和技术储备方面有所收获，×××知识产权代理事务所提供了一份项目计划书（见表 1-3），准备投标该项目。

表 1-3　虹膜识别技术专利项目计划书

<table>
<tr><th colspan="2">项目名称</th><th colspan="3">虹膜识别技术</th></tr>
<tr><td colspan="2">申报单位</td><td colspan="3">×××知识产权代理事务所</td></tr>
<tr><td rowspan="4">项目负责人</td><td>姓名</td><td>Robert</td><td>职务</td><td>研究员、专利代理人</td></tr>
<tr><td>个人荣誉</td><td colspan="3">××××××</td></tr>
<tr><td>项目经验</td><td colspan="3">××××××</td></tr>
<tr><td>联系电话</td><td>×××××××××××</td><td>电子邮箱</td><td>Robert@×××. com</td></tr>
<tr><td rowspan="6">研究团队</td><td>姓名</td><td>Apple</td><td>职务</td><td>所长助理、专利代理人</td></tr>
<tr><td>个人简介</td><td colspan="3">中科院博士，国家专利信息师资人才，曾参与×××××</td></tr>
<tr><td>姓名</td><td>Ben</td><td>职务</td><td>律师</td></tr>
<tr><td>个人简介</td><td colspan="3">曾在×××企业担任专利顾问×年，×××××</td></tr>
<tr><td>姓名</td><td>Conan</td><td>职务</td><td>专利代理人</td></tr>
<tr><td>个人简介</td><td colspan="3">×××××</td></tr>
<tr><td>其他说明</td><td colspan="4">我司曾为×××等大型企业提供×××咨询服务，智能识别领域专利代理经验超过 3 年，被评为×××××，曾承担×××××</td></tr>
</table>

续表

<table>
<tr><td>行业背景</td><td>在信息技术高速发展与社会安全亟待加强的时代里，身份识别与认证是每个人都回避不了的基本问题。传统的身份识别方法由于标识物品容易丢失或伪造，标识知识容易记错或遗忘而已经不能适应当今社会的发展，现在人们需要更加安全可靠稳定的身份识别技术。而人体生物特征识别技术是将生物技术与信息技术相结合，利用人体本身具有的物理特征或行为特征来确定人的身份，以取代或加强传统的身份识别方法。
目前国内生物特征识别技术的应用迄今主要是以指纹识别和人脸识别为主体，其研究技术相对成熟。较之其他生物特征，虹膜因具有唯一性、稳定性、抗磨损性和非侵犯性等特点，使虹膜识别具备精确、稳定、快速的内在属性，因而被广泛认为是 21 世纪最具发展前途的生物特征识别技术。根据国际生物特征识别集团的统计分析，2009 年全球生物识别技术达到 34.22 亿美元，2010 年达到 43.56 亿美元，2014 年达到 93.68 亿美元，其中虹膜识别的应用领域不断拓宽，这几年国际虹膜识别市场已经进入了高速发展期，每年的增长速度都超过 50%，虹膜识别技术的良好发展前景已经得到了普遍的共识。美国最新研究报告指出，在未来 10 年虹膜识别将占国际生物特征识别市场份额的 16%，届时年销售额达到 15 亿美元，将超过指纹识别和人脸识别等成为最大市场的单模态生物特征识别技术。
虹膜识别的广阔应用前景引来产业界的大量关注和投入。在国内，目前虹膜识别广泛应用于国家安全部门、军队门禁控制、银行、监狱人员安全管理监测、计生人员验证、灾区户籍管理、考生身份识别等众多领域，均取得了良好的应用效果，得到了广大用户的高度认可。而针对国家日益强调的矿山安全生产问题，由于矿井工作人员指纹磨损和黑脸而无法采用传统的指纹和人脸识别，虹膜识别则起到了独特的应用效果。
因此，对于虹膜识别领域的专利技术进行准确的分析和评价，能够指导科研院所确定研究方向，助推高新企业调整产业布局，提高生物特征识别技术在企业的转化率，以使能够尽快培养出一批具有自主知识产权的智能识别专利产品以及具有高端知识产权的高科技企业</td></tr>
<tr><td>专利分类涉及领域</td><td>G06F21：防止未授权行为的保护计算机、其部件、程序或数据的安全装置，主要包括确定身份或安全负责人的授权，用户鉴别。
G06F 21/32：使用生物测定数据，例如指纹、虹膜扫描或声波纹。
G06F17：特定功能的数字计算设备或数据处理设备或数据处理方法。
H04L9：保密或安全通信装置，主要包括用于检验系统用户的身份或凭据的装置。
G06K9：用于阅读或识别印刷或书写字符或者用于识别图形。
G06T1：通用图像数据处理。
G06T9：图像编码，如从位像到非位像。
A61B5：用于诊断目的的测量，人的辨识</td></tr>
</table>

续表

<table>
<tr><td>拟研究重点</td><td colspan="4">1. 虹膜采集仪的支撑技术：信息采集的结果是进行识别的前提，同时也决定着系统的整体性能，而目前我国在虹膜采集设备上还主要依赖进口，缺乏独立开发的可靠产品。因此信息采集技术是虹膜识别领域需要研究的一个关键技术问题。
2. 识别算法：识别算法是虹膜特征识别技术的核心，它决定着识别的准确率，因此国内外广大学者在识别算法方面进行了大量的研究。目前我国关于识别算法的研究在国际上处于领先水平，但是在算法的运算速度和鲁棒性①方面还存在着一定的改进空间</td></tr>
<tr><td rowspan="7">研究规划及报价</td><td>时间阶段</td><td>乙方工作</td><td>甲方工作</td><td rowspan="7">1. 劳务费
×人×× 元/天
=×××
×人×× 元/天
=×××
2. 差旅费
预计××××元
3. 数据资料费
预计××××元
4. 其他费用
预计×××元
合计：××××元</td></tr>
<tr><td>8.3—8.5</td><td>行业和技术书面调查、初步技术分解、检索准备</td><td>指定联系人</td></tr>
<tr><td>8.6—8.9</td><td>（驻场）行业和技术现场调查、需求调研、确定技术分解、为甲方项目相关人员培训、确定需要</td><td>协调访谈
商讨需求</td></tr>
<tr><td>8.10—8.22</td><td>数据检索和标引</td><td>技术支持
数据标引</td></tr>
<tr><td>8.23—8.30</td><td>专利信息分析</td><td>技术支持</td></tr>
<tr><td>8.31—9.1</td><td>（驻场）成果汇报、收集反馈</td><td>组织评审</td></tr>
<tr><td>9.2—9.9</td><td>方法补充、成果修订</td><td>—</td></tr>
<tr><td>现有研究成果</td><td colspan="4">1. 李秀改，生物特征识别技术专利分析与专利预警，《知识产权发展前沿探索（第5卷）：知识产权与创新发展论坛论文集》，知识产权出版社，2011年12月第1版，第244～251页；
2. 许振宽等，虹膜识别设备H627的市场推广和应用，《河南科技》，2013年第4期，第9～10页；
3. 孙哲南，生物特征识别科技发展概述，《高科技产业化》，2013年10月号总第209期，第64～69页；
4. 林宇翔，虹膜识别技术在移动终端应用中的特征及优势分析，《信息系统工程》，2013年6月，第103～104页</td></tr>
<tr><td>备注</td><td colspan="4">初步预期成果：
协助甲方搭建竞争对手数据库；
为甲方M2型虹膜采集仪提供设计改进方案；
形成产品专利预警分析报告</td></tr>
</table>

① 鲁棒性，是指系统在某种扰动作用下的抗干扰能力。

分析提示

注意换位思考，判断甲方关注乙方的哪些资质和经验，评估甲方对于时间、费用、成果等方面的要求。

知识训练

一、选择题（多项选择）

1. 专利信息的范畴包括哪些？（　　）

A. 技术信息　　B. 经济信息　　C. 法律信息　　D. 商业信息

2. 专利信息分析项目的操作流程包括哪些阶段？（　　）

A. 项目准备阶段　　B. 数据检索与处理阶段

C. 专利分析阶段　　D. 项目论证与验收阶段

3. “专利数据处理”环节主要有哪些工作？（　　）

A. 专利数据检索　　B. 专利数据获取

C. 专利数据标引　　D. 专利数据清理

二、简答题

1. 发明专利说明书扉页上有哪些著录项目？
2. 专利信息分析项目的具体操作环节都有哪些？
3. 专利信息分析项目计划书中应当阐明哪些方法？

综合实训

2015 年 9 月，我国举行了纪念抗日战争暨世界反法西斯战争胜利 70 周年阅兵。阅兵期间，北京地区的机场、车站、高速公路、公交地铁、商场街区、公园景区、天桥通道等重点区域全面启动最高等级的安保措施。在大规模开展人防安保工作的同时，包括视频监控、入侵报警、门禁对讲、防爆安检等在内的各种数字安防技术也全面参与阅兵活动期间的技防安保工作，成为维护社会公共安全和加强社会综合管理的重要手段。

近年来，随着我国数字安防产业迅速发展，我国安防市场规模不断壮大，有数据显示，2014 年我国安防市场规模达到 4200 亿元，同比增长 17%。此外，随着我国平安城市和智慧城市建设，以及金融交通等领域的需求扩张，预计 2015 年安防技术市场年产值有望超过 5000 亿元，同比增长超过 20%，其中，视频监控产品产值在数字安防产值中占比将超过 50%，成为数字安防行业的重要组成部分。[①]

红盾公司是一家从事专业摄像设备研发的企业，准备大举进入数字安防领域，在寻求产品切入点的过程中，需要评估自身的技术储备以及竞争对手的技术实力，预启动专利分析评议项目。

实训操作

1. 实训目的

通过实训帮助学习者加深对专利信息分析流程的认识。

2. 实训要求

将学习者分成若干项目小组，每组人员规模 4～6 人为宜，每组需选举组长 1 名，以协调全组的各项工作。各组应独立完成实训任务，并在教师的指导下模拟项目竞标过程，各组通过相互展示从而进行经验交流。

3. 实训方法

（1）以小组为单位，制作工作计划书以向红盾公司进行竞标，其中计划书的内容和形式不限。

（2）各组模拟项目竞标过程，将工作计划书进行现场展示。现场展示形式不限，工作计划书之外的提交材料不限。

① 赵哲 . 知识产权报 . 数字安防技术如何保平安[EB/OL].(2015-9-24)[2015-9-24]. http://news.c-ps.net/article/201509/238199.html.

模块2　行业调查和技术调查

知识目标

- 了解行业调查和技术调查的作用
- 了解行业调查和技术调查的形式

实训目标

- 掌握调查计划制订方法
- 掌握资料查阅方法
- 掌握调查问卷设计方法

技能目标

- 掌握起草行业和技术调查报告框架的方法
- 基本具备撰写行业和技术调查报告的初步能力

本模块主要介绍行业调查和技术调查的方法、规范调查成果两个任务。行业调查和技术调查的方法是指实际执行行业调查和技术调查过程中可以采取怎样的途径，规范调查成果是指作为调查结果产出的行业调查报告和技术调查报告应当具备何种内容。专利信息分析是为商业行为服务的，无论是服务技术研发，还是服务产品销售，最终都要落到企业发展上来，对于商业行为的判断和建议必须综合考虑行业趋势和技术动向。行业调查和技术调查是专利分析项目初期的必经阶段，同时根据项目不同阶段的需求也可能贯穿全程，行业调查和技术调查的质量会决定研究成果与产业认知的契合度。

任务4　行业调查和技术调查的方法

行业调查和技术调查的资料收集主要依靠互联网、专业数据库和对行业、企业的实地调研。针对不同的行业，资料的收集方法有不同的偏重。在进行资料收集的过程中，研究人员应尽可能站在行业从业者的角度，收集范围要覆盖该行业的主管部门和关注该行业的主要商业分析机构披露的信息。一般来说，行业调查和技术调查的方法包括资料查阅、实地调查、问卷调查、专家座谈、电话调查几种[1]。

（一）资料查阅

阅读相关资料是了解行业和技术的首选方法，通过阅读相关资料可深入了解技术的发展历程、现状和趋势，了解行业各方面发展情况。资料主要包括：专利文献、非专利文献、行业标准、行业分析报告、上市公司年报以及网络新闻报道等。资料获取途径主要有：购买和借阅相关行业书籍，浏览网络资源，包括谷歌图书馆、超星图书馆、中国知网、国内外知名科技媒体网站、行业协会网站，主要企业官网、主要产品的宣传册、各类投资研究报告等。资料查阅具有简单易行，信息量大等优点，但是也存在资料质量良莠不齐，且需花费大量时间去阅读、分析、整理的缺点。

（二）实地调查

实地调查是行业和技术调查较为重要的方法之一，通过实地调查可以与行业内的技术专家和技术人员进行深层次的沟通，从而深入了解整个产业的技术构成，同时对在资料阅读时了解的信息进行核实对比，从而正确地掌握行业的技术情况。针对行业的不同，调查对象的选取也不尽相同，根据行业的整体发展情况具体选择，如技术研究主体方面，可以选择科研院所或是相关企业。此外，还需要根据项目的不同研究阶段选择不同的调查对象，如项目准备阶段选取协会或是科研机构等，而报告撰写阶段尽量选择企业。但需要注意的是调查对象应当在行业内具有较高知名度，得到行业内的充分认可。优先选取地域上相对集中的调查对象，以提高调查效率。实地调查具有认知直观，信息准确的优点，但存在成本较高，调查对象选取困难的缺点。

（三）问卷调查

问卷调查作为实地调查的重要补充方法，可以增加调查的广度，优点是可以以较少的时间和成本获取更多的行业信息。问卷调查具有针对性强、成本较低的优点，但存在前期问卷制作耗时，后期结果整理困难的缺点。选择调查对象需要考虑以下两个因素。

（1）选择典型的研发主体。为保证调查的准确性，选择合适的调查对象是基础工作，根据资料收集情况选取合适调查对象，应考虑专利的申请情况和调查对象在行业内的地位。

（2）保证问卷回收率。提高问卷回收率是保证调查有效性的重要因素，一般采取发放前、后均进行沟通联系的方式，从而可以保证在规定的时间内得到需要的调查方法。

此外，调查问卷要根据调查目的、对象的不同制作，一般包括对专利分析的认识情况、技术研发过程中的困难、在市场竞争中面临的专利壁垒、希望了解的专利信息以及可以提供的行业情况、产业政策、行业标准、行业年报等。整理调查问卷阶段是将问卷的内容汇总，提取共性问题和差异问题，分析结果的正确性。如有疑问或需要，

① 杨铁军．专利分析实务手册［M］．北京：知识产权出版社，2012．

可针对收集到的问卷答复情况进行进一步的沟通联系。

案例展示2-1

某团队承担了某协会组织的"液晶显示驱动技术"专利分析项目，在行业调查阶段，研究团队为几位业内专家准备了一份调查问卷，并分别请各位专家独立完成该问卷。

液晶显示驱动技术专利分析项目调查问卷

姓名：________ 单位及职务：________ 联系电话：________

1. 液晶显示装置的研发一般由哪几个设计部负责？控制及驱动技术由哪个设计部负责研发？请简要说明贵公司技术研发的基本框架是怎样的？

2. 您希望通过专利分析项目获得哪些方面的专利技术信息？这些信息对您的工作有什么帮助？

3. 据您了解，液晶显示产业的产业链是怎样划分的？贵公司的产品主要集中在上述产业链的哪些环节？

4. 液晶显示驱动技术领域的关键技术有哪些？据您了解，我国在这些关键技术方面的研发实力如何？

5. 目前，液晶显示驱动技术领域的热点技术有哪些？据您了解，我国在这些热点技术方面的研发投入如何？

6. 据您了解，当前国内企业与国外同行在液晶显示产业的专利纠纷频繁么？具体集中在哪些技术？

7. 据您了解，国内各液晶显示装置生产厂商间的专利纠纷频繁么？具体集中在哪些技术？

项目联系人：×××　　联系方式：×××××××××

分析提示

调查问卷应涵盖行业调查和技术调查两个方面的疑难问题，以便利用一次调查行为获取更为丰富的调查成果。

（四）专家座谈

专家座谈也是行业和技术调查的一种重要方法，通过与业内资深专家的面对面交流，可以深入了解行业的整体情况，验证掌握行业情况的正确性。专家座谈的关键是专家的选取，应结合行业本身的发展情况，邀请较为权威的专家团队，根据行业本身特点选择合适的专家队伍。专家选取范围可以包括：企业领导和资深工程师，科研院所的研究人员，行业协会成员，标准委员会成员，相关主管部门的领导、专利分析专家等。专家座谈具有信息权威，指导性强等优点，但存在组织专家座谈会难度较大，成本较高的缺点。

（五）电话调查

电话调查是以上各种方法的补充，起着非常重要的作用。电话调查的时间和对象可以根据研究需要随时制定，调查的基础是前期选择的专家团队，随时和专家团队进行沟通，达到弥补遗漏和更新技术方法以及确保研究方向正确性的目的。电话调查具有可操作性强，信息反馈及时等优点，但存在信息量获取较少、信息分享困难等缺点。

行业和技术调查对确保项目研究方向的正确性具有十分重要的意义，因此要努力形成发现问题→调查研究→解决问题的动态循环，实际操作过程中，调查的形式可以是以上几种方法的组合，也可以根据不同的需要单独选择。

技能训练 2-1

A 团队来自某省情报中心，承接了该省科技厅关于某技术引进项目的分析评议工作。A 团队此次拟承担的项目涉及高性能纤维制造业，在项目开始前 A 团队需要进行一系列行业调查和技术调查。

训练要求　假设你是 A 团队中负责资料查阅任务的研究人员，请利用互联网寻找可信的信息来源，充分检索与行业现状、技术现状相关的数据和资料。检索时应重视追踪策略，注意关注专业论坛、主管部门网站和资本市场分析报告。

任务 5　规范调查成果

（一）行业调查的成果输出

行业调查的成果一般以研究综述的形式表现，各行业可根据自身的情况决定综述呈现的方法。具体而言，行业研究综述需要清楚阐述待分析行业的发展历史、市场规模、产业链关系、代表性市场主体、产业政策以及整个行业所面临的主要问题和发展趋势，从而推动后续的专利信息分析项目能够准确地把握研究需求，使分析报告的内容更贴近行业和市场。

一般而言，行业调查报告包括以下几个方面[①]。

（1）行业的发展历史和现状。主要介绍行业的起源、一些基本概念、行业在国民经济中的地位、发展历程以及发展现状。

（2）产业链的构成。主要包括产业链的整个构成以及产业链的上下游企业情况。

（3）国内外市场概况。主要包括国内和国际市场的规模、布局以及整个产业的贸易格局。可根据自身行业的特点来选择所要调查的市场区域，从而使得企业能够更清楚本行业的市场特点。

（4）国内外主要企业概况。了解各企业的特点以及各企业的市场占有率，根据前期检索结果和资料检索搜集的结果确定需要分析的国内外主要企业，还可根据自身行业的特点有侧重地介绍本行业的主要企业的情况。

（5）各国对该行业的相关政策。在整个行业发展过程中，不同时期、不同地区针对该行业提出的各种行业政策，对专利分析结果具有很强的指导意义。这些政策的出台都会对专利申请量的变化产生很大的影响，在一定程度上，专利申请量的变化也能反映出行业政策的调整情况。因此通过对这些政策的分析，也可为后续专利申请趋势分析中出现拐点或者异常情况时提供相应的佐证。

由于行业调查资料包含多个不同方面，在资料搜集和整理过程中可参考以下手段进行。

（1）行业的发展历史和现状的资料收集主要通过相关出版物、互联网的综述类文章和相关的博士、硕士论文获得。这类资料较多，需要通过综合整理才能获得完整的行业发展历程情况。

（2）产业链的发展情况主要可以通过与行业协会的沟通获得，此外互联网上的一些相关文章中也会涉及。

（3）国内外市场概况主要来自互联网的相关数据统计；部分上市公司的年报中也会涉及；而行业发行的年鉴中的数据也比较全面，尤其是针对国内市场的数据统计，其不足之处在于数据具有一定的滞后性，但是可以综合近几年的年鉴数据来获得发展趋势的变化。

（4）对于国内外企业概况，通常国内企业的网站仅能获得该公司的基本情况介绍，缺少进一步的数据，这些公司可通过行业年鉴获得其部分数据；而国外的公司，其网站上一般具有比较全面的公司年报，只要通过仔细阅读就能获得大量的相关数据。

（5）各国对该行业或者产业的相关政策包括主要国家和地区的产业政策情况。值

① 杨铁军．专利分析实务手册［M］．北京：知识产权出版社，2012.

得注意的是，位于项目研究的技术领域的产业链上下游的垄断企业的发展战略，其影响力有时甚至与国家政策相当。国外政策主要来源于网络上各种相关的文章，需要研究团队成员通过海量的检索和阅读来寻找，国内的政策还包括各地方政府的政策以及行业政策，这些政策也需要通过互联网资源来获得。另外，还可以咨询行业的相关专家，因为很多政策的制定行业专家都参与其中。

案例展示2-2

汽车变速器行业调查报告

（一）行业发展的历史

汽车数量的日益增加、燃油汽车排放造成空气质量的日益恶化，以及石油资源的渐趋匮乏，使得开发低排放、低油耗的混合动力汽车（Hybrid Electric Vehicle，HEV）成为当今汽车行业发展的紧迫任务。

根据国际电工委员会IEC（International Electrotechnical Commission，IEC）的定义，混合动力汽车是指能够根据特定的运行要求，从两种或两种以上能量源、能量储存器或转化器中获取驱动力的汽车，在运行中至少有一种能量储存器或转化器直接驱动汽车并且至少有一种能量源、能量储存器或转化器能够提供电能。HEV就是指装有两个以上动力源（包括有电动机驱动）的汽车。其动力源有多种，包括各种蓄电池太阳能电池、燃料电池、燃料发动机等，也就是说，这种汽车就是将电动机与辅助动力单元组合在一起做驱动力。

HEV在一辆汽车上同时配备电力驱动系统和辅助动力单元（Auxiliary Power Unit，APU），其中，APU是燃烧某种燃料的原动机或由原动机驱动的发电机组。目前，HEV所采用的原动机一般为柴油机、汽油机或燃气轮机。HEV将原动机、电动机、能量储存装置（蓄电池）组合在一起，它们之间的良好匹配和优化控制，可充分发挥内燃机汽车和电动汽车的优点，避免各自的不足，是当今最具实际开发意义的低排放和低油耗汽车。

HEV的开发在20世纪90年代后渐趋成熟。世界各大汽车公司开始了将HEV概念产品化的进程，相继推出了多种HEV产品。

我国从1995年开始根据国外HEV技术研究的资料和信息，适时开展了HEV关键技术的研究和样车的系统匹配、设计工作。

（二）主要产品和产业链发展情况

1. 主要产品

（1）电混合无级变速器（Continuously Variable Transmission，CVT）

将电动机（功率为11kW或19kW）连接到CVT驱动轮的电混合方案。

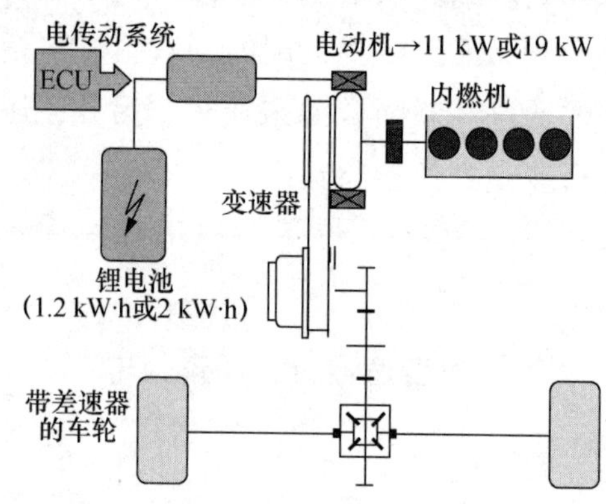

（2）液力混合CVT

根据蓄能器原理加入液压马达泵的液力混合方案。

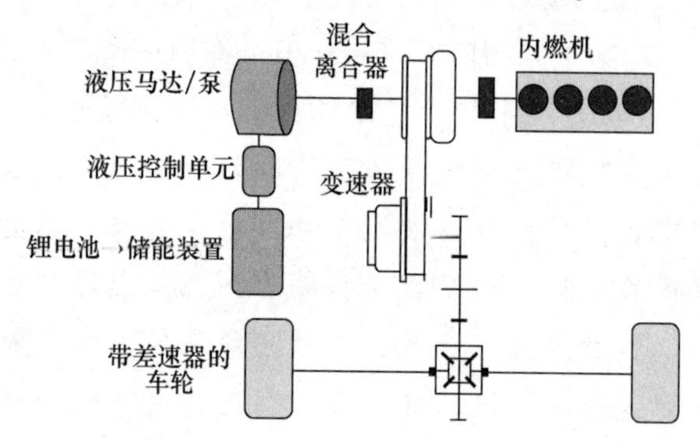

（3）机械混合CVT

带功率分流结构的机械混合方案。

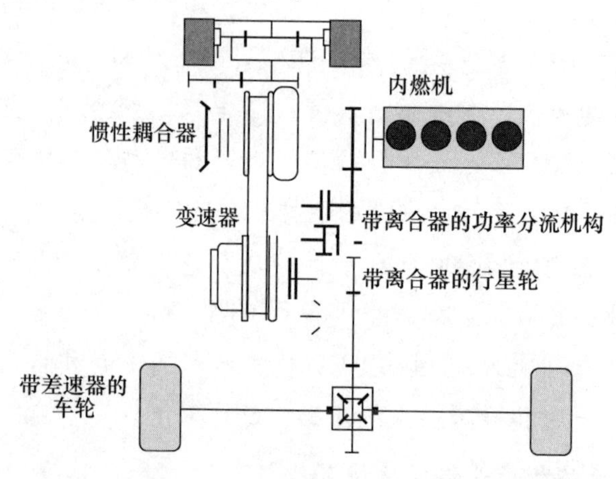

（4）无液力变矩器的自动变速器混合驱动模块

该模块具有与发动机和基本传动系统形状相同的机械接口可以很方便地与机械系统进行连接，能够很好地进行扭转振动解耦，并可以应用于各种版本的HEV和充电式HEV。

2. 产业链发展情况

随着消费者对汽车知识的积累和消费意识的日益成熟，汽车，特别是乘用车的市场竞争正逐渐从产品竞争转向技术、质量和品牌的竞争。作为动力系统的重要组成部分，变速器性能已成为消费者购买时考虑的重要要素。

从总体情况来讲，跨国公司在国内自动变速器的产业布局已基本形成，采取独资的战略控制中国市场（此处略）。

从全球市场看，手动变速器发展速度将逐渐放缓，自动变速器将主导未来汽车市场（此处略）。

（三）主要市场主体的发展情况

（1）内蒙古欧意德发动机公司（此处略）。

（2）美国的Allison Transmission公司和德国的ZF和Voith公司（此处略）。

（3）ZF股份有限公司（此处略）。

（四）中国产业政策

2009年1月，国务院公布的《汽车产业调整和振兴规划》提出："从2009年3月1日至12月31日，国家安排50亿元，对农民报废三轮汽车和低速货车换购轻型载货车以及购买1.3升以下排量的微型客车，给予一次性财政补贴，增加老旧汽车报废更新补贴资金，并清理取消限购汽车的不合理规定""支持企业自主创新和技术改造，今后3年中央安排100亿元专项资金，重点支持企业技术创新、技术改造和新能源汽车及零部件发展""支持汽车生产企业发展自主品牌，加快汽车及零部件出口基地建设，发展现代汽车服务业，完善汽车消费信贷。"

2009年6月10日，国家发改委发布了国家六部委《关于加大汽车下乡政策实施力度的通知》。

2012年科技部发布《电动汽车科技发展"十二五"专项规划》。

2013年上半年财政部、科技部、工业和信息化部、国家发展改革委等部委联合发布《关于扩大混合动力城市公交客车示范推广范围有关工作的通知》（此处略）。

（五）中国的行业现状

近年来，汽车变速器的发展呈现出突飞猛进的势头，而现今制造技术在汽车变速器上的应用更是异彩纷呈。一汽集团等多个厂家在变速器的设计、应用领域发展很快，其先进制造技术的应用带动国内汽车行业产业链向以“绿色、节能、地毯、环保”为主题的方向发展。

从现代汽车变速器的市场状况和发展看，全世界的各大厂商都对提高自动变速器（Automatic Transmission，简称 AT）的性能及研制无级变速器表现积极，汽车业界非常重视 CVT 在汽车上的实用化进程。然而，因无级变速器技术难度较大，发展相对较慢，从而成为世界范围内尚未解决的难题之一，而我国市场上同样会存在上述问题。

近年来，中国汽车变速器市场正处于高速发展期，2009 年中国汽车销售 1364.5 万辆，同比增长 46.15%，预计 2015 年汽车销售规模将达到 4000 万辆。2009 年我国汽车变速器市场规模达 520 亿元人民币，并且以每年超过 20% 的速度增长，预计 2015 年有望达到 1500 亿元。手动变速器完全国产化，自动变速器也正由完全依赖进口逐步实现国产化，引进日本三菱技术、自主制造的首台汽车自动变速器，于 2010 年 2 月 1 日在哈尔滨东安汽车发动机制造有限公司下线；2009 年 8 月，被冠名为“领先一号”的国内首台具有完全自主知识产权的双离合器自动变速器样品在上海汽车变速器有限公司诞生，这些都在印证着中国正在变成一个真正的汽车大国。

（二）技术调查的成果输出

技术调查的成果可以通过技术研究综述来展现，亦可以附相关清单和图表。技术研究综述应当阐明技术的发展历程、现状和趋势，记载国内外代表性研发主体关注的热点，有条件还可以搜集技术或产品的发展路线、最新动态。技术调查报告应包括以下几个方面的内容①。

（1）技术原理解释，以及发展历程、现状和趋势。介绍行业和技术的划定，明确行业在国民经济中的地位、开展研究的必要性，关注技术在行业发展中的定位，从而体现项目分析报告的必要性。

（2）产业链的构成和/或产业分类标准。根据产业链的上下游关系，选择合适的研究范围，确保分析报告的可行性。总结行业内不同研发主体对技术的分类方式，在综合考虑专利分类方法的基础上，对技术进行合理的技术分解。

（3）研发主体及其关注的技术热点与难点。分析该行业内研发的主体，以便于选取专家团队及调查对象。分析研发主体关注的技术热点和难点，制定出行业内需要的研究方法，确保分析报告的受关注程度。

（4）代表性研究人员和学术成果。介绍行业内知名的学者和专家及其在国内外具

① 杨铁军．专利分析实务手册［M］．北京：知识产权出版社，2012.

有影响力的学术期刊中发表的代表性学术成果。

（5）研究群体分布及市场情况。介绍行业内主要的研发主体，包括国内外主要的专利申请人，确保分析报告分析方法的正确性。介绍行业整体的市场分布情况，为项目行进中的二次技术调查提供依据。

技术调查的程度决定了分析报告的深度，通常来讲，技术研究综述可以为专利分析报告中的专利布局分析、重要申请人分析、重要技术分支分析提供基础材料，例如，技术发展历程可以为全球的专利申请发展趋势、区域分布、申请人分布、技术构成和技术活跃度等方面的分析结论提供验证，研发主体关注的技术热点与难点可以成为确定重要技术分支的依据，等等。

知识训练

一、选择题（多项选择）

1. 行业和技术调查的方法包括哪些？（　　）

A. 经验判断　　B. 资料查阅　　C. 实地调查

D. 问卷调查　　E. 专家座谈

2. 专利信息分析项目的操作流程包括哪些阶段？（　　）

A. 专利文献　　B. 硕士论文　　C. 行业标准

D. 商业分析报告　　E. 网络新闻报道

3. 专家调查的对象包括哪些？（　　）

A. 主管部门领导　　B. 相关专业教授

C. 行业协会秘书长　　D. 企业领导

二、简答题

1. 行业调查报告一般包括哪些方面？

2. 技术调查报告一般包括哪些方面？

综合实训

随着柴油机经济、环保性能的不断突出，柴油车销量的逐步扩大是一种必然趋势。如果中国像法国、意大利那样，有一半的乘用车使用柴油动力，那么中国将成为世界上最大的柴油车市场。柴油机未来光明的市场前景，已经没有悬念。国际整车厂商也推波助澜，与此同时，国内各合资的整车厂商纷纷出击：一汽大众 2006 年推出第一款国产高档柴油车——奥迪 A6 2. 5TDI，瑞风推出的柴油商用车销量超过汽油车，占领瑞风商务车的半壁江山。虽然柴油机在国外已经得到很大发展，但是在国内尚存几大障碍。

实训操作

1. 实训目的

通过实训帮助学习者掌握行业调查和技术调查的手段。

2. 实训要求

将学习者分成若干项目小组，每组人员规模 4～6 人为宜，每组需选举组长 1 名，以协调全组的各项工作。各组独立选取与柴油车相关的研究方向，按组完成实训任务，并向其他小组报告调查成果。

3. 实训方法

（1）以小组为单位，针对各自选定的研究方向展开行业调查和技术调查。

（2）各组撰写行业调查报告和技术调查报告，并制作幻灯片做现场报告。

模块3　确定项目需求

教学目标

知识目标

- 理解项目需求的意义
- 了解不同分析方法的目的
- 了解需求场景的差异

实训目标

- 熟悉需求调研流程
- 掌握分析需求手段

技能目标

- 具有撰写需求建议报告的能力
- 具有根据特定应用场景确定具体研究方案的能力

模块概述

本模块主要介绍需求调研流程、常见分析方法、常见需求场景三个任务。我们需要客观地看待专利分析的研究方法，每篇专利文献包含十几种著录项目信息，每个研究项目都包含成千上万条待分析数据，对这些数据进行分析的维度不下百种，因此在一个分析项目中不可能把所有的分析维度都涉及，这既不科学也不现实。一个明确的分析需求，有助于在众多分析维度中撷取最适合的分析方法，进而对撷取出的分析维度进行组合，以形成有针对性的研究思路。需求调研流程是指在需求调研实际过程中可能经历的步骤，常见分析方法是指对专利数据的各种维度信息通常可以进行哪些方面的统计分析，常见需求场景是指通常有哪些具体的分析需求、针对这些分析需求通常可以做哪些分析方法的组合。确定项目需求，是专利信息分析的灵魂，其目的在于提高研究效率、缩减研究成本以及获得更有价值的研究成果。

任务6　需求调研流程

对于一个分析项目来说，需求调研是项目总体工程的开始阶段，它是为确定需求而准备的，需求调研的质量也直接关系和决定了需求的汇总结果，这样来说，如果你不希望做出的分析方法在后期经常修改的话，那么务必要在需求调研时将“听取客户需求、分析客户需求”放在极重要的位置上。当然，项目需求方很有可能在项目初期并不明确实际需求如何去表述，我们需要遵循一个原则，即重视客户需求，引导客户需求。

需求调研的一般流程包括以下内容。

（1）制订需求调研计划。

在开始调研之前首先应当确定调研计划。在调研计划中一般需要明确调研目的、调研范围、调研方式、调研阶段安排、具体时间安排。

调研目的主要是指在该阶段调研需要对哪些业务目标进行澄清。在一个专利信息分析项目中，需求调研的过程可能不止一次，既有可能在项目逐渐深入的过程中产生新的疑问，也有可能针对不同目标群体组织多维度调研，因此每一次具体调研行为的工作目标可能不尽相同。

调研范围包括调研的职能范围、业务范围、地点范围。职能范围主要包括涉及的部门及人员资格，业务范围主要包括涉及的生产链和研发链环节，地点范围主要包括涉及的子公司属地。

调研方式一般包括访谈、会议、原型法、问卷调查、实地参观、头脑风暴等。其他的方式可能容易理解，着重解释一下原型法。原型法来源于软件工程，它原指在获取基本的需求定义后，利用软件开发环境，快速地建立目标系统的最初版本，并把它交给用户试用、补充和修改，反复进行这个过程，直到得出系统的“精确解”。在分析项目中，原型法是指研发团队根据初步拟定的需求形成分析方法框架，并把它交给项目需求方反馈和修改，经过多轮循环，直到得出“精确需求”。

调研阶段安排是指要明确调研的整体时间规划、参与人员和调研产出成果。

具体时间安排是指要明确调研范围内各有关部门的具体时间安排、调研方法和工作负责人。

（2）准备调研提纲和调查问卷。

不管采用哪种调研方式，都有必要在调研之前形成书面的调研提纲或者调查问卷。研究团队将产业调研和技术调研后形成的疑问进行罗列，有助于统一不同调研主体做出的调研结论，也有助于提高调研过程的效率和效果。

（3）需求采集。

需求采集就是需求调研的具体执行过程，需求采集会涉及以下几方面事项。

采集方法，一般包括项目目标、项目流程、当前需求、潜在需求。其中，潜在需求往往是项目需求方容易忽略的，也是需要研究团队重点引导的方法。

采集来源，横向上一般应涵盖项目需求方各相关业务线的范畴，纵向上一般应涵盖企业高层领导下至基层团队专家的范畴，除此之外还有一个重要的采集来源就是以往经验，这主要指的是项目需求方以往是否有类似项目，或者同类型企业是否完成过类似项目。

（4）需求分析。

需求采集之后，往往很多研究团队将经汇总的需求就当成目标需求了，这会造成需求不够汇聚，且有时存在“水分”，因此有必要对采集上来的需求进行分析。分析需求包括以下步骤。

① 编辑资料：主要是对经过各种方式采集上来的文字、表格、录音等资料进行筛选剔除，最终要撷取出有关项目目标和关键问题的方法。

② 分析整理：对筛选剔除后的需求进行分析，务必要基于研究团队对于行业和技术的深入认识，换句话说要以行业调查和技术调查的成果为基础。分析需求的思路是，首先，寻找各个需求之间的内在逻辑，形成初步需求结构图；其次，找出结构图中的上位需求，进行自上而下的梳理及扩展，或者找出重要的下位需求，进行自下而上的梳理和扩展。分析整理的过程既是对需求的细化，亦是对项目需求的引导。

（5）形成需求建议报告。

根据采集到的需求和分析后的结果，需要形成一份书面报告，报告的主要方法是描述需求的方法，解释需求的定义，进行需求的论证，给出需求的建议和细化工作的方法，需求建议报告中要包括需求结构图或思维导图。需要强调的一点，报告除了要对现有需求表述清楚外，还应当对建议需求进行阐述。

（6）需求确认。

需求建议报告完成后，研究团队需要得到项目需求方的确认，或者说是反馈。需求确认的过程一般不是线性的，而是反复循环的闭环。经过项目需求方的多轮反馈和最终确认，整个分析项目的主线至此形成。

案例展示3-1

M团队正在承担一项有关“泡沫混凝土”的专利信息分析项目，在需求调研阶段，M团队为某企业设计了调查问卷，以下为该企业的书面反馈以及M团队给予该企业的回复。

需求调查问卷	
甲方需求	
需求提出人：×××	联系方式：×××××××

续表

需求意见： 1. 目前广泛使用的四种类型泡沫混凝土发泡剂中，哪个或哪几个是今后创新发展的方向？发泡剂的技术改进在哪些方面可以寻求突破？ 2. 泡沫混凝土工艺流程中国内企业的薄弱环节在哪里？生产工艺各步骤有哪些改进方向？生产工艺方面可以借鉴国外哪些先进经验？ 3. 泡沫混凝土制品应用领域有哪些拓展方向？国内企业可以进行哪些类型高附加值泡沫混凝土制品的开发？
项目组意见
针对上述需求，可以利用专利分析开展以下工作： 1. 对泡沫混凝土国内相关专利进行分类汇总，从专利申请数量上比较国内外企业在不同技术方向上的差距，指出国内企业的优势与不足；关注申请数量相对较少的技术方向，分析是否能成为技术发展的方向； 2. 对泡沫混凝土发泡剂国内相关专利进行技术功效、技术路线分析，比较国内外企业的差距，指出国内企业的优势与不足；关注技术功效图中相对薄弱的技术方向，分析是否能成为技术发展的方向； 3. 对泡沫混凝土全球申请量居前的重要申请人的主要发明团队、主要发明、专利保护与运用策略进行分析研究； 4. 筛选泡沫混凝土高端应用或特殊应用相关的专利，对其应用领域、专利布局情况进行分析。

分析提示

为了能够使被调查人清楚地填写需求，调查问卷中必须包括哪些信息？及时给予被调查人反馈意见有什么优势？

技能训练 3-1

户外装备指的是参加各种户外旅游时需要配置的衣帽、器具或设备，包括帐篷、背包、睡袋、防潮垫或气垫、登山绳、岩石钉、安全带、上升器、下降器、大小铁锁、绳套、冰镐、岩石锤、小冰镐、冰爪、雪杖、头盔、踏雪板、高山眼镜、羽绒衣裤、防风衣裤、毛衣裤、手套、高山靴、袜子、防寒帽、冰锥、雪锥、炊具、炉具、多功能水壶、吸管或净水杯、指北针、望远镜、等高线地图或其他资料、防水灯具、各种刀具等。

我国是世界上最大的户外装备生产国，低成本一直是我国户外装备制造厂商的最大竞争优势，占领了几乎全部的低端市场和一部分中端市场，而在高端产品中所占比重几乎较低，随着人力成本及能源成本的提高和竞争的日益激烈，户外装备生产必须向高端产品转变。

训练要求 以小组为单位，每个小组选定一个与户外装备有关的研究主题，模拟进行分析项目的需求调研，并形成需求建议报告。

任务7 常见分析方法

专利信息分析是一种新的商业分析维度，虽然它能提供独到的分析视角但它不是万能的。不管是项目需求方还是研究团队一方，能否确定合适的分析需求有一个前提，那就是首先需要了解专利信息分析真正能解决哪些问题，哪些问题不属于分析范畴。换句话说，首先应当了解专利信息分析的常见分析方法及其用途。

常见的分析方法可以大致归为两类：基于数据统计和基于技术剖析。

（一）基于数据统计的分析方法[①]

基于数据统计的分析，是指通过研究专利申请量信息和各种专利文献著录项目信息的内在联系，以大数据统计为主要手段的分析方法。下面列举几个常见的基于数据统计的分析方法。

（1）专利申请趋势分析。

专利申请趋势分析是以技术或者申请人为视角进行时间维度的专利数量统计，其主要分析用途包括以下内容。

① 技术或者申请人全球专利申请趋势，用于反映技术或者申请人的发展历程、技术生命周期、布局策略，以及预测未来发展趋势。

② 技术或者申请人在不同地域的专利申请趋势，用于反映技术在不同地域的被关注程度或者申请人对不同地域的关注度，以及预测未来发展趋势。

③ 技术或申请人的各种类型专利的申请趋势，用于反映技术创新变化动向，评价技术含量高低。

④ 技术首次申请国的专利申请趋势，用于反映技术输出地的技术创新趋势和活跃程度。

⑤ 不同技术分支的专利申请趋势，用于反映技术生命周期、技术推动因素以及预

① 马天旗．专利分析方法、图表解读与情报挖掘［M］．北京：知识产权出版社，2015.

测未来技术研发热点。

⑥ 不同申请人在相同技术领域的专利申请趋势，用于反映申请人对技术的关注程度，预测技术领域未来的市场竞争格局，帮助企业发现潜在的竞争对手或者合作伙伴。

⑦ 申请人在不同技术领域的专利申请趋势，用于反映申请人的技术研发热点，以及预测未来发展趋势。

（2）技术生命周期分析。

技术生命周期分析是以专利首次申请时间为目标，对专利数量和申请时间两个维度进行统计的分析方法，其主要用途是描述技术的发展成长阶段，从而为之制定相应的技术发展策略。

案例展示3-2

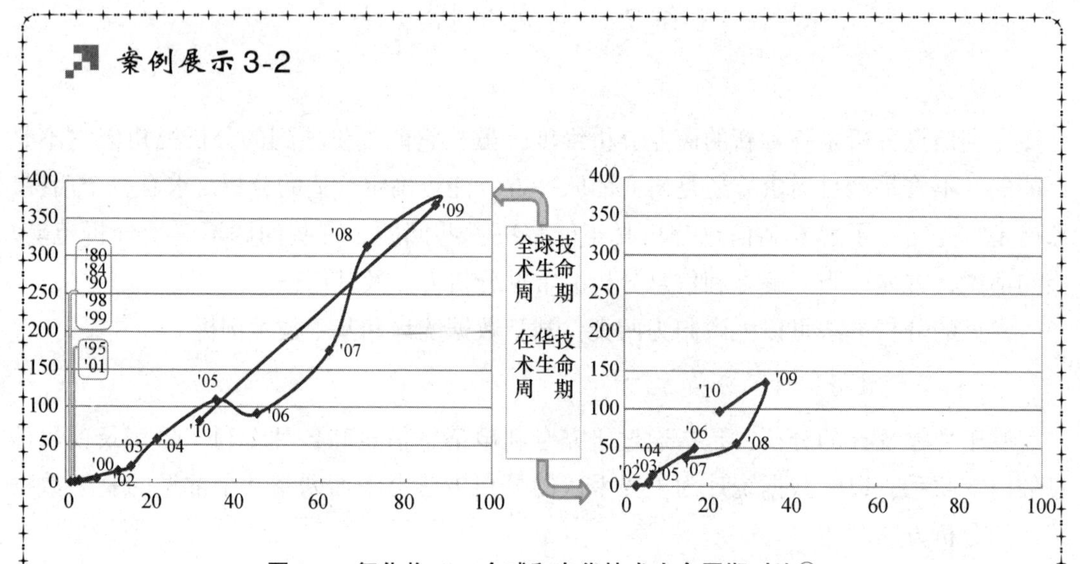

图3-1　氧化物TFT全球和在华技术生命周期对比①

全球技术生命周期相比在华技术生命周期时间起点稍早，但发展趋势大致同步，说明氧化物TFT技术从2000年至2009年在全球范围内处于发展期，并且氧化物TFT技术在中国的发展态势已经与全球接轨，中国市场目前在平板显示领域受到各国重视，中国已成为平板显示领域前沿技术发展的有力参与者。

（3）技术构成分析。

技术构成分析是对目标数据以技术组成要素为标准进一步划分的分析方法，其主要用途是寻找核心技术分支及重要专利、了解技术组成要素的密集区、评估技术研发广度及比较分析申请人的技术侧重度。

① 杨铁军. 产业专利分析报告［M］. 第12册. 北京：知识产权出版社，2013.

（4）申请人构成分析。

申请人构成分析是以创新主体为分析目标，对技术、地域、专利类型、法律状态或发明人团队等方面为标准进一步划分的分析方法，其主要用途是评价创新主体的特点和实力，探究创新主体的身份和偏好。

（5）技术输出/输入地域构成分析。

技术输出/输入地域构成分析是以技术输出地或技术输入地为分析目标，对技术、申请人、专利类型、法律状态等方面为标准进一步划分的分析方法，其主要用途是分析国家或地区的优势和侧重，明晰技术来源地或目标市场地的专利布局，以及对国家或地区的创新实力进行评价。

（6）法律状态构成分析。

法律状态构成分析是对目标数据以法律状态为标准进一步划分的分析方法，其主要用途是评价技术研发实力，评估技术水平高低，以及衡量专利风险水平。

案例展示3-3

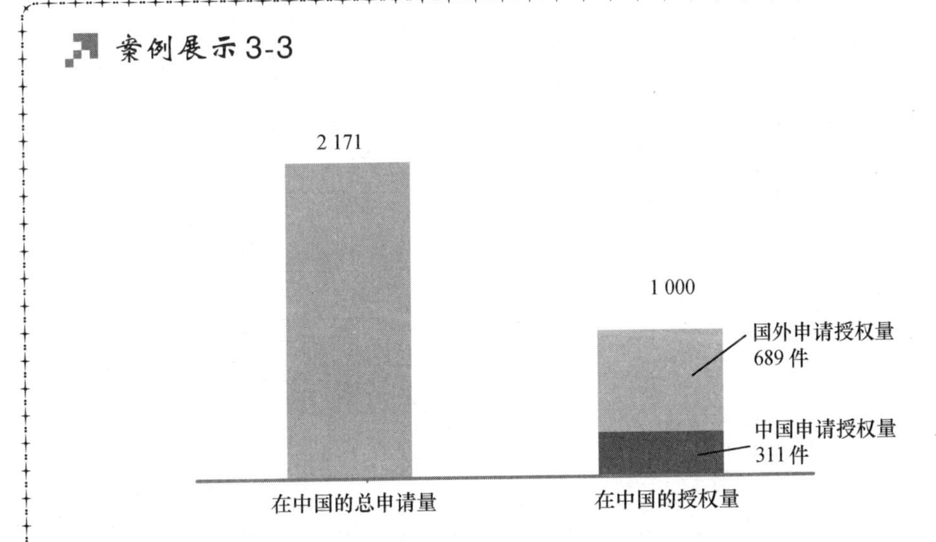

图3-2　ODS 消耗臭氧层物质中国专利申请法律状态①

如图3-2所示，在2171件中国关于ODS消耗臭氧层物质专利申请中，目前已获得授权的共有1000件，占申请总量的46.1%。其中，国内申请人的授权专利共311件，占国内申请总量（592）的52.5%；国外申请人的授权专利共689件，占国外申请总量（1579）的43.6%。

在上述1000件授权专利中，截至统计日仍处于有效专利权状态的共有

① 杨铁军．产业专利分析报告［M］．第26册．北京：知识产权出版社，2014.

785 件，包括国内申请人的 268 件和国外申请人的 517 件。专利失效（共 215 件）的原因包括因费用终止、有效期届满、主动放弃和被全部无效四种，相关专利量分别为 194 件、18 件、2 件和 1 件。

（7）申请人排序分析。

申请人排序分析是以创新主体为分析目标，可以从技术、地域、专利类型、法律状态等各个维度进行排名的分析方法，其主要用途是评价技术创新能力、甄选市场合作伙伴，以及比较研发团队人员规模。

案例展示 3-4

表 3-1 液晶显示产业在华申请人排名①

排名	申请人	国家/地区	申请量	未决	有效	无效	2009 年至今申请量	2009 年至今申请量占总申请量百分比/(%)
1	三星	韩国	3833	936	1974	923	548	14.30
2	LG	韩国	2660	685	1706	269	594	22.33
3	友达光电	中国台湾	2557	537	1780	240	804	31.44
4	精工爱普生	日本	2392	280	1701	411	207	8.65
5	夏普	日本	2338	908	1321	109	549	23.48
6	奇美	中国台湾	1761	419	1054	288	193	10.96
7	半导体能源	日本	1723	504	1179	40	213	12.36
8	京东方	中国大陆	1524	382	1054	88	891	58.46
9	索尼	日本	1388	503	729	156	509	36.67
10	日立	日本	1073	179	743	151	168	15.66
11	NEC	日本	1040	190	583	119	131	12.60
12	中华映管	中国台湾	892	115	235	519	417	46.75
13	飞利浦	荷兰	869	106	351	274	31	3.57
14	松下	日本	731	255	616	169	106	14.50
15	华星光电	中国大陆	659	499	146	14	624	94.69
16	富士	日本	550	212	263	75	128	23.27

① 杨铁军．产业专利分析报告［M］．第 12 册．北京：知识产权出版社，2013.

续表

排名	申请人	国家/地区	申请量	未决	有效	无效	2009年至今申请量	2009年至今申请量占总申请量百分比/(%)
17	鸿富锦	中国台湾	537	90	302	145	57	10.61
18	日东电工	日本	499	128	228	143	92	18.44
19	三菱	日本	462	49	269	144	28	6.06
20	东芝	日本	458	48	214	196	49	10.70
21	上广电	中国大陆	430	16	125	289	50	11.63
22	住友化学	日本	406	218	114	74	156	38.42
23	IBM	美国	371	30	279	62	18	4.85
24	3M	美国	360	92	117	151	53	14.72
24	三洋	日本	360	40	196	124	38	10.56
26	卡西欧	日本	297	73	190	34	60	20.20
27	佳能	日本	265	49	181	35	56	21.13
28	富士通	日本	220	28	151	41	11	5.00
29	奇景光电	中国台湾	192	38	134	20	45	23.44
30	瀚宇彩晶	中国台湾	187	61	109	17	58	31.02

根据上表所示，专利申请量排名前三十位的申请人中，韩国申请人2位，日本申请人16位，中国台湾申请人6位，中国大陆申请人3位，美国申请人2位，荷兰申请人1位。其中韩国三星和LG公司占据了前两位，技术实力突出。2010年11月，三星、LG公司分别在苏州和广州投资设厂，力求进一步抢占中国大陆市场。这两家韩国公司前期在中国的专利布局为其加大市场竞争力度打好了基础。中国台湾的友达光电已经超过日本老牌申请人精工爱普生和夏普公司的申请量而位居第3位。日本精工爱普生和夏普这两家日本最早从事LCD产业的企业，即使在2008年之后受全球经济危机影响较大，而且面临韩国三星和LG公司“流血竞争”的挤压，仍然能够稳居中国大陆申请量第4名和第5名的地位。中国台湾奇美位居第6位，半导体能源和索尼紧跟其后分别为第7位和第9位。作为中国大陆液晶显示行业领军企业的京东方排名第8位，日立位居第10位。中国大陆企业华星光电的技术活跃度最高，2009年以后的申请量占总申请量的94.69%；京东方以58.46%的技术活

跃度位居其次。中国的手机、彩电、电脑等下游市场对液晶显示屏需求的进一步扩大，为TFT-LCD技术在中国的新一轮发展提供了难得的机遇，也为中国液晶显示领域重要申请人京东方、华星光电等公司的快速发展提供了保障。

（8）发明人排序分析。

发明人排序分析是以发明人或发明团队为分析目标，可以从技术、地域、专利类型、法律状态等各个维度进行排名的分析方法，其主要用途是辅助企业人才引进、评价技术创新能力、关注技术前沿动向。

（9）技术输出/输入地域排序分析。

技术输出/输入地域排序分析是以技术输出地或技术输入地为分析目标，可以从技术、申请人、专利类型、法律状态等各个维度进行排名的分析方法，其主要用途与技术输出/输入地域构成分析类似，同样是分析国家或地区的优势和侧重，明晰技术来源地或目标市场地的专利布局，以及对国家或地区的创新实力进行评价。

（10）技术构成排序分析。

技术构成排序分析是以技术组成要素为分析目标，可以从地域、专利类型、法律状态等各个维度进行排名的分析方法，其主要用途与技术构成分析类似，同样是寻找核心技术分支及重要专利、了解技术组成要素的密集区、评估技术研发广度、比较分析申请人的技术侧重度。

（11）专利引文分析。

专利引文分析的理论基础在于：新技术的发展往往依托于原有技术的研究成果，专利文献既可以引用相关文献，也可以被其他专利文献所引用。专利引文分析，就是通过观察专利的引用或被引用情况，对大量引证数据进行归纳、统计、比较和总结的分析方法。专利引文分析可以是单纯的定量分析，例如被引频次分析，也可以是单纯的定性分析，例如专利挖掘分析，还可以是综合定量分析和定性分析的拟定量分析，例如技术演进分析。

（二）基于技术剖析的分析方法

基于技术剖析的分析，可以依托也可以不依托基于数据统计的分析，二者的区别在于基于技术剖析的分析一定要经过研究人员对专利技术方案的阅读和理解，或者说要经过研究人员对专利数据的整体或局部进行定性的判断。以下列举几个常见的基于技术剖析的分析方法。

（1）专利技术路线分析。

专利技术路线分析，是通过探寻技术发展进程中的专利关键节点，进而勾勒出技术发展路径的分析方法，其主要用途是梳理技术发展主线，预测技术发展方向，寻找技术合作伙伴。

（2）技术功效矩阵分析。

技术功效矩阵分析，是通过对专利文献的技术分支和功能效果进行数据标引，并基于标引的结果，从技术分支和功能效果两个维度进行数据统计的分析方法，其主要用途是了解专利集群的技术布局情况，寻找技术重点和空白点，发现潜在研发方向，辅助专利挖掘。

（3）重要专利分析。

重要专利分析，是综合考虑专利指标、技术指标、法律指标和市场指标等四个维度的因子，对目标专利数据进行剔除筛选的分析方法，其主要用途是专利价值评估、专利风险预警、专利布局解析等。

案例展示 3-5

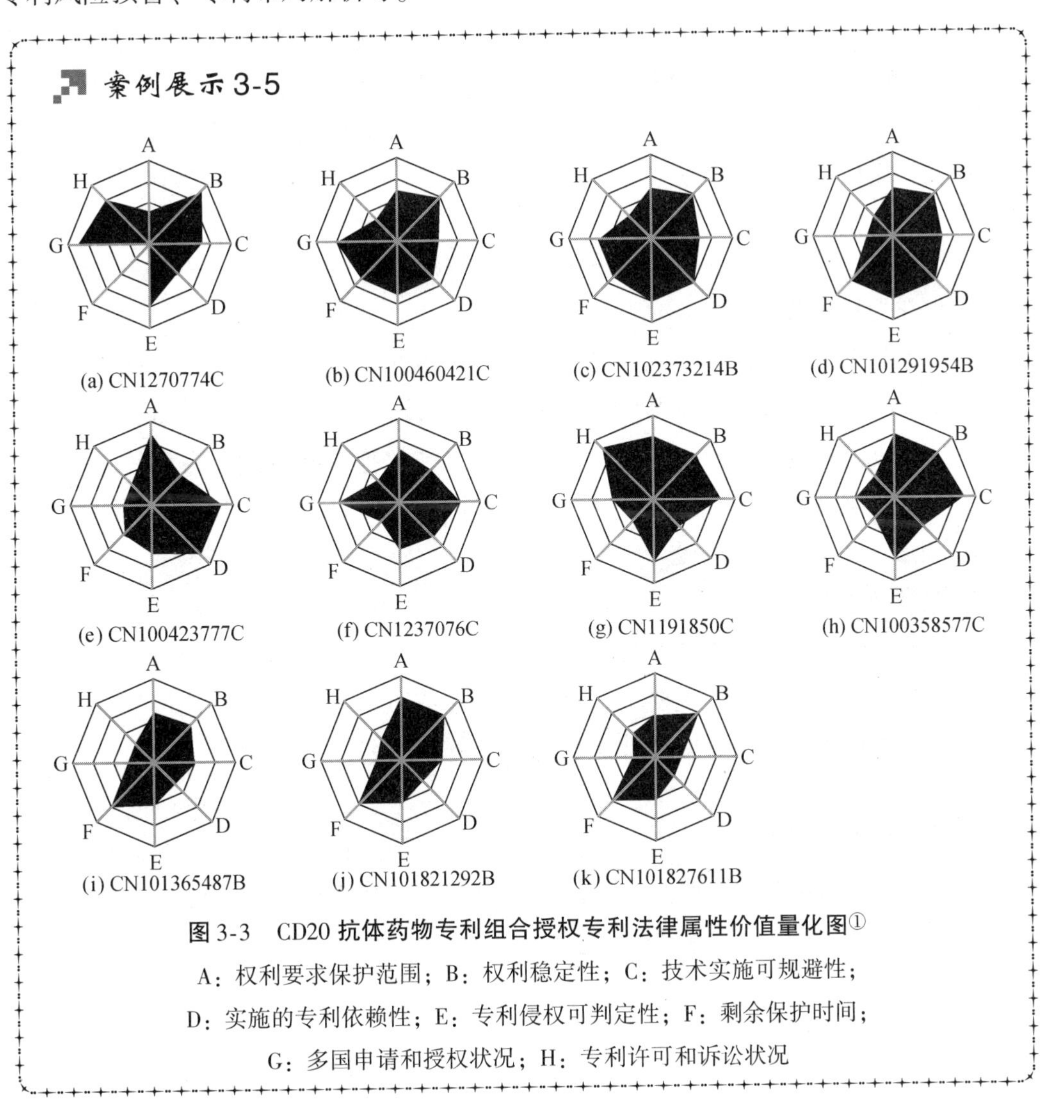

图 3-3　CD20 抗体药物专利组合授权专利法律属性价值量化图①

A：权利要求保护范围；B：权利稳定性；C：技术实施可规避性；
D：实施的专利依赖性；E：专利侵权可判定性；F：剩余保护时间；
G：多国申请和授权状况；H：专利许可和诉讼状况

① 杨铁军．产业专利分析报告［M］．第 36 册．北京：知识产权出版社，2014.

罗氏制药在CD20抗体药物方面具有一个由11件重要专利组成的专利组合，研究人员进一步对CD20抗体的上述组合的法律属性进行量化。将11项已授权专利的其他不同法律属性根据性质强弱分为1～7七个等级，除专利剩余保护时间可以为0之外，其他属性均给予1～7分的分值，在专利组合内部进行不同专利不同法律属性的横向比较和量化参见图3-3所示。通过对罗氏CD20抗体药物相关重要专利组合的法律属性和技术属性的分析和评估，不难发现，上述专利组合对于罗氏的两个已上市CD20抗体药物——Rituxan和Gazyva有着强有力的保护作用。

上述专利组合仅是从罗氏CD20抗体药物相关的100多项专利中筛选出来的11项专利，而围绕着CD20抗体药物的所有专利是分层次、多角度对罗氏的CD20抗体药物进行保护，具体的抗体序列专利是最核心的专利，它们有效地将最核心的抗体药物产品本身包裹其中，有效防护他人对抗体药物的直接侵权。

（4）保护范围分析。

保护范围分析，是对目标专利文献的权利要求保护范围进行分析的方法，其中包括对权利要求的稳定性分析，以及对权利要求的解释。保护范围分析对研究人员的要求较高，需要研究人员具备一定的司法实务经验，能够把握法院或者专利复审委员会的判决标准，从而进行分析和解读。保护范围分析的主要用途是了解技术自由实施度，评估侵权风险，以及辅助规避设计。

（5）权利要求比对分析。

权利要求比对分析，是指将产品特征或方法步骤与目标专利文献的权利要求特征进行一一比对的分析方法，其主要用途是判断产品或方法是否涉及直接侵权行为。一般来说，权利要求比对分析可以结合保护范围分析一同进行。

（6）规避设计分析。

规避设计分析，是指以避免专利侵权为目的，基于对目标专利文献的权利要求保护范围进行分析，通过规避手段产出新产品方案和专利技术的分析方法。规避设计分析的用途主要是避免侵权风险和专利挖掘。

任务8　常见需求场景

为了形象地表示分析需求，也可以把具体的分析需求称为需求场景。需求场景决定了所要选用的分析方法，例如，如果需求场景是需要掌握某行业的专利宏观申请态势，则应当以数据层面的分析为主，如果需求场景是对某出口产品进行侵权风险分析，则应当以技术层面的保护范围分析和权利要求比对分析为主，如果需求场景是分析特定竞争对手的专利挖掘策略，则以技术层面的技术功效矩阵分析、规避设计分析等为主，结合数据层面的分析共同进行。

接下来，通过介绍几种常见的专利分析需求场景，探讨一下该需求场景的主要分析方法。

（一）针对专利诉讼策略的分析方法

专利诉讼是指当事人和其他诉讼参与人在人民法院进行的涉及与专利权及相关权益有关的各种诉讼的总称[①]。专利诉讼有狭义和广义之分，狭义的专利诉讼是指专利权被授予后，涉及有关以专利权利为诉讼诉求的法律行为，广义的专利诉讼还可以包括在专利申请阶段涉及的申请权归属的诉讼、专利申请在审批阶段所发生的是否能授予专利权的诉讼、涉及发明人身份的诉讼、专利技术因合同引起的申请权争议而引起的诉讼等。

针对专利诉讼策略的专利分析，有多种研究角度，比如，① 了解行业诉讼风险；② 洞察竞争对手诉讼策略；③ 识别风险专利；④ 评估产品侵权风险；⑤ 研究专利布局等，不同的研究角度需要不同的分析方法来支撑。为了能获得更丰富的分析素材，我们获取分析数据的途径可以不局限在专利数据库，也可以通过检索法律数据库获取与判例相关的更多法律信息。当然，现在有一些高端的专利数据库中也集成了全球法律判例信息，并且加入了便捷的统计功能，这样就可以通过仅检索一个数据库得到专利诉讼策略需要的基础信息了。

（二）针对研发合作策略的分析方法

研发合作可以使企业实现技术共享，节约研发资源，甚至可以形成商业同盟，牢固产业链层级的伙伴关系。随着商业竞争新模式的不断涌现，企业创新方式也更多地从自主创新发展阶段向开放式创新阶段转变。开放式创新，就要求打破传统的企业边界，将企业内外部的资源进行有机整合，充分利用企业内外部的多种市场渠道。通过对专利数据中呈现的研发合作关系进行分析，可以借鉴行业领先者的研发合作策略，寻找技术研发的合作伙伴，以及探索实现自主创新的路径。

针对研发合作策略的专利分析，理论基础是具有研发合作关系的创新主体往往会共同申请知识产权，通过分析专利共同申请的数量、时间、技术领域、申请主体等特点，不仅可以了解行业内的合作关系及其演进趋势，更可以清楚地认识到自身企业定位和可以借鉴的发展策略。

---

① 马天旗，等．专利分析方法、图表解读与情报挖掘［M］．北京：知识产权出版社，2015.

案例展示3-6

车载储能装置安全产学研合作对比分析①

汽车制造是一个技术密集型的产业，具有工业产业链长、行业覆盖范围广等特点，而新能源汽车作为汽车行业的新兴领域，更是凝聚了多个行业的先进技术。在传统汽车行业，各大汽车厂商及零部件厂商之间就已存在密切的合作，而在新能源汽车领域，这种合作更为重要。

除了整车制造商、零部件厂商之外，产业技术中的其他力量，例如大学、研究所也对技术创新、产品改进有着非常重要的作用。并且，新能源汽车行业作为汇集了诸多先进技术的行业，作为科研主体的大学、研究所自然也是重要的参与者。因此，在新能源汽车的合作中，除了厂商与厂商、厂商与零部件供应商之间的合作，厂商与大学之间的合作也是非常重要且有益的。

对于新能源汽车来讲，电池是非常重要的部件，电池的性能也是制约着纯电动汽车发展的瓶颈。而电池的研发，是一个具有良好前景但是短期内却不易产生较大进展的方向。

丰田公司无疑是新能源汽车的领导者，其混合动力汽车技术中更是独步全球。而一向以技术创新为公司理念的本田公司则同样是新能源汽车行业的先行者，其于1999年在美国推出了混合动力车辆Insight以及燃料电池汽车FCV，并于2002年在FCV的基础上推出了首款可以量产的燃料电池汽车FCX。在丰田的战略规划中，也将燃料电池汽车作为最终极的环保技术。

一、丰田公司和高校的合作模式分析

丰田公司和高校在新能源汽车领域合作申请的专利如图3-4所示。由图可知，丰田和高校之间的合作非常广泛。具体来说有以下几个特点。

（1）合作高校数量众多。

在电池技术中，丰田的高校合作伙伴达40所之多。由此可见，丰田极为重视与高校之间的技术交流与合作。当然，这也与丰田公司是全球第一大汽车厂商有关。毕竟，企业的规模在一定程度上会影响与高校之间的合作。

（2）合作高校国家分布广泛。

丰田的合作高校分布在日本、美国、加拿大、中国、比利时、英国、意大利七个国家。从数量分布来看，又以日本为最多，在40位共同申请人中占据了29位，其余国家的申请人数量最多也不超过3个。从与每一申请人的共

① 杨铁军，等．产业专利分析报告［M］．第38册．北京：知识产权出版社，2015.

同申请数量来看，日本的高校占据了绝对多数，日本以外国别的高校的申请量均未超过5件。由此可见，在电池技术的研发合作上，丰田在兼顾与其主要研发中心所在地的高校之间的合作的情况下，倚重的仍然是本土高校。

(3) 与中国高校的合作申请不可忽视。

由图3-4可知，丰田与我国的清华大学、上海交通大学以及同济大学均有合作申请。虽然数量并不多，但是考虑到我国巨大的市场潜力，以及丰田新近在常熟建立了全球第六大汽车研发中心，相信丰田与我国高校之间的共同申请会逐渐增加。

此外，丰田与清华大学之间的合作已有一定基础。从1998年起，双方就开始共同举办技术讲座，在此基础上，于2005年11月成立了清华大学-丰田研究中心，主要集中在环境科学、能源、材料科学三大领域，并且已于2011年3月进行了二期合作签约。可见，二者的合作无论是从持续时间还是研究方法来说，都有利于两者在新能源汽车领域做出成果。

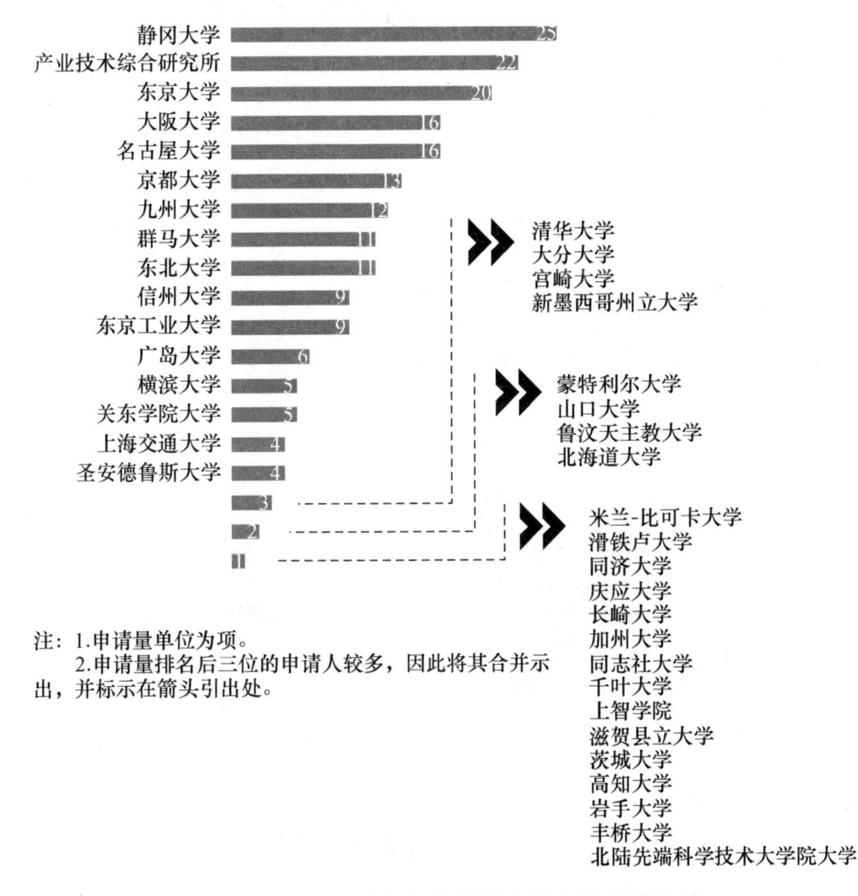

图3-4　丰田公司的高校共同申请人及申请数量

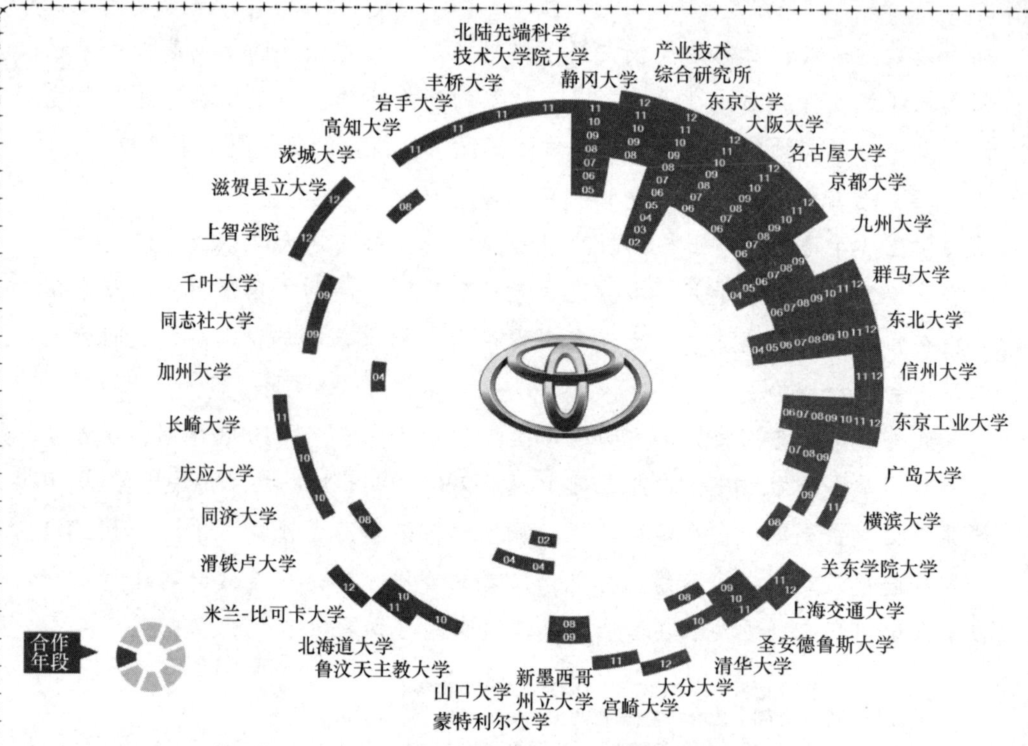

注：环形直径方向上的径向长度表示合作段区间；
环形直径方向的数字表式合作年，且年的表达省略前两位，如2012年图中简写为12。

图 3-5　丰田公司的高校合作申请人及年代分布

二、本田公司和高校的合作模式分析

本田公司和高校在新能源汽车领域合作申请的大学类型的共同申请人及申请数量专利如图 3-6 所示。由图可知，在新能源汽车领域，本田共有 7 位大学类型的共同申请人，总申请的数量为 34 篇。

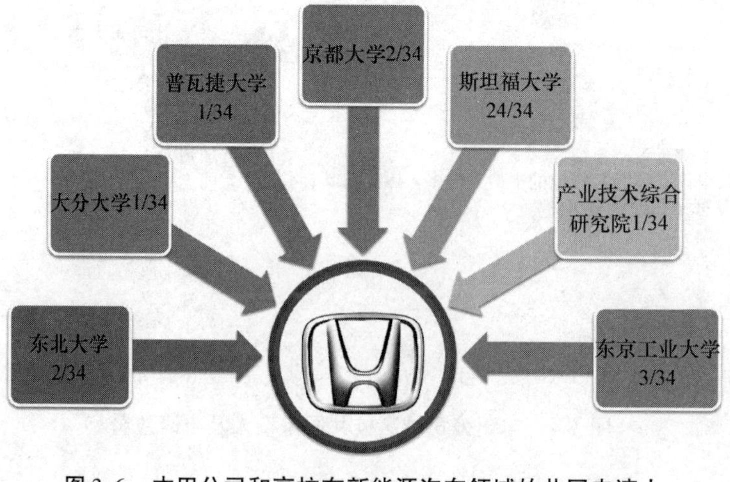

图 3-6　本田公司和高校在新能源汽车领域的共同申请人

进一步地，对共同申请人的国别及申请时间进行分析，如图3-7所示。

由图可知，本田的相关共同申请人主要分布在日本和美国，此外还包括一家法国高校。具体来说，美国1所（斯坦福大学）、法国1所（普瓦捷大学），其余5所均在日本。这一点不难理解，因为本田毕竟是日本企业，与日本的大学进行合作并且整体上共同申请人数量也较多是可以预期的。除此之外，本田在北美和欧洲均建有研发中心，因此，与当地的大学进行相关的合作也是非常正常的。

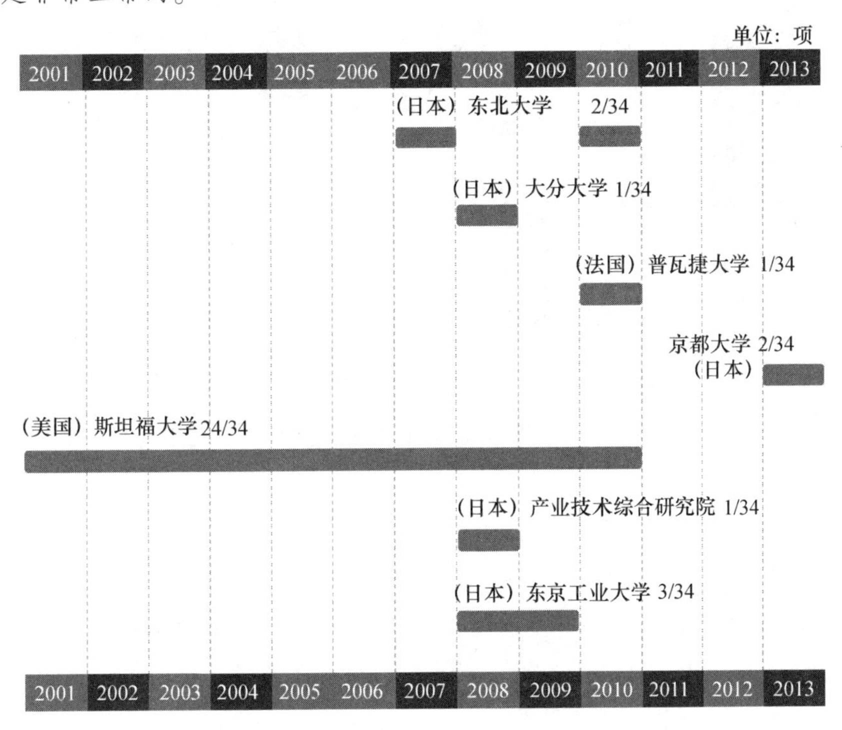

图3-7　本田公司在新能源汽车领域的共同申请人

由图可见，斯坦福大学在本田的合作伙伴中是非常重要的一位。然而，仅从申请数量及申请年份并不能看出为何本田与斯坦福大学的合作申请数量较多、时间较长。要分析这一原因，需要结合二者的特点以及针对合作申请的专利技术方法进行分析。

三、本田公司与斯坦福大学的合作申请分析

对本田与斯坦福大学的合作申请按照技术方法进行分类，并按照时间顺序排列，得到图3-8。

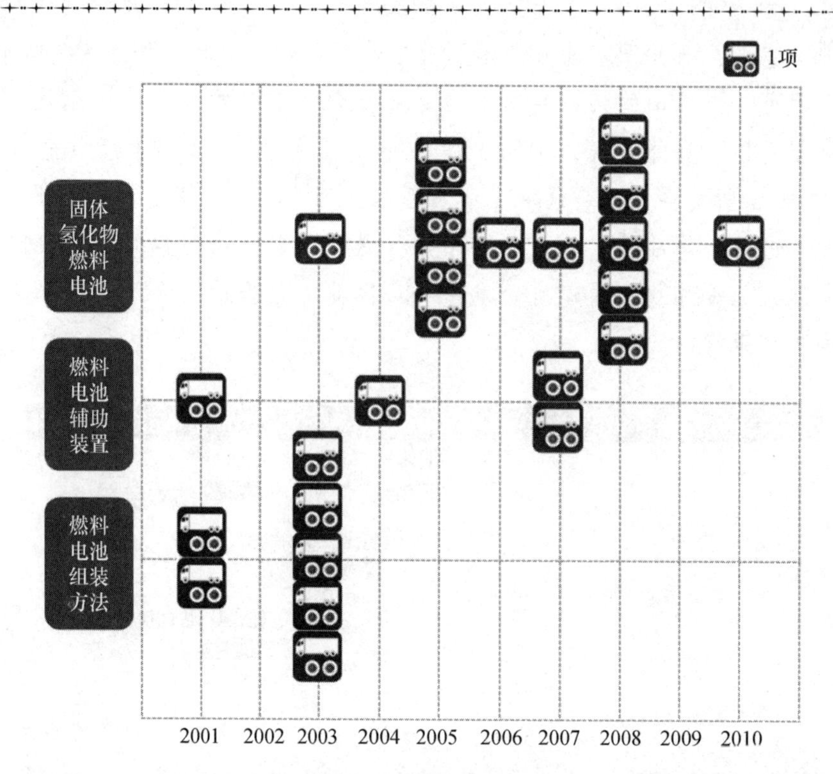

图 3-8 本田公司和斯坦福大学合作申请的专利技术方法及年代分布

由图 3-8 可知，本田与斯坦福大学的合作分为三类：固体氢化物燃料电池、燃料电池辅助装置以及燃料电池组装方法。从 2001 年起，二者在燃料电池组装以及辅助装置领域分别申请了两项和一项，并于 2003 年申请了 5 项关于电池组装的专利。正是从 2003 年，二者共同申请了关于 SOFC 的第一项专利，此后 SOFC 就成了申请的重点。十年之间，以 SOFC 为技术方法的专利在总共 24 项申请中共占了 13 项，且分布年代也很均匀，从 2003 年之后，几乎每年都有一项或多项申请，而涉及其他两项方法的申请则数量相对较少。

…………

随着研究的进行，斯坦福大学于 2005 年在洛杉矶举行的电化学会议上提交了 4 项报告，宣称已经可以将 SOFC 的工作温度降低到 450℃。而从图 3-8 也可以看出，二者合作申请的技术方法在 2003 年第一次涉及 SOFC，并在 2005 年提交了 4 项申请，此后也一直有持续的申请。

由此可见，本田当初选择斯坦福大学进行合作研发是极具长远眼光的。从中可以总结出这样一个模式，即当企业面对某一从长远来说具有良好前景但是存在短期内不易克服的困难时，在继续进行对当前较为成熟的技术进行研发的同时，及早在高校中寻求在相关技术中处于领先地位的高校进行合作，对其提供支持，既可以通过合作的方式来充分利用高校在技术上的优势，也可以较为容易地建立合作关系，从而为成果共享打下基础。

四、丰田和本田与高校的合作模式对比分析

以上对丰田与本田公司与高校之间的合作分别进行了分析。结合以上分析，可以得出如下结论：

丰田公司本身是世界第一的汽车厂商，因此基于自身强大的技术基础以及雄厚的人力财力物力资源，能够与高校展开广泛的合作。反观本田公司，结合自身的发展理念及中长期规划，有目的地选择合作伙伴，并且能够根据大学与自身的发展方向之间的契合点，主动发起合作，利用高校的技术优势主攻技术难关。虽然初期困难较大，前景不太明朗，但是一旦获得技术突破，则能够建立很大的优势。

（三）针对产品出口策略的分析方法

产品出口中的知识产权风险问题，是众多出口型制造企业最关注的也最迫切的事情。产品出口是指一个国家或地区的企业或组织将本国生产或加工的商品输往本国或是本地区外的市场进行销售或是包括展示营销等其他以营利为目的的商业行为[①]。在中国企业“走出去”的过程中，“中国制造”的巨大成本优势给越来越多的发达国家带来商业冲击，贸易保护主义日渐抬头，越来越多的发达国家企业利用其先发优势和在专利等知识产权方面的强势地位，对中国企业设立各种障碍，在进出口贸易、境外参展等诸多方面为中国企业制造麻烦。可见，在产品出口前进行专利分析对于出口型企业来说显得尤为重要。

针对产品出口策略，专利分析的主要方法包括出口国家的市场竞争格局分析、出口产品的技术构成分析、出口国家地域范围内的竞品专利布局分析、专利侵权风险分析。通过专利分析，以向企业提供有针对性的参考建议，引导企业做好证据准备、应对预案甚至规避设计。

（四）针对竞争对手研究的分析方法

分析研究行业内创新主体的专利活动，有助于识别直接和潜在竞争对手，有助于了解竞争对手的技术优势、团队构架、专利家底和市场规划等商业信息，为本公司制定专利和市场对抗战略提供依据。此外，企业还可以通过学习竞争对手的研发路径、专利战略，借鉴完善本企业的管理方式。

---

① 马天旗，等．专利分析方法、图表解读与情报挖掘［M］．北京：知识产权出版社，2015.

针对竞争对手研究的专利分析，理论基础是每一件专利文献的著录项目中都包含申请人、发明人等揭示技术来源的信息，而在企业内部，申请人的主体资格、甚至发明人的姓名排序都有特定的意义，因此，专利的申请主体、发明人与技术、时间、数量、类型等方面的关联关系，值得研究人员细心品味和揣摩。在这种需求场景下，一般会用到的专利分析方法包括申请人构成分析、申请人排序分析、发明人排序分析、专利引文分析、技术构成分析、重要专利分析。

（五）针对搜集技术情报的分析方法

对于绝大多数创新主体来说，各种涉及专利管理、商业发展方面的分析需求都属于长期需求，在专利分析项目结束后并不能第一时间在企业发展中落地，但是，有一些分析需求对企业来说却是直接且迫切的，比如这里介绍的技术研发情报的搜集。搜集技术情报，有助于追踪重要申请人、发明人的研发动向，有助于为本公司的研发立项提供参考资料，还有助于产品选型和方案规避。

针对搜集技术情报的专利分析，理论基础是专利文献的权利要求和说明书中蕴含了实现技术效果的大量技术细节，部分内容在业内工程师看来具有一定的启发作用。在进行搜集技术情报的专利分析过程中，研究数据基础不仅要关注发明专利，更要关注实用新型和外观设计专利，这是因为发明专利的公开周期相对较长，而实用新型和外观设计的公开周期相对较短，在研究与产品相关的技术情报时，企业对最新披露的方案都比较感兴趣。在搜集与技术情报相关的专利信息时常用的分析方法包括专利技术路线分析、技术功效矩阵分析、发明人排序分析、专利引文分析、技术追踪分析、规避设计分析等。

知识训练

一、选择题（多项选择）

1. 需求采集的方式有哪些？（　　）

   A. 实地参观　　B. 问卷调查　　C. 会议

   D. 访谈　　E. 原型法

2. 下列哪些选项不属于基于数据统计的分析方法？（　　）

   A. 技术生命周期分析　　B. 技术追踪分析

   C. 法律状态分析　　D. 保护范围分析

3. 专利申请趋势分析可以包括哪些内容？（　　）

   A. 不同申请人在相同技术领域的专利申请趋势

   B. 申请人在不同技术领域的专利申请趋势

   C. 技术首次申请国的专利申请趋势

   D. 技术生命周期

二、简答题

1. 需求调研的流程包括哪些环节？

2. 简述分析需求和分析方法的含义和关系。

综合实训

近年，由于身份证信息的非法窃取、冒用，给个人和社会带来了重大损失，再度引发人们对居民二代身份证中加入指纹信息的思考，新修订的《居民身份证法》规定了公民申领、换领、补领居民身份证应当登记指纹信息。此外，苹果公司在 iPhone 5s 中支持用户使用指纹解锁手机，三星为 Galaxy S 系列设备引入指纹识别密码保护机制，进一步提高产品在消费者尤其是商务领域的安全性能。作为新型的安全保护技术，加上苹果、三星等电子产品巨头的推动及其在业界的引领作用，指纹识别技术容易成为资本市场聚光的焦点并有望获得爆发式发展。

H 公司希望在指纹识别产品方向加大投入，将指纹识别技术作为公司未来五年的战略发展方向，决定组织开展一项有关指纹识别技术的专利信息分析项目。H 公司明确提出以下 4 点分析需求：

（1）半导体指纹传感器在技术原理方面，主要涉及的热敏、RF、主动、被动技术专利方面的分布情况以及典型专利；

（2）搜集适用于手机、平板等移动终端的小尺寸电容传感器的专利技术；

（3）在苹果公司业务并购对象上，研究涉及 Secure Enclave 的指纹安全存储技术；

（4）获取有关指纹支付产业链方面的情报，特别是涉及指纹存储隐私安全的。

实训操作

1. 实训目的

通过实训帮助学习者理解分析需求的定位，能够围绕分析需求合理且全面地选取分析方法。

2. 实训要求

将学习者分成若干项目小组，每组人员规模 4～6 人为宜，每组需选举组长 1 名，以协调全组的各项工作，各组应独立完成实训任务。

3. 实训方法

（1）以小组为单位，分析 H 公司提供的需求，分组讨论各需求的研究思路。

（2）根据讨论结果，各组独立设计分析报告的初步研究框架。

模块4　专利技术分解

知识目标

- 了解专利分类标准、行业分类标准、学科分类标准的差异
- 理解制定技术分解表的原则

实训目标

- 熟练掌握技术分解表确定的流程
- 掌握专利技术分解的评价方法

技能目标

- 具备制定特定行业的技术分解表的能力
- 具备根据分析需求调整技术分解的能力

本模块主要介绍确定技术分解的基准、制定技术分解表两个任务。确定技术分解的基准是指根据目标技术主题的具体情况选取专利技术分解的出发点，制定技术分解表是指在实际制定技术分解表的过程中应采取哪些步骤。专利技术分解的准确与否，直接影响到专利数据检索的全面准确和专利分析的质量，其主要目的包括：了解行业整体情况、便于进行专利检索、便于数据处理、便于选取研究重点。

任务9　确定技术分解的基准[①]

技术分解的目标是既要方便专利数据检索，又要能够得到行业从业人员的认可，因此学习者应当明确实际项目中的专利技术分解表，一定是对多种分类体系进行博弈的结果。那么首先了解一下可作为专利技术分解基准的主要分类体系都有哪些[②]。

---

① 本任务为认识性内容，定位于分析意识的提升，并不对应具体的操作手段。

② 杨铁军. 专利分析实务手册［M］. 北京：知识产权出版社，2012.

（1）专利分类体系。

为适用专利检索，最方便的技术分解方式是按照各种专利分类体系对待分析的技术主题进行分类，一般分类标准选择包括国际专利分类（IPC）、美国专利分类（UC）、欧洲专利分类（EC）及日本专利分类（F-Term）等。采用分类号进行分类，其特点在于已有分类体系的情况下，稍作修改即可，无须重新设置新的技术分解，但前提是已有专利分类体系与行业内技术分类标准差别不大或基本一致。此外，采用专利分类号进行技术分解后，由于某一技术分支对应一专利分类号，因此便于对技术主题进行检索，并且有助于对检索结果进行数据处理。但是，这种分类存在缺点，当某一技术主题的专利分类与行业产业分类相差较大时，无论采用何种分类体系，均存在与产业分类不一致的情况，这样的分析结果会造成和产业的脱节，从而失去对企业的指导或参考意义。

（2）行业分类体系。

行业是国民经济中同性质的生产或其他经济社会的经营单位或者个体的组织结构体系的详细划分，其从产生到不断发展的过程中形成了自身独有的标准和规范，因此在进行技术分解时参考行业分类标准可以加深了解技术的本质和演变，并且根据行业分类标准确定的技术分解更能契合行业发展态势及现状，这样的分析结果更易于被企业所认可和接受。在有些具代表性的行业，行业分类体系甚至反映在企业的部门划分上。但是这种分类体系需要研究者在前期进行大量的行业背景技术调查，在进行技术分解过程中需要咨询行业的技术专家和产业专家，不断调整技术分解结果。此外，在根据行业标准分类进行技术分解后，在检索和数据处理方面的工作量也可能大于基于专利分类形成的技术分解的工作量。

任何一个行业都有一些约定俗成的分类习惯，这些分类都具有自己的特色，要么体系严谨，要么应用方便，都是经过大量的经验积累沉淀下来的并能被本行业从业人员广泛接受的分类。因此，项目承接团队必须尊重行业习惯，充分考虑行业的分类，了解该分类背后形成的原因，并知晓其优缺点。

（3）学科分类体系。

在技术分解中，对于一些较为基础的技术主题，也可以参考教科书中已给出的分类原则来进行技术分解。教科书作为一门课程的核心教学材料，其对某学科现有知识和成果进行综合归纳和系统阐述，其在材料的筛选、概念的解释和不同技术分支或学派的介绍具有全面、系统和准确的特征。因此在进行技术分解时，可以参考教科书中介绍的相关技术分类，特别是在某一技术主题专利分类和行业分类尚不明确的情况下，教科书分类也具有一定的借鉴和参考意义。

案例展示4-1

切削刀具专利分析项目技术分解①

刀具行业的分类方法大致有以下几种：① 行业分类：按具体刀具产品来分类，例如：车刀，铣刀，刨刀，钻头，丝锥等；② 专利分类体系：主要为国际专利分类即IPC分类体系，其特点是：按应用领域为主，间杂着刀具种类及其相关的技术点；③ 行业标准，行业标准主要以产品分类，例如：麻花钻、锪钻、扩孔钻；立铣刀、三面刃铣刀、锯片铣刀、键槽铣刀、可转位铣刀；矩形花健拉刀、键槽拉刀、圆拉刀；可转位车刀；丝锥；绞刀；板牙；插齿刀；④ 行业习惯，例如美国切削刀具协会（USCTI）的分类是：硬质合金刀具、钻/绞刀具、金属切削锯片、铣刀、聚晶金刚石刀具、聚晶立方氮化硼刀具、棒料、表面涂层、螺纹丝锥、刀架及其他；⑤ 商业分类，按刀具及相关产业链的产品、主要提供的技术支持来分类，这种分类主要是针对客户需求，如表4-1所示。

表4-1 国内刀具商业分类②

刀具材料	刀具产品	加工设备	加工市场	刀具相关
钨基硬质合金	车削刀具	加工中心	金属加工	刀杆刀柄
钛基硬质合金	铣削刀具	数控车床	模具加工	夹头夹具
氧化物陶瓷	孔加工刀具	数控磨床	零部件加工	刀具涂层
氮化物陶瓷	数控刀具	数控钻床	五金工具加工	磨料产品
立方氮化硼	螺纹刀具	数控成型	其他	切削液
工具钢	齿轮刀具	特种专用		润滑油
进口材料	切断刀具	普通机床		刀具软件
金刚石	机用锯片	测量仪器		其他
其他	机械刀具	数控系统		
	特种非标	其他		
	拉刀			
	锉刀			
	刨刀			
	其他			

以上各种分类体系都有其优缺点，虽然在其适用的场合都基本能满足使用要求，但是对于本项目的研究来说都有一些不足。例如刀具产品具有共性的制备工艺、制备材料技术；对于主要涉及制备工艺、制备材料的专利申请不好划分界限；且技术主题相关的分类号太多；涉及工艺的专利申请部分由于应用范围较广；专利文献噪声太大，无法凸显关键技术点；而涉及具体产

① 杨铁军. 专利分析实务手册［M］. 北京：知识产权出版社. 2012.

② 杨铁军，等. 产业专利分析报告［M］. 第3册. 北京：知识产权出报社，2012.

品种类的专利申请，分类太细，各细分类下的专利文献数量不均，有的分类不足以形成研究样本等。因此不能满足本项目的研究需要，必须建立新的技术分解表。

由此可见，实际进行技术分解时可以以上述三种分类体系为基准，推荐首先考虑行业分类体系，其次考虑专利分类体系和学科分类体系。当然，项目承接团队也可以根据待分析的技术主题的特点来灵活确定技术分解方式。例如，当某一技术主题涉及某些传统行业的特定技术领域时，通常专利分类体系要优于行业分类体系和学科分类体系，或者在行业分类体系不明确的情况下，采用专利分类标准更有利于保证技术分解的准确性，这时可以先采用专利分类标准对技术主题进行分解，然后根据行业专家意见或根据行业标准进行不断调整，以使其能够结合专利分类体系和行业分类体系的优点，形成一个准确并便于检索和数据处理的技术分解。

任务10　制定专利技术分解表

首先我们需要明确专利技术分解表由谁负责制定，可能有些学习者认为这不应该是个问题，肯定是研究团队来制定啊。事实上发起制定技术分解表有几种情况：第一种最为常见，由项目承担方作为技术分解发起人和主要完成人，项目承担方在制定过程中充分征求项目需求方的意见；第二种情况比较少见，项目需求方对专利信息分析项目有着明确的预期，会主动提供一个分解体系让项目承担方完成，通常这类项目需求方在知识产权管理方面的能力很强；第三种情况是，根据项目需求方的指示，项目承担方先提供一份初步的技术分解表，项目需求方据此组织修订，甚至根据初步技术分解表的启示对部分方法推倒重来，最后项目承担方还会和项目需求方进行反复的讨论和协调。这三种情况特点各异，第一种情况的工作效率最高，与项目需求方的战略契合度偏弱；第二种情况最利于项目需求方具体目标的达成，但项目承担方的实施难度最大；第三种情况可以兼顾工作效率和成果价值，难点在于项目承担方能否投入足够的人力配合。

专利技术分解表是多种因素作用的最终产物，绝不是对产业分类体系的简单照搬。考虑到专利信息分析项目的最终用途是指引企业发展，且需要兼顾项目实施过程中的进度效率，因此，制定专利技术分解表的原则可以归纳为“尊重行业习惯，方便专利检索”。根据上述原则，学习者可以在面临复杂情形时进行灵活取舍，从而制作出符合项目定位的技术分解表。有些专家提出，为了方便数据处理，制定专利技术分解表的原则还应当包括“专利文献量适中”，这种提法有其现实合理性，但本书的观点是一切技术分解都要满足产业的认知度和接受度，如果产业技术发展的现状确实存在明显“偏科”的情况，那么项目承担方不宜对其进行主观修正，但可以进一步深入划分，以客观地反映现实状况。

制定专利技术分解表的常规操作包括以下步骤①。

（一）研究产业和技术

在对某一技术主题进行技术分解时，首先需要了解该技术主题的概况，即该技术主题在整个行业内的具体位置（产业中的上下游）以及该技术主题所包括的主要方法和所要解决的技术问题等。一般情况下技术主题的概况可以通过图示的方式来表现。

案例展示4-2

如图4-1所示的等离子体刻蚀技术概况图，从该图中可以看到等离子体刻蚀机在半导体设备中的产业位置。

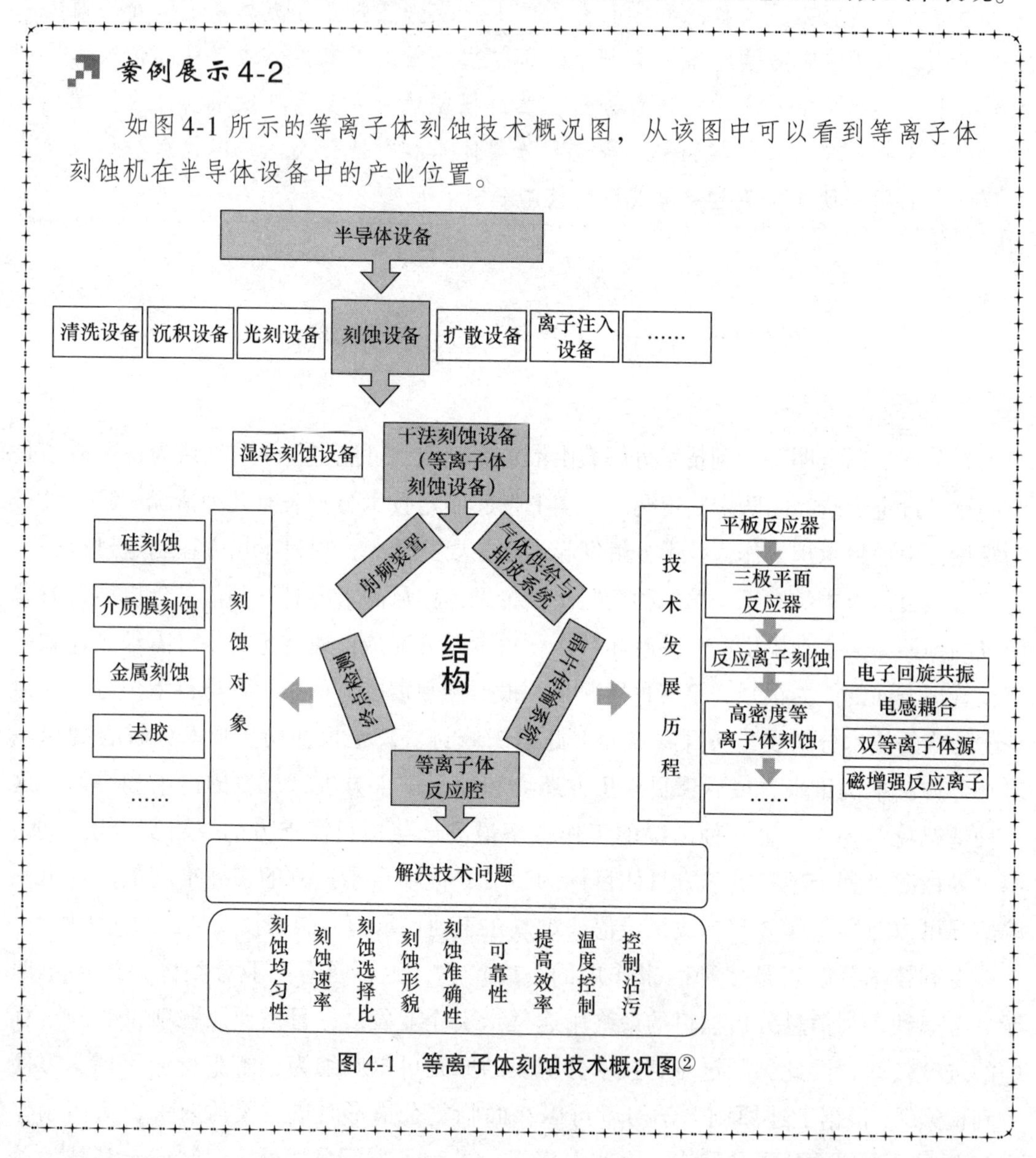

图4-1 等离子体刻蚀技术概况图②

① 杨铁军．专利分析实务手册［M］．北京：知识产权出版社．2012.

② 杨铁军．产业专利分析报告［M］．第1册．北京：知识产权出版社，2011.

等离子体刻蚀机处于半导体设备中的刻蚀设备中的干法刻蚀设备。图4-1直观地反映出了等离子体刻蚀机的技术方法，例如，其从结构上分可以包括射频装置、等离子体反应腔等5大部分。并且该图还给出了等离子体刻蚀机的发展历程和解决的技术问题等，从而一目了然地展现了等离子体刻蚀机的技术概况和发展动向。

（二）逐级分解技术主题

根据此前确定的技术分解基准，对目标技术主题进行分解。技术分解的一般思路包括：由上及下、由下至上以及上下结合的三种模式。影响专利技术分解的因素包括技术成熟度、技术与产品的交叉关系、产业链各环节的关节点、企业内部组织结构等，通常而言，技术分解表中越上级的分解越容易受到产业因素的影响，越下级的分解越容易受到技术因素的影响。

以由上及下分解思路为例，在进行技术分解时，可以参考技术主题的概况和发展路线，从最上位的技术分支依次进行分解，将最为上位的技术分支分解为较为下位的技术分支，然后再对较为下位的技术分支进一步分解，将其分解为更为详细、具体的下位技术分支，直到分解到需要进行分析的重要技术分支。

案例展示4-3

如表4-2所示，首先对较为上位的液晶显示技术按照其产业链结构进行技术分解，得到2个一级技术分支：液晶面板和模组集成。接着对液晶面板和模组集成按照其生产链做进一步的分解，将二者又细分为6个二级技术分支：阵列、成盒、测试修补、背光、驱动和固定支撑装配。最后根据技术组成要素对需要重点分析的阵列进行层层分解，将其又细分为2个三级技术分支、3个四级技术分支和4个五级技术分支。这样依次对各级技术分支进行分解，得到了液晶显示技术这一技术主题的专利技术分解表。

表4-2　液晶显示技术专利技术分解示例表①

一级分支	二级分支	三级分支	四级分支	五级分支
液晶面板	阵列	有源阵列	TFT	氧化物TFT
				低温多晶硅TFT
				有机TFT
				非晶硅TFT

① 杨铁军. 产业专利分析报告［M］. 第2册. 北京：知识产权出版社，2012.

续表

一级分支	二级分支	三级分支	四级分支	五级分支
液晶面板			像素结构	
			其他工艺	
		无源阵列		
	成盒	彩色滤光片		
		偏光片		
		液晶配向		
		垫圈/间隔体/液晶密封		
		液晶填充及封闭		
	测试修补			
模组集成	背光	背光源		
		导光板		
		扩散板		
		光学膜片		
	驱动	预处理	Gamma 校正	
			偏压控制	
			VCOM 调整	
		数据驱动	预充电	
			过驱动	
		扫描驱动	GOA	
		数据和扫描驱动	行反转	
			点反转	
		其他		
	固定支撑装配	背板组件		
		面框组件		
		围框组件		
		散热条		

由下及上的分解思路与上述思路正好相反，是从技术主题最下层级入手，对构成要件进行列举后逐级向上进行概括和扩展。上下结合的分解思路是对由上及下、由下及上两种方式进行组合，对技术主题的一部分采用由上及下的分解思路，另一部分采用由下及上的分解思路。

（三）技术分解的评价

在初步完成技术分解后，可以采用以下原则对技术分解表进行评价。

（1）尊重行业习惯。技术分解表中的各技术分支之间的上下级关系以及同级之间的关系应当符合行业习惯，并且各级技术分支应当突出重点，符合行业创新主体关注重点的需求。

（2）方便专利文献检索。形成技术分解表后，在对各技术分支进行检索时，各技术分支应当是适于检索的，并且适于后续的标引工作。各个技术分支定义准确，并且各技术分支相互之间边界清楚，应当认为是适于检索和标引的。

当然，前文提到过我们还需要注意专利文献量是否适中。由于在技术分解完成后，后续还要进行数据检索、数据清理、数据标引等环节，各个技术分支的文献覆盖量应当适宜，以便保证待统计分析的数据样本有意义且可兼顾工作效率。对于技术分支数据过大的问题，可考虑采用对其进一步分解的方式解决。

（四）技术分解的调整①

在技术分解评价的基础上，可以对初步的技术分解表进行调整，使之符合行业技术分类标准和便于检索及数据处理的需要。通常采用以下几种动态调整办法。

（1）根据行业调查反馈和创新主体关注热点的调整。由于技术分解时缺少行业调查及企业调查等活动，因此在完成技术分解表初稿后，应当根据该初稿进行行业调查，积极咨询行业产业专家和企业技术专家，收集专家的反馈意见，并根据专家的反馈意见调整技术分支或重新定义技术分支，以使得技术分解表更符合行业分类的实际情况，更为重要的是，使得技术分解表更能突显出创新主体所关注的热点技术分支，从而使得专利分析的重点更为突出，引导作用更为有效。

（2）根据检索文献总量及其分布的调整。在完成技术分解表后，一般情况下将根据该技术分解表进行专利文献的检索。但在某些情况下，针对某一技术分支进行检索时，可能存在着该技术分支涵盖的专利数量偏多或偏少的情况，例如，几十万篇或几篇，从而影响对该技术分支进行的专利分析精度和准度。因此，当研究团队根据技术分解表完成检索后，还应根据各个技术分支的检索数量和分布进行适当的调整（拆分或组合），例如某一技术分支涵盖的专利数量过大，可以考虑将该技术分支继续进行细分，划分出下一级技术分支，或调整同一级的技术分支，重新定义该技术分支的范

① 杨铁军．专利分析实务手册［M］．北京：知识产权出版社．2012.

畴，通过调整使得该技术分支涵盖的专利数量适中。

（3）根据清理难易度和标引过程反馈的调整。在数据清理过程中，研究团队可能会发现难以对之前确定的技术分解表中的一些技术分支进行检索或清理。这种情况下，研究团队还应对这些技术分支进行拆分或组合，以保证检索结果的准确性。

（4）根据研究过程中的初步结论的调整。在根据技术分解表完成数据检索、数据处理后，可以对其结果进行一个初步的图表制作，并得到一个初步的分析结论。这时可能图表中会直观反映出一些不符合行业发展实际趋势或行业发展实际情况的问题，例如某一技术分支的发展趋势与现实情况明显不符，行业现实情况下是专利申请量逐年上升，而图表却显示其申请量逐年下降或中间有个低谷等，这种情况很有可能是因为之前进行的技术分解不当所导致的。对于此类问题，研究团队应当分析根据技术分解表所检索的检索结果，并根据产业实际情况对技术分解进行相应的调整，直到图表和分析结论与行业实际情况一致。

（五）技术分解的规范

在充分了解技术主题的概况和发展动向的基础上，对技术主题进行逐级分解后，将会形成一份技术分解表，该表从不同层级显示了该技术主题的主要方法和结构。技术分解表制定过程中应特别注意其在格式、层级、逻辑和方法方面的规范性。

除此之外，由于同一技术术语在不同的行业背景下具有不同的含义，或不同的分析人员对同一技术术语理解不同，或者业界对某一技术分支没有统一的定义，因此如果不对技术分解表内的各技术分支中的技术术语进行定义，就无法准确确定出该技术分支的边界，从而可能存在各平级的技术分支之间存在着重合的情况，从而影响技术分解的精确度，进而造成分析的不准确。因此，在完成技术分解表后，还需要对技术分解表中的各技术分支进行定义，以描述性的语言来规划出各技术分支的范围，参见表 4-3。

表 4-3　等离子体刻蚀机技术术语定义表①

技术分支	定　义
等离子体产生装置	等离子体产生装置是指在等离子体刻蚀反应腔内，用于将反应气体激发到等离子体状态的核心部件，其需要连接反应腔外部的能量源来进行激发，主要包括通过电感耦合方式产生等离子体的核心装置，通过电容耦合方式产生等离子体的核心装置，通过电子回旋共振方式产生等离子体的核心装置，以及通过微波激发方式产生等离子体的核心装置等多种类别的等离子体激发装置

① 杨铁军．专利分析实务手册［M］．北京：知识产权出版社．2012.

续表

技术分支	定　　义
腔体	腔体是指反应腔自身壳体以及与其相连的起到自身壳体作用的结构，包括腔体的形状和材料，反应腔体的窗口和顶盖，以及与反应腔体相连接的温度控制装置等构件，不含反应腔内部的常用构件
电极组件	电极组件是指包括上、下电极，以及第三电极（必要时）在内的电极，用于控制电极温度的温度控制装置，对电极起到驱动、保护、连接以及其他相关作用的连接到电极上的电极接合件，对电极产生其他相关作用但并未连接到电极上而与其组合使用的构件等。其中，电极涉及其形状、材料、数量、位置以及起到电极作用的任何结构及其组合等方面的改进
……	……

知识训练

一、选择题（多项选择）

1. 可作为专利技术分解基准的分类体系包括哪些？（　　）

   A. 行业分类体系　　B. 专利分类体系

   C. 产品分类体系　　D. 学科分类体系

   E. 专家座谈

2. 影响专利技术分解的因素包括哪些？（　　）

   A. 技术与产品的交叉关系　　B. 产业链各环节的关节点

   C. 企业内部组织结构专利文献　　D. 技术成熟度

3. 哪些是制定专利技术分解的思路？（　　）

   A. 由上及下　　B. 由下至上

   C. 上下结合　　D. 尊重经验

二、简答题

1. 简述专利技术分解和现有分类体系的关系。
2. 技术分解的操作步骤有哪些？其主要工作内容是什么？

综合实训

近年来智能手机的市场占有率已经远远超过传统功能手机，特别是在青年人群体中几乎人手一台。智能手机，是指具有独立的操作系统、独立的存储空间，可以由用户自行安装社交、游戏、视频等第三方服务商提供的软件程序，并可以通过移动通信网络接入互联网的各类手机的总称。

实训操作

1. 实训目的

通过实训帮助学习者掌握专利技术分解的方法。

2. 实训要求

将学习者分成若干项目小组，每组人员规模4～6人为宜，每组需选举组长1名，以协调全组的各项工作。各组独立完成实训内容，并在教师的指导下组织关于技术分解成果的辩论，与其他小组就分解成果进行研讨。

3. 实训方法

（1）以小组为单位，独立对“智能手机”项目进行专利技术分解，并制定技术分解表。

（2）教师在各组提交的技术分解表中筛选2～3份思路差异较大的作业，组织提交上述作业的小组进行辩论，就争议焦点的优劣进行研讨。

（3）辩论会后，各组修改并重新确定技术分解表。

文献检索篇

模块 5　检索准备

教学目标

知识目标

- 了解技术边界、检索要素表的概念
- 掌握专利分类、关键词的形式和特征
- 了解专利文献数据库

实训目标

- 形成完整的检索要素表，了解各个要素的作用和获取方式
- 通过阅读各个数据库和软件的使用说明，掌握各个数据库和检索工具的选取过程

技能目标

- 具有准确定位技术边界的能力
- 具有扩展关键词的能力
- 具有扩展分类号的能力

模块概述

本模块主要介绍技术边界和范围的多角度定义、检索要素表的构建和要素初步填充以及检索要素表的完善三个任务。技术边界和范围的多角度定义是通过所选主题的产业、行业或者技术层面中的解释性内容对该主题需要研究的内容进行范围的界定和边界的划分，用来明确检索的分支和范围。检索要素表的构建是根据所选主题和确定的检索范围，选取用来检索各个技术分支的检索词、分类号、申请人等检索要素，并形成包含这些检索要素的表格，用来清晰地展示检索要素，以及方便检索过程中的要素修改。要素初步填充和检索要素表的完善，是在检索要素表中，按照上述各个分类从检索主题或者对应的内容中选取具体的检索词、对应的分类号等检索要素进行填充，并且在检索过程中扩展检索词、分类号、申请人等表述方式和内容，形成完整的包含具体检索要素的检索要素表，使得检索出的专利文献更加全面。

任务11 技术边界和范围的多角度定义

根据对特定研究对象的行业信息、技术信息的调研以及形成的技术分解表，确定技术主题的技术边界和范围。技术边界和范围包括所研究主题所属哪一个技术分支、主题中分解的各个分块定义和分解方式以及必要的排除说明。

一、定位所属的技术分支

对于主题和技术对应的定位分为两种情况：其一，直接选择技术点——根据特定研究对象的技术分解表选择一个或者几个技术分支作为分析的目标；其二，对应选择技术点——根据研发和市场的需要拟定一个或者几个技术主题，再根据这些主题包含的技术内容选择对应的技术分解表中的一个或者几个技术分支。

二、分块的确定和定义

在定位技术分支后，根据技术分支的位置确定分块，主要分为以下四个步骤。

(1) 整体的技术定义：根据采集的技术信息总结出对于主题进行详细说明的技术内容。

(2) 按照几个方向和组成进行分块：从整体技术定义出发，按照不同的研究需要把主题分为可以完整定义该主题的多个部分，如按结构分、按类型分、按功能分，等等。

(3) 按照技术信息和研究的需要，对每一个分块进行具体定义：由于同一技术术语在不同的行业背景下具有不同的含义，或不同的分析人员对同一技术术语理解不同，或者业界对某一技术分支没有统一的定义，因此，在完成分块后，还需要对各分块进行定义，以描述性的语言来规划出各块的范围。

(4) 必要的排除说明：在上述信息无法完整解释说明研究主题范围时，可以增加各个块中不研究内容的说明，如本研究主题不包括哪些内容。

案例展示5-1

数显内径千分尺

数显内径千分尺是一种高精密测量仪器，适用于金属切削加工中的内径测量。本主题要研究的数显内径千分尺，主要从三个方面进行界定：一是其本身为千分尺范畴，即其测量要达到的等级；二为内径千分尺，其是基于外径千分尺的原理实现对内孔径的测量；三是其结合电子传感技术，通过数显的方式将测量值直接且实时地显示出来，从而达到测量便捷、使用方便的效果。

分析提示

看似比较熟悉的数学工具，但是在专利文献记载中对其的称谓五花八门。对这个作为最后一级也就是具体检索的名称进行三个部分的分块，不但加强了对该内容的理解，更重要的是，如此清晰分块也为后续关键词和分类号的扩展以及全面的检索打下了良好的基础。

技能训练 5-1

扫地机器人，又称自动打扫机、智能吸尘器、机器人吸尘器等，是智能家用电器的一种，能凭借一定的人工智能，自动在房间内完成地板清理工作。一般采用刷扫和真空吸入方式，将地面杂物吸纳进入自身的垃圾收纳盒，从而完成地面清理的功能。一般来说，将完成清扫、吸尘、擦地工作的机器人，也统一归为扫地机器人。

训练要求 以小组为单位，按照扫地机器人这个题目，形成检索要素分块定义表，同时要记录得到该要素表的具体步骤和每一步骤的内容。

任务 12 检索要素表的构建和要素初步填充

一、检索要素表的结构

如表 5-1 所示，在检索之前的准备中，检索要素表是关键步骤，这里主要展现了两个要素——关键词和分类号，其他要素根据需要进行增加。其中，关键词和分类号建议按照各个分块分别进行罗列，并在各个分块中根据各个关键词和分类号的含义进行扩展。

表 5-1　检索要素表

分块	关键词	分类号
块 1		
块 2		
块 3		

二、要素的初步填充

关键词是专利文献内容最直观的表现，通常表征了专利文件中的关键技术信息，是专利检索中的核心手段之一。通过关键词尤其是通过对专利文献的摘要信息的解读，可以直接区分专利文献的技术主题、技术内容的重要信息，因而关键词也起着与分类号同等重要的作用。[①]

关键词的确定，主要分为以下几个方面。

（1）结合技术分解表确定。

为了获得准确而完整的检索结果集，应当紧密围绕专利分析项目的主题和涵盖的各级以及各技术分支确定关键词。对应于技术分解表中的各技术分支，选定的关键词应该能够独立地，或者与分类号等的逻辑运算来较准确和完整地表达专利分析的主题或技术分支。[②]

（2）结合检索策略确定。

根据具体使用的检索策略来确定检索主题和范围，如总分式的检索就可以先以整体主题内容进行检索和扩展，如分总式的检索需要确定各个分支的主题内容的检索词。

（3）结合数据库特点确定。

需要在不同的数据库中进行检索时，需要结合数据库的特点合理调整关键词的表达，紧密结合文献数据的特点，充分考虑各种可能的表达角度和表达习惯。

分类号是使各国专利文献获得统一分类的一种工具，它根据专利文献特定的技术主题对其进行逐级分类，从而使其具有共同的类别标识。在技术分解中，应当重视并利用分类号的辅助功能，尤其是各国分类号体系的指导意义。同时，在检索时，由于分类号包含了某些关键词的上下位概念，是所述关键词的集合，因此利用分类号可以弥补因使用关键词检索而造成的漏检。

另外，专利文献检索时可以选择总分式检索、分筐检索等多种检索策略；对于某一技术领域，也可能根据需要对不同的技术分支分别或同时选择两种以上不同的检索策略。例如，在进行总分式检索时，首先通过关键词和/或分类号圈定一个较大的检索范围，然后使用已有的分类号和/关键词检索属于不同级别的技术分支中的专利文献。

---

① 杨铁军．专利分析实务手册［M］．北京：知识产权出版社，2012.

② 同上。

其中在获得分式检索结果后，可以通过阅览相关文献的分类号，核对所需的分类号，并对已有的分类号进行修正和补充。[①]

案例展示5-2

数显式水温自动控制器

数显式水温自动控制器，操作简单，适用于沐浴、盥洗和洗涤。装有温度传感器、数字显示屏、两个功能键、MCU、微型电动阀。

温度传感器安装在混水阀取水端，微型电动阀安装在热水出水管端，通过温度传感器将信号传给MCU，再由数字显示屏，显示出水口实际温度。当水温高于或低于预设值时，MCU发出信号，通过控制电路，控制微型电动阀来控制热水管出水量，从而达到控制出水口水温平稳的目的。水温更稳定，使用更舒适，解决了传统温度控制器水温温差大的问题。

根据上述技术信息表述，形成的检索要素表如表5-2所示。

表5-2　检查要素表

分块	关键词	分类号	申请人
块1	数字显示	A47K	周裕佳
块2	水温		
块3	自动		
块4	淋浴		
块5	控制		

分析提示

从关键词来看，首先，数显式水温自动控制器属于温度控制器的下一级分支，而且，从内容和策略上看，由于题目范围较小，直接检索数显式水温自动控制器即可。另外，对于一般的检索工具，如专利之星，对于控制器进行限定的内容是确定主题内容的重点，也是在数据库中可以检索到的部分。因此，把关键词分成上面五个部分，可以对该主题进行全面检索。

从分类号上来看，根据所使用的数据库的特点，如专利之星，通常IPC分类号比较全，加之从技术分类领域中，主要属于人类生活家居用品领域，因此初步选取了A47K作为主要的分类号进行检索。按照上述表格初步确定的检索要素表，可以使后续的检索思路和形成的检索式更加明确和清楚，也体现了分块和对主题理解的全面性。

① 杨铁军．专利分析实务手册［M］．北京：知识产权出版社，2012.

技能训练 5-2

门铃是历史文明发展的产物，已成为现代社会必不可少的社交工具，适用于访客经此工具，以礼貌且文明的方式通知主人来访。它主要由访客使用的门外机和主人使用的门内机组成。本主题要研究的可视遥控门铃，主要从三个方面进行界定：一是其本身为门铃范畴，即用于访客和被访人沟通的工具；二是可视，即被访人可以通过该设备看到访客影像；三是其必须是遥控方式连接，从而达到使用方便和满足安全的效果。其技术分解表如表 5-3 所示。

表 5-3　技术分解表

一级分支	二级分支	三级分支
触控门铃	开关	
	按压	
	指纹	
非触控门铃	近程控制 + 近距离控制	红外线
		声控
		蓝牙
	远程控制 + 远距离控制	WiFi
		GSM
		IP

训练要求　以小组为单位，按照可视遥控门铃这个题目和上述边界定义以及技术分解表，利用本任务所记载的方法，形成初步检索要素表，同时要记载得到该要素表中关键词或者分类号的具体方法。

任务 13　检索要素表的完善

一、关键词的扩展

由于关键词表达的多样性和复杂性，在初步进行检索时，很难确定出所有适用的关键词。在检索过程中，需要对检索结果进行多次取样阅读和评估，以完善检索式。

同时，在确定了某一检索要素的关键词后，还需要对其扩展，以获得适用于该检索要素的完整的关键词集。这些扩展，包括对其进行同义词、上位词、下位词、缩写式、不同语言等不同表达方式的扩展，也包括根据表达习惯的时间性、地域性、译文以及拼写方式的多样性、常见的错误表达方式进行扩展，同时还要注意适当地使用通配符和/或截词符来使其尽可能地容纳各种拼写方式以及常见的错误拼写。主要分为以下几个方面。

（1）结合技术分解表扩展。

应当根据专利分析项目的主题和涵盖的各级技术分支的具体含义扩展关键词，可有效弥补分类号检索的不完整性和局限性。也可以选择综述性科技文献、教科书、技术词典、分类表中的释义、技术资料等涉及的关键词。同时，在调研、研讨等过程中收集的技术专家、企业专利技术人员以及一线的生产研发人员的惯用技术术语，也应当作为扩展关键词的来源之一。[①]

案例展示5-3

带无线功能的移动电源

移动电源是一种集供电和充电功能于一体的便携式充电装置的电能存储器，主要用于手机等数码设备随时随地充电或待机供电。本主题研究的带无线功能的移动电源，主要从两个方面进行界定：一是其本身为移动电源，即其需具备基本的供电与充电功能并是可以移动的；二是具备无线功能，包括无线充电功能与无线网络功能，可用于进行无线充电以及发射无线信号。其技术分解表和检索要素表分别如表5-4和表5-5所示。

表5-4　技术分解表

一级分支	二级分支	三级分支
移动电源	有线充电	
	带有网络功能的无线充电	电磁感应
		无线电波
		电磁共振

① 杨铁军．专利分析实务手册［M］．北京：知识产权出版社，2012.

表 5-5 检索要素表

类　目	内　容	扩　展
关键词	移动电源	移动电源 + 电霸 + 便携电源 + 行动电源 + 外挂电源 + 外置电源 + 后备电源 + 移动电池 + 便携电池 + 行动电池 + 外挂电池 + 外置电池 + 后备电池 + 移动功率源 + 便携功率源 + 行动功率源 + 外挂功率源 + 外置功率源 + 后备功率源
	网络功能	TDMA + 时分多址 + 蓝牙 + BLUETOOTH + WIFI + 无线 + WIRELESS + 3G + 第三代移动通信技术 + 三 G + CDMA + 码分多址 + 4G + 四 G + 第四代移动通信 + LTE + 长期演进技术 + 红外 + INFRA_ RED + GPRS + GSM
	电磁感应 + 无线电波 + 电磁共振	(感应充电 + 电感要素“与”耦合 + 电感耦合) 要素“与”无线 + 非接触要素“与”充电 + 电波要素“与”充电 + 磁场共振 + 电磁共振 + A4WP + QI 标准

分析提示

从无线充电的移动电源的技术信息中得到技术分解表，由于每一级分支代表了检索要素表的每一个分块，根据这类的分解表就可以得到每一个分块的关键词，并且按照三级分支的每一级进行对应的关键词的扩展表述。这种方式可以通过每一级范围较小且容易表述的部分进行扩展，再把这几个部分组合起来，就可以化零为整，使得检索要素中关键词的扩展更加完整。

（2）结合检索策略扩展。

根据检索策略的需要选择对应的检索主题，并通过对于这些主题的技术信息扩展各个分支或者分块的检索词，如在总分式检索中，可以根据整体主题含义来分析确定各个分支的内容和范围；在分总式检索中，可以根据各个分支的含义和范围分别扩展关键词，再把这些扩展后的关键词进行组合，来完善整体的关键词内容。①

（3）结合数据库特点扩展。

在不同的数据中，对同一技术特征的关键词表达可能存在差别，或者不同的关键词表达了同一技术特征。在扩展关键词时，要补充各个数据库针对同一内容的不同表述，从而保证关键词的全面。②

（4）根据分析统计扩展。

在确定某一检索主题和/或技术分支的初步检索式后，在数据库中执行该检索式，然后可以利用该数据库中的统计和排序，对该检索结果的关键词字段依据出现频次进

① 改编自：杨铁军．专利分析实务手册［M］．北京：知识产权出版社，2012.

② 同上。

行排序，选取一些词频较高的词作为检索用关键词的备选。

此外，在各个检索结果评估或抽样调查阶段，通过对专利文献的浏览，可以留意补充一些漏选的检索关键词，或去除一些会引入大量噪声的关键词，以及积累在典型的噪声文献中频繁出现的除噪关键词。[①]

（5）根据协议或者标准等扩展。

在专利分析的前期工作中，需要结合行业标准、行业协议以及综述性科技文献、教科书、技术词典、分类表中的释义、技术资料等，深入和全面了解所需分析的技术主题及各技术分支的技术特点及技术内容，确定用于表达这些技术特点和技术内容的常见技术术语及其表达方式，并将其作为确定关键词的重要来源之一。[②]

（6）与邻近算符、截词符的结合。

当使用关键词词组进行检索时，如使用“与”运算，则有可能引入大量噪声。此时，在有些数据库中，可以使用临近算符 W、D 等与关键词词组结合使用，以提高检索的准确性。

此外，对于 nW 或 nD 中 n 的值，可以改变 n 来验证检索结果中引入噪声的多少，从而确定合理的 n 值。[③]

（7）补充和调整。

由于关键词的多样性和复杂性，在初步检索时，很难定出所有适用关键词。在检索过程中，应不断发现和补充适用的关键词，既包括补充检索用关键词，也包括补充除噪用关键词。

案例展示5-4

无源光网络

在光通信项目研究中，无源光网络 PON 包括 APON、EPON、GPON。为了对 GPON 相关的文献进行检索，根据 GPON 协议，选择 G984 +、G. 987 +、G. 988 + 三个和 GPON 相关的协议的编号作为关键词，而根据 GPON 协议中的细节，选取 OMCI、ONT 或 ONU Management and Control Interface 作为关键词，或者 t-CONT、GEM、E-GEM 结合关键词封装，分别对 GPON 相关的文献进行检索。[④]

分析提示

对于通信领域，利用协议内容全面了解技术以及提取关键词是很有效的。

---

① 杨铁军．专利分析实务手册［M］．北京：知识产权出版社，2012.

②③④ 同上。

二、分类号扩展

根据各个不同的分类号体系特点就可以分别针对不同的体系扩展分类号。现有的分类体系包括：世界知识产权组织（WIPO）使用的国际专利分类体系（International Patent Classification，IPC）；欧洲专利局（EPO）使用的基于 IPC 的欧洲专利分类体系（EPO Classification System，ECLA/EC），欧洲专利局专利分类的标引码（Index Code，ICO）；日本专利局（JPO）使用的基于 IPC 的日本专利分类体系 FI/FT（File Index，FI；File Forming Term，FT）；美国专利商标局（USPTO）使用的美国专利分类体系（USPTO Classification，UC）；由欧洲专利局和美国专利商标局共同管理和维护的联合专利分类体系（Cooperative Patent Classification，CPC）等。商业公司的专利分类体系，如德温特公司的德温特分类（Derwent Class Code，DC）和手工代码（Derwent Manual Code，MC），等等。各分类体系的特点如表 5-6 所示。①

表 5-6　各分类体系的特点

分类体系	优　　点	不　　足
IPC	通用性好，使用范围最广； 其他分类体系细分的基础	细分不够，某些分类号下文献过多； 主要针对权利要求的技术主题进行分类； 更新相对较慢，各国不一致
ECLA	IPC 的进一步细分，更准确； 覆盖专利说明书的全部技术主题； 及时动态地修订和再分类； 只有一个版本，分类标准较统一	传承 IPC 一维体制； 体系构建与 IPC 相比，无突破和发展
ICO	与 ECLA 具有互补性； 就 ECLA 遗失技术细节细分	发明的次要信息和附加信息； 各领域发展不均衡
FI/FT	FI 对 IPC 进一步细分； FT 多重角度分类	局限于日本文献； 多角度也带来使用的复杂性
UC	具有详细的专利分类定义； 动态更新快，有临时性小类机制； 标准相对统一	分类表体系结构不规整； 掌握较困难，限于美国文献
范畴分类	应用性分类为主； 利于公众对专利信息检索与利用	易用性较差，标引一致性较差； 不再进一步更新
DC	应用性角度编制，一致性强	局限于 WPI 数据库
MC	专业性强，适用于多个检索系统； 新旧手工代码彼此之间互相指引	局限于 WPI 数据库； 某些领域并不如 IPC 细化
CPC	五大局协商有利于提高一致性； 部分技术领域得到扩展和细化	彼此权衡造成进程冗长； 近期内无法进行应用

---

① 杨铁军．专利分析实务手册［M］．北京：知识产权出版社，2012.

在一些近年来发展较快的领域可能存在IPC分类表的更新速度无法与其技术发展速度相适应的问题，甚至一些关键技术都没有相应的，确切的分类号，尤其是对于涉及大量交叉学科的技术，必须立足于本学科发展的现状，构建详尽的技术分解表，针对技术分解表的各分支分别扩展其对应的分类号，否则会遗漏大量相关专利。[①]

案例展示5-5

人脸识别系统

人脸识别，是基于人的脸部特征信息进行身份识别的一种生物识别技术。用摄像机或摄像头采集含有人脸的图像或视频流，自动在图像中检测和跟踪人脸，进而对检测到的人脸进行脸部的一系列相关处理，通常也叫做人像识别、面部识别。

人脸识别系统主要包括四个组成部分：人脸图像采集及检测、人脸图像预处理、人脸图像特征提取、人脸图像匹配与识别。

其检索要素表如表5-7所示。

表5-7　　检索要素表

类　　目	关键词	分类号
分类号（人脸识别）G09K	图像采集	H04N5、H04N7/18等
	图像预处理（编解码等）	H04N7/24、7/26等
	图像特征提取	G06T5/00、7/00等
	图像匹配和识别	G06T5/00、7/00、9/00等

分析提示

通常，人脸识别方面的专利的分类号大多是G06K9/00以及对应的细分，通过对人脸识别的技术分解后发现，其包括采集、处理、提取和识别这四个部分，每一个部分又对应着多个不同的分类号。进一步挖掘这些二级或者三级分支的分类号后，就可以尽可能全面地列出相关的分类号，为全面检索提供了保证。

（1）基于分析统计扩展。

专利检索中，对于无法用单纯的关键词表达的技术内容，可以通过分析统计扩展分类号。通过分类号以及其对应的解释，可以扩展分类号与所分析的技术领域的相关性，并通过在分类表中上下级浏览和彼此交叉指引获取准确和全面的分类位置。

通过这种方法，可以扩展出与所分析的技术领域相关度较高的分类号，它们通常是出现频率最高的几个，还可以获取其他领域与所需分析技术领域技术内容相关度较

① 杨铁军. 专利分析实务手册［M］. 北京：知识产权出版社，2012.

高的分类号。此外，在数据处理时，通过对提取的分类号的统计分析，对已获取的分类号进行扩展。①

（2）补充和调整。

技术分解、专利检索、数据分析等环节都需要选择、确定并使用分类号，尤其在前期检索阶段时，经常需要根据检索结果的全面性与准确性实时调整和补充分类号，以使专利分析的需求与分类号的动态的调整和补充同步完成。在分类号的调整和补充时，应当充分考虑并分析噪声因素从而对分类号进行合理增减。②

技能训练 5-3

安全座椅就是一种专为不同体重（或年龄段）的儿童设计，安装在汽车内，能有效提高儿童乘车安全的座椅。欧洲强制性执行标准 ECE R44/04（荷兰）的定义是：能够固定到机动车辆上，带有 ISOFIX 接口的安全带组件或柔性部件、调节机构、附件等组成的儿童安全防护系统。在汽车碰撞或突然减速的情况下，可以减少对儿童的冲压力和限制儿童的身体移动，从而减轻对他们的伤害。

儿童安全座椅的分类是根据固定方式的种类来区分的，共分成三种：欧洲标准的 ISOFIX 固定方式、美国标准的 LATCH 固定方式和安全带固定方式。

表 5-8　技术分解表

类　目	一　级	二　级	扩　展
分类号（儿童安全座椅）	产品分类	出生~4 岁（0～18kg）	
		出生~6 岁（0～25kg）	
		9 个月~6 岁（9～25kg）	
		9 个月~12 岁（9～36kg）	
		3 岁~12 岁（15～36kg）	
	固定方式	ISOFIX 固定方式	
		LATCH 固定方式	
		安全带固定方式	

训练要求　以小组为单位，按照儿童安全座椅这个题目、上述边界定义以及技术分解表，利用本任务所记载的方法，选取表 5-8 中可以进行分类号扩展的技术分支，并扩展其分类号，同时要记载分类号扩展的具体方法。

① 改编自：杨铁军．专利分析实务手册［M］．北京：知识产权出版社，2012.

② 杨铁军．专利分析实务手册［M］．北京：知识产权出版社，2012.

三、申请人和发明人的扩展

在检索过程中，经常会出现一个企业或者发明人有多种名称表述形式，这样，仅仅是一个常用名称作为申请人或者发明人进行检索，往往会漏掉关于这个竞争对手或者关注的研发人员的多个重要专利。另外，一个企业也经常使用分支机构的名称进行申请，或者在并购其他公司或者被并购后，在先申请的专利没有申请人变更。还有，在外国进入中国申请专利的申请人或者发明人名称，由于翻译的原因，会有中文表述的不同。

基于上述情况，在针对申请人和发明人扩展时，要进行对于该申请人或者发明人不同名称或者中文翻译表述的补充，如飞利浦，可以表述为菲利普、飞力浦等；Procter & Gamble 公司，可以表述为宝洁、普罗克特-甘保尔、普罗格特和甘布尔等。另外，针对申请人的检索，还要进行其并购公司，或者其分公司、母公司的名称补充，如谷歌公司收购 Nest、Wavii 等公司，要补充这些公司名称的检索。

知识训练

一、选择题（多项选择）

1. 下面的内容中哪个或者哪些属于技术边界定义？（　　）

A. 技术包括哪几个部分　　B. 不包括哪些内容

C. 技术背景信息　　D. 技术分支信息

2. 下面哪些内容属于检索要素？（　　）

A. 分类号　　B. 申请人　　C. 关键词　　D. 技术背景

二、简答题

1. 为什么要进行技术边界定义？

2. 关键词和分类号是如何确定的，有什么具体可以参考的信息？

3. 关键词和分类号的扩展依据有哪些，扩展的作用有什么？哪一个或者几个你认为是比较重要的？为什么？你还能想到哪些扩展的方式和依据？申请人和发明人的扩展通常需要借助哪些信息或者手段？

综合实训

虹膜识别技术是近几年兴起的生物认证技术。虹膜的形成由遗传基因决定，人体基因表达决定了虹膜的形态、生理特性、颜色和总的外观，是最可靠的人体生物终身身份标识。虹膜识别就是通过这种人体生物特征来识别人的身份。在包括指纹在内的所有生物特征识别技术中，虹膜识别是当前应用最为精确的一种。虹膜识别技术以其高精确度、非接触式采集、易于使用等优点得到了迅速发展。

随着信息技术的发展，身份识别的难度和重要性越来越突出。密码、身份认证等传统的身份识别方法由于其局限性——易丢失、易被伪造、易被破解等，已不能满足当代社会的需要。基于生物特征的身份识别技术由于具有稳定、便捷、不易伪造等优点，近几年已成为身份识别的热点。在所有生物特征识别技术中，虹膜识别是当前应用最为精确的一种。到目前为止，虹膜识别的错误率是各种生物特征识别中最低的。虹膜识别技术以其高准确性、非接触式采集、易于使用等优点在国内得到了迅速发展。我公司的虹膜产品已在中国农业银行、北京首都国际机场、监狱、公司考勤等安全系统中广泛应用。

人眼结构由巩膜、虹膜、瞳孔三部分构成，而虹膜是位于黑色瞳孔和白色巩膜之间的圆环状部分，其包含有很多相互交错的类似于斑点、细丝、冠状、条纹、隐窝等的细节特征，这些特征可唯一地标识一个人的身份。

虹膜识别即虹膜识别技术。虹膜识别通过对比虹膜图像特征之间的相似性来确定人们的身份，其核心是使用模式识别、图像处理等方法对人眼睛的虹膜特征进行描述和匹配，从而实现自动的个人身份认证。虹膜识别技术的识别过程一般分为：虹膜图像获取、图像预处理、特征提取和特征匹配四个步骤。虹膜识别系统是用来实现上述过程中的部分或全部步骤的设备。

目前，在我国，虹膜识别在公共安全、信息安全、安检安居、电子商务等多个领域蕴藏着巨大的市场潜力，随着人们对虹膜识别认知度的逐步提高、产品价格的进一步下降和政府有关部门的重视，市场潜力必将迅速释放，虹膜识别市场将迎来快速发展期。此外，虹膜识别技术与其他类别的生物识别技术相融合，共同组成多模式融合的生物识别技术也将是一个发展趋势。由于各种生物特征识别方式都有其一定的适用范围和要求，单一的生物特征识别系统在实际应用中显现出各自的局限性。随着对社会安全和身份鉴别的准确性和可靠性要求的日益提高，融合了多种生物特征识别方式的多模态识别系统将是生物识别技术发展的趋势。①

实训操作

1. 实训目的

通过实战练习帮助学习者正确掌握技术边界定义的含义以及其确定方法，熟悉检索要素表的结构和各部分作用，提高扩展检索要素的能力。

2. 实训要求

将学习者分为5～8人一组，每组选出一名组长，负责组织本组学习者各项工作，如具体分工、讨论和信息采集等工作。在实战的过程中，教师要给予建议和指导，并检查各组实战工作的进展和完成情况。

---

① 改编自：百度百科

3. 实训方法

（1）根据所给资料，各组独立选定与虹膜识别技术相关的研究主题，并按照研究主题进行技术边界的定义和要素分块。

（2）构建检索要素表，并简要说明构建及扩展关键词、分类号或者其他检索要素的过程和理由。

模块6　技术专题检索

教学目标

知识目标

- 了解检索策略、检索式构成
- 掌握检索结果的评估、去噪和补充检索

实训目标

- 掌握专利检索的规范流程
- 熟悉检索评估的方法和可靠性
- 熟悉补充检索的方法

技能目标

- 熟练使用构造检索表达式
- 熟练应用查全率评估方式以及P样本构建的方法
- 熟练应用批量去除噪声

模块概述

本模块主要介绍针对具体领域或者技术点进行检索、检索结果的评估和补充、噪声的去除三个任务。针对具体领域或者技术点进行检索，是把所选技术主题包括的各个分支技术中的专利文献，利用选取的检索系统、各种不同的检索策略以及检索要素表中的所有检索要素检索出来。检索结果的评估和补充，是针对各个检索步骤，或者各个技术分支的检索，在检索的每一个环节中，对检索结果进行评估，来判断检索策略是否合理以及检索结果是否符合预期标准。因为全面而准确的检索结果是后续各种研究分析、结论获得的基础。噪声的去除，是根据评估结果对检索的数据进行批量或者人工去噪，去除不符合所选主题或者范围的专利文献，用来提高检索目标集合的准确性，即提高查准率，从而使得检索目标集合能够更加真实、准确地反映出技术或行业的发展态势，为之后的综合分析提供扎实的数据基础。

任务14　针对具体领域或者技术点进行检索

针对特定研究对象的具体研究主题，首先进行技术分解和检索要素表的构建，在前文有所介绍，在此不做赘述。在此基础上，要进行检索系统的选择，以便有效地得到准确的检索结果。

一、构建检索式

检索前的准备包括对技术分解表的分析，通过对技术分解表的分析制定检索策略，确定检索要素、构建检索式。为避免出现文献遗漏，应当使用分类号与关键词相结合来构建检索式。但在实际操作中，针对不同的技术主题，可以倾向性地选取分类号或者关键词作为检索的重点。例如，有些关键词的覆盖面有限，多年来相关的关键词不断增加，相比分类号而言无法保证不存在明显的遗漏，从初步检索结果的统计来看，基于关键词构建的查全集合的噪声比较大，且分布杂乱无章，不利于后续的去噪工作。因而，针对分类号的相关程度，筛选出核心分类号与补充分类号及其必要的扩展作为主要的查全检索要素。①

案例展示 6-1

可视频录制的模拟对讲系统

本发明是在原有门禁对讲系统上增加视频录制功能，适用于模拟可视对讲系统的视频图像扩展。本主题要研究的系统主要从三个方面进行界定：一是其本身为应用于模拟系统的视频采集与存储；二是录制，其是对采集的视频信号进行编码以实现录制、保存图像内容；三是为实现用户回放，通过视频录制存储器中的 SD 卡模块，住户可通过室内机回放存储在该存储设备上的针对该住户的视频监控信息；视频存储容量为同一联网控制器内的所有住户共用，可以将其从设备上自由取出，通过电脑或其他设备上查看视频内容；存储内容支持扩展。从而完善原有的模拟可视对讲系统的缺陷，实现产品功能的多元化。

(004) 2014-07-21 15：56：19F TX 图像 <hits：166844>

(005) 2014-07-21 15：56：31F TX 视频 <hits：74823>

(006) 2014-07-21 15：56：42F TX 影像 <hits：27309>

(007) 2014-07-21 15：57：24J 4 +5 +6 <hits：240003>//块 1：视频

(008) 2014-07-21 15：57：53F TX 录制 <hits：4210>

(009) 2014-07-21 15：58：00F TX 存储 <hits：283553>

(010) 2014-07-21 15：58：06F TX 保存 <hits：72029>

---

① 杨铁军．专利分析实务手册［M］．北京：知识产权出版社，2012.

（011）2014-07-21 15：58：12F TX 采集 <hits：165223>

（012）2014-07-21 15：58：18F TX 拍摄 <hits：26515>

（013）2014-07-21 15：58：41J 8+9+10+11+12 <hits：493656>//块2：录制

（014）2014-07-21 15：59：04F TX 楼宇 <hits：2992>

（015）2014-07-21 15：59：11F TX 楼房 <hits：4317>

（016）2014-07-21 15：59：27F TX 大厦 <hits：658>

（017）2014-07-21 15：59：36F TX 居民楼 <hits：286>

（018）2014-07-21 16：00：02J 14+15+16+17 <hits：8118>//块3：楼宇

（019）2014-07-21 16：00：55F TX 安防 <hits：4262>

（020）2014-07-21 16：01：04F TX 智能家居 <hits：1584>

（021）2014-07-21 16：01：14F TX 监控 <hits：95329>

（022）2014-07-21 16：01：21F TX 对讲 <hits：6276>

（023）2014-07-21 16：01：28F TX 门禁 <hits：3913>

（024）2014-07-21 16：02：12J 19+20+21+22+23 <hits：107092>//块4：对讲

（025）2014-07-21 16：14：30J 7*13*18*24 <hits：94>//块运算：视频*录制*楼宇*对讲

（026）2014-07-21 16：21：15F TX 梯口 <hits：318>

（027）2014-07-21 16：21：30F TX 室内 <hits：185395>

（028）2014-07-21 16：21：43F TX 分支 <hits：20054>

（029）2014-07-21 16：22：09J 26+27+28 <hits：205101>

（030）2014-07-21 16：23：20J 29+18 <hits：212021>//补充检索：楼宇

（031）2014-07-21 16：25：36J 7*13*24*30 <hits：481>//补充检索后的块运算：视频*录制*楼宇*对讲得到初步查全结果！

（032）2014-07-2213：19：39F IC H04N7/18 <hits：13855>

（033）2014-07-2213：20：16F IC H04N5/76 <hits：4864>

（034）2014-07-2213：27：03J 7+32 <hits：242785>

（035）2014-07-2213：27：42J 13+33 <hits：495994>//补充分类号检索

（036）2014-07-2213：28：27J 34*35*24*30@LX=FM XX <hits：510>//补充检索后的块运算：视频*录制*楼宇*对讲*分类号

分析提示

在专利检索过程中，用关键词扩展检索时，由于有些领域在同一特征的表述上千差万别，但是一个分类号又涵盖了所属领域或者分支的大多数专利，同时也包括与主题无关的大量专利，从全面的角度考虑，在关键词的基础上结合分类号对检索进行补充是一个有效的检索方式。

二、确定检索策略

常用的检索策略有分总式检索、总分式检索、引证追踪检索、分筐检索、钓鱼/网鱼检索和上述检索的组合。

（一）分总式

分总式检索策略可以概括为：分别对技术分解表中的各个技术分支展开检索，获得该技术分支下的检索结果，而后将各技术分支的检索结果进行合并，得到总的检索结果。分总式检索策略适用于各技术分支之间相似度不高的情形，另一个好处是各个研究成员可以并行检索各技术分支，提高检索效率。[①]

案例展示6-2

智能安防系统

智能安防系统的专利包括：智能视频监控（生物信息监测+运动物体监测+异常行为分析）、监控视频编解码、海量数据处理和存储、视频监控前端控制、高质量显示。以上五个方面及其对应的细分分支的专利总和，即我们关注的全部智能安防专利。

分析提示

在检索智能安防相关专利时，由于智能这个词没有确定的表述和解释，而且安防也是一个对于监控安全防护方面的简称，仅从智能安防这类的关键词及其对应的分类号无法全面准确地进行检索。从上述技术分解表中可以看出，按照技术边界和行业技术信息，我们可以认为，二级分支和对应的三级分支这些主题的专利文献可以代表本领域主要的技术内容，所以从各个分支出发进行关键词和分类号的构建与扩展，可以帮助全面准确的检索和定位智能安防的专利文献。

① 杨铁军. 专利分析实务手册［M］. 北京：知识产权出版社，2012.

（二）总分式

总分式检索策略是先进行总体技术主题检索，然后在总技术主题检索的基础上进行各技术分支的检索。总分式检索策略适用于技术领域和分类领域等涵盖范围好且较为准确的情形。总分式检索策略的另一个好处是，项目组可以全面地了解各技术分支。①

案例展示6-3

智能视频异常行为分析系统

异常行为分析的边界定义：当今社会是一个人口密集、高度复杂和流动性大的社会，面临的突发事件和异常事件越来越多，对其监控的难度和重要性也越来越突出。现有的视频监控系统大多只是对场景内运动目标的监测和跟踪，进行进一步识别与行为理解等很少。监控的目的就是对监视场景中的异常事件或监控对象的行为进行检测与分析。而在长时间视频序列中采用人工的方法处理此类工作既不实用也不经济，因此在视频序列中利用计算机进行视频智能自动检测就显得十分重要。目前较成熟的视频异常行为智能检测包括双向越界、单向越界、进入禁区、离开禁区、徘徊、无人值守、骤变、人员聚集、烟雾检测、快速运动、逆行、打架等事件。而异常行为检测的实现方法通常有两类：① 把小概率行为或与先验规则相反的行为看作异常行为。② 把与已知正常行为的模式不匹配的行为看作异常行为。从上述信息可以分析出，异常行为分析检索可以分为两块：异常行为、逆行、打架、越界等；检测、监控、分析等。用上述关键词和对应的分类号进行检索就得到比较全面准确的异常行为分析方面的专利文献。

分析提示

在检索智能视频异常行为分析相关专利时，由于视频异常行为这个内容含义范围比较小，用异常行为和检测分析这两个部分就可以比较清楚地进行表述。所以从这两个分块出发进行关键词和分类号的构建和扩展，就可以帮助全面准确地检索和定位智能视频异常行为分析的专利文献。

（三）引证追踪检索

引证追踪检索主要以专利文献的引文字段和说明书中引用的文献信息为线索进行追踪。通过对某一技术领域或某一申请人专利的引证、被引证、引证率以及自我引证程度高低分析，在一定程度上确定该技术领域的专利分布情况、以重要专利为支撑的

① 杨铁军．专利分析实务手册［M］．北京：知识产权出版社，2012.

技术发展线路，以及获取申请人及其竞争对手在该领域的竞争地位。[①]

（四）分筐检索

分筐检索是将某一技术主题或某一技术分支拆分为几个技术点或者技术块，每一技术块称为一个筐。分筐检索是一种抑制噪声的检索策略。从某种意义上来说，将技术分支拆成技术点或者技术块，是对该技术分支的进一步技术分解，但这一技术分解应当从适合检索的角度出发。分筐检索策略适用于某一技术分支拆分成易于检索的技术点或者技术面的情形。[②]

（五）钓鱼/网鱼检索

钓鱼检索策略是先找出一个简单的检索要素进行检索，通过对检索结果的分析，进而发现更多有效检索要素的检索策略。网鱼检索策略则是使用宏观的检索要素先行检索，通过对检索结果的分析，发现检索的技术主题下的微观检索要素，进而可作为各技术分支的检索要素，或者发现出噪声检索要素，网鱼检索策略在技术分解以及噪声发现方面有一定的应用价值。[③]

三、分块检索方法

基于模块5介绍的检索要素表，我们可以看出，构建的检索要素表中记载了技术主题中各个技术表述内容的扩展内容。分块的确定已经在模块5中进行了介绍，下面以表6-1中内容为例介绍具体的检索方法。

表6-1 折叠自行车检索要素表

类　目	关键词	
主题（折叠自行车）	块1（如：折叠）	块3
	块2（如：自行车）	块4

具体检索方法为：

块1＊块2＋块1＊4＋块3＊块2＋块3＊块4

或者　　（块1＋块3）＊（块2＋块4）

块1和块2是两个部分的关键词扩展，块3和块4分别为块1和块2对应的分类号扩展。

使用上述分块检索方法，可以使得检索结果全面。对于三块或者三块以上的内容，也可以按照上述方法进行检索，而且可以根据研究需要加入如申请人等更多的分块进行检索。

---

① 杨铁军．专利分析实务手册［M］．北京：知识产权出版社，2012.

②③ 同上。

案例展示6-4

经络定位治疗仪

经络定位治疗仪要素表

类　目	关键词	分类号
块1	经络、穴位、经脉	
块2	定位、位置、选穴、寻穴	
块3	治疗、理疗、针灸、电灸、按摩、敲击、脉冲	A61H 23/02、H03K 3/023、H03K 3/027、H03L 7/085

（001） 2014-08-06 21：52：55　F TX 经络 <hits：4703>

（002）2014-08-06　21：54：19　F TX 穴位 <hits：11612>

（003）2014-08-06　21：55：28　F TX 经脉 <hits：1163>

（004）2014-08-06　21：56：59　J 1+2+3 <hits：15327> //块1：经络

（005）2014-08-06　22：02：58　F TX 定位 <hits：475683>

（006）2014-08-06　22：03：04　F TX 位置 <hits：780835>

（007）2014-08-06　22：03：13　F TX 选穴 <hits：98>

（008）2014-08-06　22：03：22　F TX 寻穴 <hits：23>

（009）2014-08-06　22：07：21　F IC A61B 5/05 <hits：4193>

（010）2014-08-06　22：07：59　J 5+6+7+8+9 <hits：1117086>//块2：定位

（011）2014-08-06　22：14：59　F TX 治疗 <hits：217211>

（012）2014-08-06　22：15：09　F TX 理疗 <hits：8213>

（013）2014-08-06　22：16：20　F TX 针灸 <hits：3134>

（014）2014-08-06　22：16：39　F TX 电灸 <hits：57>

（015）2014-08-06　22：17：04　F TX 按摩 <hits：42321>

（016）2014-08-06　22：17：58　F TX 敲击 <hits：4321>

（017）2014-08-06　22：18：08　F TX 脉冲 <hits：82527>

（018）2014-08-06　22：18：46　F IC A61H 23/02 <hits：4879>

（019）2014-08-06　22：19：19　F IC H03K 3/023 <hits：118>

（020）2014-08-06　22：19：42　F IC H03K 3/027 <hits：33>

（021）2014-08-06　22：24：51　F IC H03L 7/085 <hits：396>

（022）2014-08-06　22：25：39　J 11+12+13+14+15+16+17+18+19+20+21+22 <hits：345057> //块3：治疗仪

(025) 2014-08-06　22：57：21　J 4 * 10 * 22 <hits：1958>//块运算：经络 * 定位 * 治疗仪

分析提示

该主题的检索从要素表上看分为三块，由于只有块 3 有分类号，所以由块 3 的关键词和分类号组合得到块 3 的结果后，再与块 1 和块 2 结合检索；如果块 1 和块 2 也具有分类号，也可以得到如块 3 第 22 条检索结果类似的数据。这种检索方式可以使得在主题名称表述全面的基础上，得到在预定技术边界内的大多数主要的专利文献。

技能训练 6-1

作为智能穿戴设备中重要的产品之一，智能手环是现今社会上开始广泛应用的高科技产品，分类方式也比较多。这里按照智能手环结构进行分类，得到如下的技术分解表：

智能手环	硬件结构	屏幕
		电池
	传感器	生物信息监测
		运动跟踪
	人机交互	语音识别
		触摸
		界面输入
	应用	电话
		短信
		邮件
		导航
		多媒体

训练要求　以小组为单位，按照智能手环这个题目和技术分解表，利用本任务所记载的方法，选择技术分解表中的一个分支或者以整个智能手环作为主题，简单进行技术边界定义和构建检索要素表，确定分块和检索策略，最后根据上述信息形成检索式并利用检索式，同时要记载得到上述各个部分的具体方法。

任务 15　检索结果的评估和补充

得到初步检索结果后，需要确定该结果所包含的专利文献是否全面和准确，为此要借助对应的评估公式和参数进行分析。

一、检索评估的目的和过程

在专利分析中，全面而准确的检索结果是后续各种研究分析、得出结论的基础。因此，检索结果评估工作，对于调整检索策略，获得符合预期要求的检索结果集起着至关重要的作用。检索结果评估应当贯穿整个检索过程的始终，并作为动态调整检索策略的重要手段，不断对检索结果进行修正与补充。检索结果评估应针对各个检索步骤，无论是整体技术领域的检索，还是各个技术分支的检索，在检索的每一个环节中，及时进行，判断检索策略是否合理，以及检索结果是否符合预期标准。①

二、查全率

（一）查全率样本 P 构建条件

构建样本 P 的两个条件如下。

（1）必须基于完全不同于查全过程中所使用过的检索要素来构建。

也就是说，用于查全专利文献集合的检索要素与用于构建查全样本专利文献集合的检索要素之间不能存在任何交集，否则将存在用子集检验全集的查全率的现象，必然影响到评估结果的科学性。

（2）有合理的样本数。

由于查全率评估属于抽样调查，查全率评估样本集过小，则不能全面反映待评估集合的全貌，出现评估结果失真；查全率评估样本过大，将带来较大的工作量，失去抽样调查的本意。因此，应当根据待评估集合的数量将样本数量控制在合理范围内。②

（二）查全率样本 P 构建的常用方法

选择本领域重要申请人进行评估。利用申请人作为检索入口进行检索，对获得的检索结果参照待评估的检索主题进行人工阅读、清理和标引，将阅读、清理和标引后的数据作为评估样本集。

---

① 杨铁军. 专利分析实务手册［M］. 北京：知识产权出版社，2012.

② 同上。

其中，重要申请人的选取主要有以下两种方法。

（1）在检索前，通过非专利数据库查找与检索主题相关的综述类文献；通过外网搜索引擎查找相关市场与销售情况，以及通过企业调研了解相关行业的技术背景与发展现状，确定行业中具有技术优势和/或市场优势的重要公司、企业与研发机构作为重要申请人。

（2）通过简单的关键词、分类号进行初步检索，对申请人进行排序，选取申请量较大的申请人。

案例展示6-5

在智能手机主题研究中，对中文库中触控技术分支的检索结果进行查全率的评估。

① 在CPRS中调用触控技术的检索式，获得1742篇文献。② 以苹果公司作为重要申请人入口，进行二次检索，获得103篇；经过人工阅读、清理获得与检索主题密切相关的专利申请101篇。③ 在CPRS中直接以苹果公司作为重要申请人入口进行检索，获得专利868篇；如果直接进行人工阅读清理，则工作量较大，不可行，需要调整清理策略。抽样通读苹果公司关于触控技术的相关文献，对其关键词进行研究，发现该公司的常用关键词为：触控 + 触摸 + 电阻屏 + 电容屏 + 电容 * 传感器。④ 采用上述关键词对苹果公司的868篇专利申请进行二次检索，获得151篇，然后再进行人工阅读、清理，获得与检索主题密切相关的专利申请112篇。其查全率为（101/112）×100% = 90.2%。[①]

分析提示

对于利用申请人的查全检索，在构建样本时，要根据申请人实际申请量进行合理限定，才能达到合理阅读的需要。

三、查全率评估时机

对于查全率的评估，至少要在以下两个阶段进行。

（一）初步查全结束时

初步查全工作结束时，必须对初步查全专利文献库的查全率进行评估，该查全率是表明能否结束查全工作的依据。若此时查全率不够理想，则需要继续进行查全工作；若达到预期的查全率，则可结束查全工作。

① 杨铁军．专利分析实务手册［M］．北京：知识产权出版社，2012.

（二）除噪工作结束时

除噪过程也被称为“查准”的过程，是对查全数据库进行去除与分析主题无关的专利文献的过程。除噪过程可分为检索去噪与人工去噪。因为除噪的过程中不可避免地会有有效文献被误删，为了检验除噪过程中是否误删了过多的有效文献，除噪工作结束时，必须对除噪之后的专利文献集合进行查全率的评估。①

四、查准率

采用抽样检测的方法对检索结果的准确性进行评估，通过人工阅读、清理、标引，获得与检索主题密切相关的样本集；通过将样本集与待评估的抽样检索结果集比较，获得该检索主题的查准率。在抽样过程中，尽量避免采取单一的抽样方法，而应当采取多种抽样方法抽取评估样本，以保证其客观性。另外，在样本的选择上要具备足够大的样本容量。②

技能训练 6-2

根据此前对智能手环的专利检索，得到初步检索结果，作为待评估的专利文献集合S。构建准确的查全率样本P，在查全率验证和补充检索后，进行查准率验证。

训练要求 以小组为单位，按照技能训练6-1得到的成果，利用本任务所记载的方法，进行查全率和查准率评估验证，同时要记载得到构建样本和评估的具体方法。

五、补充检索

在检索的过程中，通过浏览文献或者查阅资料等，会对现有技术或者检索要素的表达有新的认识，在查全评估的过程中也会发现新的检索词或者分类号等要素表达，甚至，在去除噪声的过程中除去了一些有效文献中体现的检索词等要素。这些都是与智能手环这个检索主题相关的文献，需要进行补充添加。补充检索的情况分为如下几种。

（一）基于认知的扩展完善检索要素

在检索的过程中，通常会对检索结果随时进行浏览，来确定检索策略或者检索要素的准确性和可行性，在浏览时可能会发现之前没有考虑到的关键词、分类号等表述。

---

① 杨铁军．专利分析实务手册［M］．北京：知识产权出版社，2012.

② 同上．

另外，在对某些特征或者技术的分析中，也会通过查阅其他资料获取更多的相关信息或者含义相同的其他表述信息。因此在后续检索中，需要加入这些新获取的检索要素来对原始检索要素表中关键词、分类号、申请人等信息进行扩展，并针对这些扩展信息进行检索来完善检索结果。

如：检索立体显示技术这个主题时，关键词使用立体、三维、3D进行检索；后续在查阅3D技术相关资料时发现，全息和多维、多角度也是立体的表述方式，因此需要检索新的关键词，来形成更加完整的检索结果。

（二）基于查全样本和评估完善检索要素

在得到初步检索结果后需要进行查全率评估，来确定检索结果是否比较全面。当查全率没有达到要求时，也就是查全样本中的一些文献没有出现在评估结果中，通常就要查看这些遗漏的文献涉及的主要特征、分类号、申请人、发明人等主要信息，将这些信息中的关键词等信息加入到原始检索要素表中进行补充检索。

如：在立体影像行业专利分析时，课题组主要基于关键词与分类号构建检索式，但在经过查全率评估后发现，对于本行业内知名申请人的专利申请应当引起足够的重视，有必要对其进行补充查全。因而，基于显性关键词（3D、立体、偏振、主动快门、柱状透镜等）分别在CPRS与WPI中进行检索，并进行申请人申请量的初步统计，确定了申请量前20位的申请人以及本领域知名的企业或研究机构作为补充查全的对象。

（三）除噪过程中的有效文献的补充

在利用关键词、分类号等信息进行批量除噪时，会使得一些带有上述关键词分类号的有效文献被去除。因此需要利用这些文献中另外相关的检索要素进行补充检索，来找回需要的有效文献。

如：在3D电视的除噪时，立体声作为一个噪声关键词来除去噪声文献，但是后续发现，关于带有立体声的3D显示技术的电视的文献也被去除，这就需要利用3D显示涉及的关键词或者分类号，在立体声的噪声集合中进行补充检索，并将新的检索结果加入到原来的检索结果中，来完善所需的有效文献集合。

结合任务14和任务15，可以看到一个完整的专题检索过程，如图6-1所示。

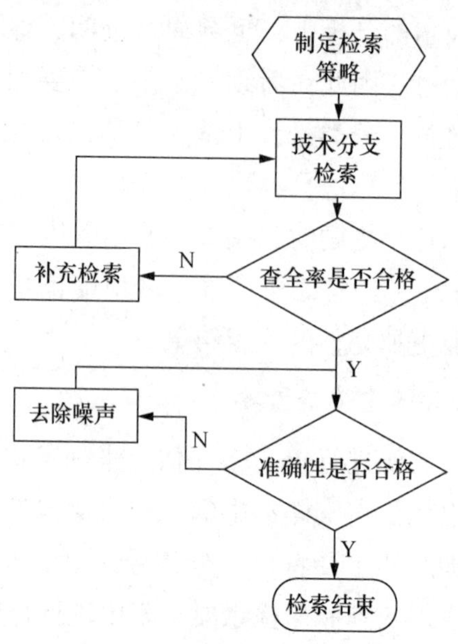

图 6-1 检索步骤流程图[①]

任务 16 噪声的去除

在智能手环检索结果全面的基础上，势必进行了关键词、分类号等要素的扩展，这种方式必然带来大量的噪声，这些噪声也会带来阅读量的增加以及分析结果的不准确。所以，在进行分析前需要将检索结果中的噪声去除，来保证分析的有效性和准确性。

一、噪声来源

噪声主要是由于数据库的特点、关键词的使用和扩展、分类号范围过宽或者不准确等情况带来的。

案例展示 6-6

立体人脸检测系统

类　　目	关键词	分类号
面部检测	脸，面部，识别，辨识，辨认，辨别，认证，鉴别，确定，确认，检测，比对	G06K9/，G06T1/00G06F，G07C 9/00
立体	3D，3 维，三维，3-D，三 D，立体，多维，全息	H04N13、H04N15、G02B27

① 杨铁军. 专利分析实务手册［M］. 北京：知识产权出版社，2012.

分析提示

在得到检索结果后，进行噪声的去除时，发现面部是一个主要的关键词噪声来源，其带来的噪声主要是前面部、后面部、表面部、平面部、胎面部、文眉、修眉，含有这些噪声的专利文献多数与本主题无法，可以去除。另外，对于H04N13和H04N15也带来了一部分立体影像、立体电视、立体显示等方面的专利文献，也需要结合更细分的分类号或具体的关键词进行除噪。

二、数据除噪方法

（一）批量除噪

通过与研究主题不相关的各关键词、分类号及其组合进行检索，得到噪声文献集合，随后将检索到的噪声文献集合中的专利文献从总的检索结果集中除去，即可完成批量的去噪处理。

（1）关键词。

在利用关键词检索时，由于关键词表达的准确性问题以及扩展关键词的含义，使得有些关键词本身使用范围很广带来的噪声，或者利用另一些关键词表述的与技术主题不相关的内容，就会生成一定的噪声专利文献。

在检索结果文献集进行噪声去除时，确定认为是噪声专利文献中表述主要内容的一个或者多个关键词，利用这些确定的关键词作为检索要素，将得到的检索结果从整个检索结果集中除去，可以有效地去除噪声文献。

（2）分类号。

在利用分类号检索中，由于分类号的分类不准导致的噪声，或者专利文献本身具有多个副分类号，而这些副分类号必然会带来一些不相关的专利文献。另外，在分类号版本变动时，未根据分类号对已有文献进行动态的修订和再分类，而带来更多的噪声。在去除噪声的过程中，对各分类号下的噪声进行分析，根据带来噪声的分类号进行细分，而后利用各个细分的分类号进行专利文献的去噪。

（3）申请日。

对于某些领域来说，从行业和技术信息采集中发现，其中的一些分支技术有比较确定的出现和发展时间。在噪声去除时，可以利用这些时间作为申请日来对范围之外的专利进行处理。

（二）逐篇除噪

通过人工阅读每篇文献的摘要，必要时浏览全文，除去噪声文献。采用该方式进行去噪时，应将阅读的文献量控制在一定范围内。人工阅读去噪的特点是效率低，只能单篇地去噪，但准确率较高，适用于计算机检索去噪准确率较低的情况，也可以用于计算机检索除掉的噪声文献集的再清理。[①]

技能训练 6-3

根据技能训练6-2针对智能手环专利检索的评估和补充检索结果，会发现关键词、分类号或者其他要素会带来一些噪声，要得到准确的专利文献进行分析的话，需要去除这些干扰噪声。

训练要求 以小组为单位，按照技能训练6-2得到的成果，利用本任务所记载的方法，进行噪声的判断和去除工作，同时要记载得到噪声源和去噪的具体方法。

知识训练

一、选择题（不定项选择）

1. 在技术主题内容和边界比较确定的情况下，如果要了解该技术的各个分支部分，应当使用哪种检索策略？（　　）

   A. 分总式　　B. 钓鱼式　　C. 总分式　　D. 分筐式

2. 利用关键词“索尼株式会社 and 图像”进行检索关于图像视频方面的专利后得到结果S，在查全验证中，利用下列哪种检索式可以得到正确查全样本P？（　　）

   A. 图像 and H04N/ic　　B. 视频 and H04N/ic

   C. 三星 and 视频　　D. 索尼 and 视频

3. 下面哪个阶段需要进行查全率验证？（　　）

   A. 检索开始前　　B. 得到初步检索结构时

   C. 批量去除噪声后　　D. 人工除去除噪声后

二、简答题

1. 一般的检索策略都有哪些？你用过的是哪一个或者哪几个，分别有什么优缺点？

2. 查全率和查准率验证的公式是什么？各个参数分别代表哪些要素？

3. 样本P的由来方式有哪些？什么环节上容易出现问题？

4. 噪声通常由哪些因素和操作造成，有哪些去除的方法？

5. 在检索过程中，你认为哪个环节是难点，有什么解决方法和技巧？

---

① 杨铁军. 专利分析实务手册［M］. 北京：知识产权出版社，2012.

综合实训

新能源汽车动力电池系统开发涉及材料、化学、机械、热力学、传热学、流体力学、电学、系统与控制等多个学科，其关键技术包括电池组配技术、热管理技术、电能管理技术和安全管理技术等。车用动力电池系统技术已成为电动汽车走向普及的瓶颈，需要从材料开发、电池设计、生产制造、系统集成、商业模式等多方面进行探索和突破。

新能源汽车动力电池可以分为蓄电池和燃料电池两大类。蓄电池用于纯电动汽车（EV）、混合动力电动汽车（HEV）及插电式混合动力电动汽车（PHEV）；燃料电池专用于燃料电池汽车（FCV）。

当前比较主流的电池包括超级电容器、金属氢化物镍电池、锂离子电池、燃料电池。超级电容器的特点是可承受瞬间大电流充放电，但储电量低，不能驱动车辆长时间的使用；金属氢化物电池具备大电流充放电能力，安全性好，但是比容量低，体积较大；锂离子电池的电压在这几类电池中最高，比容量高，但它的安全性、低温性能差；燃料电池其能量储备充足，可快速补充燃料，但成本高，瞬间输出能力差，致命的缺陷是不能进行能量的回馈，驱动的车辆不能只用燃料电池实现刹车时能量的回收。

与传统汽车的内燃机技术一样，我国在新能源车动力电池领域也需要经历从外购到合作研发，再到自主开发的过程。不论是对于新能源车企，还是动力电池企业，其追求的目标不能仅限于产销量，而是从细小元件着手，潜心研发，实现瓶颈突破。

国内动力电池技术的瓶颈在于寿命、安全性和成本。这三点并非完全独立，而是互相关联的。电池寿命指的是循环寿命和搁置寿命。

我国虽然在动力电池技术水平上落后于国际，但我们有着广阔的汽车市场作为后盾，这为我们赶超国外先进水平提供了机遇。

实训操作

1. 实训目的

通过实战练习帮助学习者正确掌握检索系统、检索策略的选择方法，深入理解检索结果的评估步骤，熟练运用查全率样本构建和噪声去除的方法，提高检索能力。

2. 实训要求

将学习者分为5～8人一组，每组选出一名组长，负责组织本组学习者各项工作，如具体分工、讨论和信息采集等工作。在实战的过程中，教师要给予建议和指导，并检查各组实战工作的进展和完成情况。

3. 实训方法

（1）根据所给的资料，各组独立选定与新能源汽车动力电池系统相关的研究主题，制定检索要素表。

（2）制作检索报告，检索报告应包括：

① 数据库选取和检索策略，并说明选择理由。

② 列出全过程的检索式，在每一个或者每一段检索式后注明含义。

③ 评估查全率，根据评估结果修正检索过程，直至查全率超过 80%。记录查全样本 P 构建、查全评估和补充检索的全步骤，并注明遇到的问题和解决的方法。

④ 评估查准率（如文献量大于 300 篇，查准率应超过 80%，如文献量不足 300 篇，查准率应至少超过 90%），寻找文献噪声并进行噪声去除。记录查准评估步骤、噪声来源及去除方法，如需进行查全率二次验证和补充检索，写明具体步骤。

模块7　法律信息查新和无效检索

教学目标

- 了解法律信息的种类特点
- 了解查新检索的目的和评价
- 了解无效检索的目的和评价

实训目标

- 熟悉专利法律信息的作用
- 了解查新检索和无效检索的基本流程

技能目标

- 掌握发明点的选取
- 掌握检索策略的确定
- 熟练使用技术方案的特征对比

本模块主要介绍法律信息检索、查新检索和无效检索。法律信息检索是利用对应的检索工具，查找关于专利的各种法律相关的信息，如申请日、授权公告号、专利诉讼信息等。用来为专利申请、无效、诉讼等过程提供法律信息依据。查新检索是利用对应的检索工具和检索策略，查找与待申请文件中的技术方案、具体技术特征或者发明点相同或者相似的一个或者多个专利或者非专利文献，用来为专利申请提供修改依据。无效检索是利用对应的检索工具和检索策略，检索与针对的授权专利文献权利要求中的技术方案、具体技术特征或者发明点相同或者相似的全部专利或者非专利文献，用来为专利无效申请提供证据。

任务17　法律信息检索

一、专利法律信息的内容和含义

法律信息项目主要有申请人、专利权人、申请时间、公开时间、实质审查请求生效、授权、专利权的主动放弃、专利权的自动放弃、专利权的视为放弃、专利权的终止、专利权的无效、专利权的撤销、专利权的恢复、专利申请权的恢复、保护期延长、专利申请的驳回、专利申请的撤回、专利权的继承或转让、变更、更正等。

二、专利法律信息的分类

（一）专利申请法律信息

专利申请的法律信息通常包括申请日、申请人、公开日、授权日等通常著录项目都会包括的内容。

（二）专利权法律信息

专利权的法律信息一般包括专利权的无效、驳回、继承、转让、诉讼等含有更多重要的技术和法律信息的内容。

案例展示7-1

申请号为CN2010101027766的发明专利法律信息查询

通过检索工具查找到该发明专利的相关法律信息如表7-1～7-3所示。

表7-1　一般法律信息

申请号	申请日	公开日	公开号
CN2010101027766	20100122	20100707	CN101767448A
授权公告日	授权公告号	第一申请人	第一发明人
20110907	CN 101767448 B	安徽科瑞克保温材料有限公司	翟传伟
国/省	实质审查的生效日		
中国/山东	20100908		

表7-2　专利权的转让

执行日	转让人	受让人
20100910	翟传伟	青岛科瑞新型环保材料有限公司
20120504	青岛科瑞新型环保材料有限公司	安徽科瑞克保温材料有限公司

表7-3　专利权的质押

质押号	质押生效日	出质人	质权人
2014990000434	20140604	安徽科瑞克保温材料有限公司	青岛担保中心有限公司
2013990000379	20130618	安徽科瑞克保温材料有限公司	青岛担保中心有限公司
2012990000220	20120521	安徽科瑞克保温材料有限公司	齐鲁银行股份有限公司青岛分行

专利权的无效宣告：

专利权全部无效 IPC（主分类）：B29C 55/28；授权公告日：20110907；无效宣告决定日：20130117；无效宣告决定号：19880。

分析提示

通过我们熟知的一些专利检索系统，可以查找到各个专利的法律信息内容，从而根据分析和保护等不同需要，从不同的法律信息分类中选择一些重要的信息。

三、法律信息的检索方法

下面利用主要的几个专利检索工具，检索部分三星、苹果和谷歌智能手机发明专利的法律信息。

（一）专利之星

专利之星是北京新发智信科技有限责任公司旗下专利产品的品牌名称，其中包含专利之星专利检索系统、专利之星图像检索系统、专利之星机器翻译系统。其中专利之星专利检索系统作为核心产品，以提供专利检索服务为主，是结合统计分析、机器翻译、定制预警等功能为一体的综合性专利信息服务系统。

利用专利之星可以有两种方式进行法律信息检索。

（1）利用专利之星的专家检索模块进行批量或者特定的专利法律信息检索。

专利之星检索系统网址为：http://www.patentstar.cn/My/SmartQuery.aspx。

使用专家检索模块，可利用包括关键词、申请人、分类号等检索要素进行检索。以关键词和申请人为要素，检索到关于苹果和三星的智能手机在中国申请的发明专利 1707 篇。

同时，也可以通过申请号和公开号检索具体关注的一个或者多个专利的法律信息。

利用关键词、分类号、申请人以及申请号和公开号等检索要素批量进行所需专利的检索和浏览，可从大量相关的专利中找到重要的专利的法律信息。这种检索方式的缺点也是比较明显的，主要是无法直接检索或者定位专利权相关的法律信息，如专利权的无效、诉讼、恢复等信息。基于这种情况，可以用下面的考虑法律状态的直接检索方式进行检索。

（2）利用专利之星的法律状态检索模块进行批量或者特定的专利法律信息检索。

主要包括如下的检索：

进入中国专利法律状态检索，通过界面中的各个项目进行具体专利或者具体状态的检索：如查看关于三星的无效专利信息。

通过对应的申请号或者决定号可以查看具体的专利信息以及无效过程信息。

另外，也可以质押为例进行检索。

总的来说，直接利用法律信息检索中国整体法律信息、专利权转移、专利质押和专利许可，可以检索到一定的时间和主要对象的信息，但是，这些信息内容相对简单，也无法检索关于专利诉讼方面的内容信息。

（二）incoPat

incoPat 专利检索平台是国内数据比较全、检索功能相对丰富的专利法律信息检索工具，网址为 http：//www. incopat. com。

利用 incoPat 可以有两种方式进行法律信息检索。

（1）利用 incoPat 简单、高级或者批量检索进行专利法律信息检索。

通过关键词、分类号、申请人等进行专利检索，这种方式与专利之星相同，仅仅是具体检索操作上的不同。

利用这种方式进行法律信息的检索，主要的优点在于可以直接输入检索要素，浏览一般法律信息时内容相对丰富，而且关键词方面可以同时利用中文和英文的表述检索。另外，也可以进行利用申请号或者公开号的专利批量检索，不足之处是只能通过批量浏览的方法进行法律信息的查看和筛选，而且这些检索不是免费使用的。

在批量输入专利申请号或者公开号进行检索时，只能同时输入以及下载 100 个专利信息。

（2）利用 incoPat 中法律检索模式进行专利法律信息检索。

法律检索模式分为法律转台检索、诉讼检索、许可检索、转让检索、质押检索和无效检索几个部分。

这种直接的法律信息检索方式，使得检索人员可以进行多种丰富的专利法律状态的批量检索，如可以检索专利无效方面的专利文献的法律信息，也可以检索到放弃、撤回等专利文献的法律信息。同时也可以在预先得到具体专利名称或者申请号等信息的情况下具体检索一个或者多个专利法律状态信息。另外，incoPat 系统最突出的一点是可以在同一个检索式中写入中文和英文两种表述进行检索。更重要的是，incoPat 平台提供了包括诉讼在内的多个法律信息的检索路径，如无效、许可等。只不过这些信息检索方式都不是免费的，所以还要考虑经济方面的因素进行使用。

（三）Westlaw

如果需要进行专利法律信息中诉讼信息的收集和检索，就可以利用 Westlaw 网站进行诉讼案件信息的检索和采集。

Westlaw 是世界上最大的法律出版集团 Thomson Legal and Regulator's 于 1975 年开发的为国际法律专业人员提供的互联网搜索工具，是先进的电子技术与全球范围资料库的完美结合，其丰富的资源来自法律、法规、税务和会计信息出版商。用户可以通过 Westlaw 迅速地存取案例、法令法规、表格、条约、商业资料和更多的资源。通过布尔逻辑搜索引擎，用户可以检索数百万的法律文档。

任务18 查新检索

案例展示7-2

CN200610058776 网络型电视录放机

申请日：20060303

公开号：CN101031047A

公开日：20070905

申请人：欧普罗科技股份有限公司

摘要：一种网络型电视录放机，包括使用者、影像、网络和外围等接口单元、系统处理器、影像处理器、随机存取内存以及只读存储器。利用上述各装置的功能，此网络型电视录放机透过使用者接口单元接收使用者的近端操作指令，或透过接口单元接收远程操作指令，并根据近端或远程操作指令执行录像设定、录像、管理储存装置中的影像资料、影像播放、压缩或解压缩影像资料、转换影像资料的格式。最后，又透过接口单元自输入装置或储存装置读取影像资料，并输出影像资料至储存装置或输出装置。

分析提示

从案件的著录项目中可以得到：申请日2006年3月3日、无优先权、申请人欧普罗科技股份有限公司。另外，从摘要中初步认为两个不便于理解的特征，在说明书中找到解释内容作为帮助检索的信息，这两信息如下。

近端操作指令：在本地计算机接收使用者所下达的指令。

远程操作指令：透过网络另一端所连接的计算机去接收一使用者所下达的指令，该使用者可以由计算机的浏览器进行操作指令的下达。

申请日可以用来确定需要检索的专利或者非专利文献的公开日期，作为现有技术，公开日期需要在本专利的申请日之前；作为抵触申请的专利文献，公开日期在需要申请日期当天或者之后、申请日期在本申请日之前。

一、查新检索的目的

根据拟申请的专利文件中涉及的发明点或者创新点与所选择的专利或者非专利数据库中对应的专利或者非专利文献信息进行特征对比，得到拟申请的专利文件中的发明点或者创新点的新颖性判断结果，作为专利文件修改或者申请的客观依据。

二、查新检索的准备

（一）确定检索用的申请文件的文本

检索用的申请文件文本主要是权利要求书、说明书、说明书附图。

（二）阅读申请文件、理解发明

从说明书中了解发明的背景技术及存在的问题，发明要解决的技术问题，同时，从权利要求书和说明书具体实施方式中提取发明主要采取的技术手段及技术效果，主要的实施方式。

（四）检索并阅读申请说明书中的背景技术文献

阅读该申请说明书背景技术部分的描述，阅读同族专利申请的检索报告中引用的文献以及该引用文献中提及的其他文献，阅读与该申请的 IPC 分类号相同或相近的文献，阅读该申请的申请人或发明人的在先申请、在先发表的文章等。

三、查新检索过程

（一）确定检索范围

首先，针对各个独立权利要求中记载的内容进行发明点的整理，再找到说明书具体实施方式中对于这些发明点进行扩展或者解释的内容。其次，找到从属权利要求中记载的发明点以及对应的说明书具体实施方式中的内容。最后，通过阅读说明书全文，发现是否存在没有记载在权利要求书中，但是对于解决所述技术问题有帮助的其他发明点或者创新点，也要作为检索的内容。由于这些内容都是在专利审查中需要保护或者可能修改到权利要求中进而要求保护的内容，因此对于这些内容的查新工作要尽量全面而且准确。

如权利要求为：一种智能水杯，包括杯体，其特征在于，所述的杯体的内壁安装有温度传感器，所述的温度传感器对应一个体积值，并且具有无线模块，杯体内部还具有陀螺仪。

发明点的确定：

（1）杯体的内壁安装有温度传感器，所述的温度传感器对应一个体积值；

（2）杯体内部还具有陀螺仪。

找到对应的说明书中具体实施方式的内容具有温度传感器21，温度传感器22、温度传感器23。将温度传感器21安装在杯体内100ml水平线上，并且经过校对确保准确，温度传感器21的信号触发值就是100ml，同理温度传感器22安装在杯体内105ml水平线上，温度传感器23安装在杯体内110ml水平线上。

使用前利用陀螺仪检测杯体的水平度，保证杯体测量的精确度。

另外，本专利中还可以设定体积值，并提前提醒倒水者，使得倒水者预判倒水速度。所以，说明书中的特征——首先设置期望的液体体积也可以作为检索参考内容。

（二）确定基本检索要素

从上述权利要求和说明书提取的内容中找到体现发明内容的主要技术特征。实践中，主要技术特征通常可以理解为解决说明书中技术问题的所有技术特征。

对于前面智能水杯的案例，需要解决的技术问题为：已有的智能可以具备重量称重的杯子不能够很好地准确测量倒入时液体的体积，而且其表面的温度也不能很准确地测量，喝水或者咖啡会首先触及其液体的表面温度，如果温度过热会烫伤。

根据上述技术问题和前面提取的发明点内容确定的检索要素特征为：杯体的内壁安装有温度传感器、杯体内部还具有陀螺仪、温度传感器对应一个体积值、多个传感器对应多个水平刻度线。

（三）检索要素表达

表达形式：分类号、关键词等。

考虑要点：检索要素的类型；每种表达在具体的检索领域的特点。

（1）分类号。

应当检索拟申请的专利文件所属的技术领域，技术领域通常可以用分类号表示，必要时还应扩展分类号的范围。

功能类似的技术领域是根据申请文件中揭示的申请的主题所必须具备的本质功能或者用途来确定，而不是只根据申请的主题的名称，或者申请文件中明确指出的特定功能来确定。

可以通过分类号表或者对应的专利文献查找分类号，例如，将分类号A47G19/22、G01K1/02在本领域范围内适当地扩展为A47G19、G01K1等。

（2）关键词。

对关键词同义或者近义扩展，可选择权利要求本身记载的内容或者说明书中记载的内容。取词不限于权利要求本身（注意翻译带来的问题和通常的错误表达）。

如前面智能水杯的案例，关键词为温度传感器、陀螺仪、体积。对应的扩展表述可以是：温度传感、温度感应、温度检测、陀螺、角度传感器、体积、容积等。

（四）构建检索策略和检索式进行检索

如表7-4所示的检索要素表中，通常的检索策略是，将涉及检索要素表中块1～N

（例如，表7-4中的块3）的各个关键词和分类号的两种检索结果以逻辑或的关系合并，作为针对检索要素块1～N的检索结果；随后将各个块按照范围和表述内容分别进行逻辑与运算，从而得到针对该权利要求的检索结果。

表7-4　检索要素表

分块序号	关键词	分类号
块1	A	A分类号
块2	B	B分类号
块3	C	C分类号

如：某一技术方案包括检索要素A、B、C，分别对应块1、块2、块3，推荐按照下面的顺序构建检索式：

（1）针对A×B×C检索；

（2）针对A×B、A×C、B×C的组合；

（3）必要时，针对单独关键词A、B、C检索；

针对前面智能水杯的专利特征，A可以为温度传感器、B可以为陀螺仪、C可以为体积。

上面三种检索式中：针对A×B×C检索得到的是影响新颖性的对比文件，而针对A×B、A×C、B×C的组合得到的文献用于考虑是否可以结合公知常识评价创造性，上述构建检索式的顺序本质上体现了将检索范围由精准向模糊逐步进行扩展的过程。

（五）浏览检索结果和初步筛选可用专利

首先，通过申请日和公开日以及权利要求书上的详细内容，浏览是否有重复的专利；其次，浏览特征比较接近的专利文献的摘要以及权利要求书；最后，与检索文本确定方法相同的是，在摘要和权利要求书理解不畅的情况下，通过说明书中具体实施方式帮助理解。

通过上述方法，筛选出所有与主题和权利要求记载特征相同或者相关的专利文献。

（六）调整检索策略

对于查新检索，如果在当前方式下检索出合适的专利文献，则无须进行调整，如果没有检索出合适的文献，则需要进行一定的策略调整，具体方式如下。

（1）调整检索数据库。

由于每一个数据库的检索方式和特点不同，相同的检索表述方式在不同数据库中检索结果会有一些不同，这就需要尽可能地遍历可使用的数据库，以求可以找到合适的全部专利或者非专利文献。

（2）调整检索要素。

在检索过程中，需要使用所有列出的检索要素进行检索，才可以保证结果的准确和全面。必要时，需要对某些检索要素的内容和表述方式进行修改和补充。另外，在检索时，各个要素之间的组合方式也需要在检索过程中根据需要进行调整。

（七）中止检索

当检索结果达到需要的情况或者已经遍历全部数据库时，可以停止检索过程。

中止检索的几种情况如下。

（1）已检索到可影响全部主题的新颖性或创造性的1篇或者多篇文献。

（2）已检索到两篇或两篇以上、其结合影响全部主题的创造性的文献。

（3）从其他途径已找到上述（1）、（2）所述文献。

（4）根据专利文献的情况判断不必再检索。

（八）特征对比

利用检索得到的专利或者非专利文献中记载的对应技术特征，与本申请文件中权利要求和说明书中提取的所有特征进行一一比对。对比的顺序为独立权利要求特征→从属权利要求特征→说明书中对应独立权利特征的扩展内容→说明书中对应从属权利要求特征→说明书中其他技术特征。

值得注意的是，按照上述优先级别进行检索和对比，如果在先前的内容中没有检索到合适的文献，则后面的内容不必进行判断对比。

如前面智能水杯案例中提到的内容，只有在检索到同时具备温度传感器、陀螺仪、传感器对应体积以及传感器和陀螺仪安装位置的文献时，才进行从属以及说明书中具体内容（多个传感器等）的特征对比。

案例展示7-3

一种气幕挡墙

申请号 CN200910097748.7

申请日 20090417

权利要求书：

1. 一种气幕挡墙，其特征在于：包括浇注体（1）以及固定在浇注体（1）上的透气板（2），还成型有气室（3），所述气室（3）通过通气管（4）与外界连通。

2. 根据权利要求1所述的一种气幕挡墙，其特征在于：所述浇注体（1）与透气板（2）浇注连接。

3. 根据权利要求1所述的一种气幕挡墙，其特征在于：所述浇注体（1）上设有一用于连接外界的固定部（5）。

4. 根据权利要求3所述的一种气幕挡墙，其特征在于：所述固定部（5）设置在浇注体（2）的两侧。

5. 根据权利要求1～4所述的一种气幕挡墙，其特征在于：所述浇注体(1)的左侧壁上设有容置通气管(4)的通槽(11)。

6. 根据权利要求1～4所述的一种气幕挡墙，其特征在于：所述浇注体(1)的右侧壁上设有容置通气管(4)的通槽(11)。

7. 根据权利要求1～4所述的一种气幕挡墙，其特征在于：所述浇注体(1)的底壁上设有容置通气管(4)的通槽(11)。

检索要素表：

分块序号	关键词	分类号
块1	气幕挡墙； gas，curtain，retaining，wall	B22D41/58， B22D41/50， B22D41/00， B22D1/00
块2	透气，浇注； permeation，pour +	
块3	固定；fix +	

检索到的对比文献CN201186336Y（参见说明书第2页第18～21行，第3页第7～10行、图1）：气幕挡墙包括透气本体1（相当于透气板）和部分包裹于所述透气本体1外的保护体2（相当于浇注体），所述透气本体1的透气表面5暴露于所述保护体2外，所述透气本体1中成型有一个气室3（即气室），所述气室3通过气管4与外界连通；制造该气幕挡墙：先成型透气本体1，其过程为将刚玉材料浇注料成型，再经高温处理而得到透气本体1；然后将制成后的透气本体1固定在模具中，再往透气本体1周围浇注高铝材料浇注料，自然干燥或烘干得到包含有透气本体1的较为致密的保护体2（披露了透气板固定在浇注体上）。

分析提示

针对权利要求1～7的特征，优先对权利要求1的特征进行检索，在中文数据库CNPAT中检索到的对比文献CN201186336Y中发现，不但公开了权利要求1的所有特征，权利要求2～7的大部分特征已经公开，其他部分特征仅仅为公知常识性的内容，而说明书具体实施方式内容也与权利要求的特征相同。因此对于查新工作来说，发现接近的对比文献后可以停止检索工作，随后进行特征的对比分析。

任务19 无效检索

一、无效检索目的

《中华人民共和国专利法》（以下简称《专利法》）六十五条中无效宣告请求的理由，是指被授予专利的发明创造不符合《专利法》第二条（发明、实用新型及外观设计的定义）、第二十条第一款（保密审查规定）、第二十二条（新颖性、创造性和实用性）、第二十三条（外观设计应当不属于在先设计及不与在先权利相冲突）、第二十六条第三款（说明书的要求）和第四款（权利要求书的要求）、第二十七条第二款（外观设计图片照片的要求）、第三十三条（修改不得超范围）或者本细则第二十条第二款（独权的要求）、第四十三条第一款（分案不超原申请范围）的规定，或者属于《专利法》第五条、第二十五条（不授予专利权的情况）的规定，或者依照《专利法》第九条（不重复授权，先申请原则）规定不能取得专利权。

通常在专利侵权等有利害关系发生时，发现授权的专利具有不符合《专利法》及其实施细则中有关授予专利权的条件，并经专利复审委员会复审确认并宣告其无效的情形，被宣告无效的专利权视为自始不存在。

其中，第二十二条（新颖性、创造性和实用性）和《专利法》第九条（不重复授权，先申请原则）是需要进行检索才能确定的。

二、无效检索的准备

（一）确定检索用的申请文件的文本

申请文件的文本包括授权的权利要求书、说明书、说明书附图，由于无效检索仅仅针对授权的权利要求进行，所以说明书和说明书附图只是用来解释权利要求的特征。

（二）阅读申请文件、理解发明

通过阅读申请文件了解发明的背景技术及存在的问题，发明要解决的技术问题，发明主要采取的技术手段及技术效果，主要的实施方式。

（三）查看同族的检索和审查情况

查看同族的检索和审查情况主要是查看同族其他申请文件的法律状态以及是否具有检索出的对比文件。由于无效检索针对的是授权文本的权利要求进行，通常这类文本都是经过修改后的，与作为同族检索基础的文本不同，在参考同族对比文件时要特别注意特征的区别。

（四）了解发明人/申请人的系列申请情况

了解发明人/申请人的系列申请情况主要是查看发明人或者申请人其他相同或者相似的申请文件的法律状态以及是否具有检索出的对比文件。由于无效检索针对的是授权文本的权利要求进行，通常这类文本都是经过修改后的，与作为其他系列申请的检索基础的文本不同，在参考同族对比文件时要特别注意特征的区别。

三、无效检索过程

（一）确定检索范围

首先，针对各个独立权利要求中记载的内容进行发明点的整理；其次，找到从属权利要求中记载的发明点的内容。由于无效检索、判断和修改只能依据权利要求的内容，因此仅仅针对各个权利要求的内容进行检索即可。

例如，实用新型中权利要求为：一种多功能折叠椅，包括前支架、座架、靠杆，其特征在于：还设有一后支架，所述后支架上端与靠杆转动连接，后支架与靠杆下方之间设有支撑杆，一个托架与后支架转动连接。

上例的检索范围仅限于该权利要求和从属权利要求（如果有）。

（二）确定基本检索要素的特征

权利要求中主要体现发明内容的所有技术特征，为评述权利要求的新颖性/创造性对比文件中需要具备的技术特征；与新颖性/创造性的预期判断分析相结合。

如上述权利要求：一种多功能折叠椅，包括前支架、座架、靠杆，其特征在于：还设有一后支架，所述后支架上端与靠杆转动连接，后支架与靠杆下方之间设有支撑杆，一个与后支架转动连接的托架。折叠椅上可放置可折叠的货篮。

说明书中需要解决的技术问题为：可折叠的货篮是放在前后支架交叉的中间位置，若要装卸货时十分麻烦，若要携带就会因体积太大而很不方便。

需要确定的特征是可以解决上述技术问题的，主要为：设有一后支架、后支架上端与靠杆转动连接、设有支撑杆和托架与后支架转动连接。

（三）检索要素表达

表达形式：分类号、关键词等。

考虑点：检索要素的类型；每种表达在具体的检索领域的特点。

（1）分类号。

可以通过分类号表或者对应的专利文献查找分类号。

如：前面多功能折叠椅的案例，分类号为 A47C13/00、A47C4/00，针对这些分类号适当进行本领域范围的扩展，如 A47C13、A47C4 等。

（2）关键词。

对于关键词的选择可以是权利要求本身记载的内容，也可以是说明书中记载的内容。然后对关键词进行同义或者近义扩展。

如：前面智能水杯的案例，关键词为后支架、转动、支撑杆、托架等。对应的扩展表述可以是：后支杆、背支架、旋转、支杆、受力杆、架子等。

（四）构建检索策略和检索式进行检索

与任务18类似，可以从精准向模糊逐步扩展检索范围，例如：某一技术方案包括检索要素A、B、C，分别对应块1、块2、块3，检索式可以顺序进行尝试。

（1）针对A×B×C检索。

（2）针对A×B、A×C、B×C分别检索。

（3）必要时，针对单独检索要素A、B、C。

针对前面多功能折叠椅的专利特征，A可以为后支架、B可以为转动、C可以为支撑杆。

（五）浏览检索结果和初步筛选可用专利

通过上述方法，筛选出所有与主题和权利要求记载特征相同或者相关的专利文献。

（六）调整检索策略

对于无效检索，无论是否在当前方式下检索出合适的专利文献，都需要进行一定的策略调整，具体方式如下。

（1）调整检索数据库。

（2）调整检索要素。

（七）中止检索

当检索结果达到需要的情况或者已经遍历全部数据库时，可以停止检索过程。

（八）特征对比

利用检索得到的专利或者非专利文献中记载的对应技术特征，与本申请文件中权利要求中提取的所有特征进行一一比对。

如前面多功能折叠椅案例中提到的内容，可能存在多篇具有后支架、支撑杆以及转动连接方式的折叠椅文献，只要是同样记载上述部件以及之间的连接关系和方法，都可以进行对比和证据的提供。

案例展示7-4

远程管理方法、处理装置及网络系统

申请日：20090303

权利要求：

1. 一种远程管理方法，其特征包括：

接收网络侧设备发送的命令消息，所述命令消息指示对软件模块的处理方式；根据所述接收的命令消息，对软件模块进行操作。

2. 根据权利要求1所述的远程管理方法，其特征在于，所述对软件模块进行操作后还包括：

向网络侧设备发送命令响应消息，所述命令响应消息携带对软件模块进行操作的结果。

3. 根据权利要求2所述的远程管理方法，其特征在于：

所述命令响应消息携带对软件模块进行操作的结果，包括：

所述命令响应消息的参数取第一设定值，标识完成对软件模块的操作；或者，所述命令响应消息的参数取第二设定值，标识未完成对软件模块的操作。

4. 根据权利要求3所述的远程管理方法，其特征在于：

所述命令响应消息的参数取第二设定值，所述向网络侧设备发送命令响应消息后还包括：继续对软件模块进行操作；向网络侧设备发送命令消息，所述命令消息携带所述继续对软件模块进行操作的结果。

5. 根据权利要求1～4任一项所述的远程管理方法，其特征在于：

所述命令消息指示对软件模块的处理方式具体为：

所述命令消息包含软件模块处理方式参数，其值为安装软件模块、更新软件模块、卸载软件模块、启动已经安装的软件模块和停止正在运行的软件模块中的一个或两个的组合。

6. 根据权利要求5所述的远程管理方法，其特征在于：

所述指示为安装软件模块或更新软件模块时，所述软件管理模块命令消息中还携带软件模块的下载地址信息；所述根据接收的命令消息，对软件模块进行操作包括：根据所述软件模块的下载地址信息下载软件模块包，根据所述下载的软件模块包安装软件模块或更新软件模块。

7. 一种远程管理方法，其特征在于，包括：

生成命令消息，所述命令消息指示对软件模块的处理方式；

将所述生成的命令消息向用户侧设备发送，指示所述用户侧设备根据所述命令消息对软件模块进行操作。

8. 根据权利要求7所述的远程管理方法，其特征在于，所述命令消息指示对软件模块的处理方式具体为：

所述命令消息包含软件模块处理方式参数，其值为安装软件模块、更新软件模块、卸载软件模块、启动已经安装的软件模块和停止正在运行的软件模块中的一个或两个的组合。

检索数据库

检索中英文摘要库、中英文全文库。

检索要素表

类　　目	关键词	分类号
块 1	远程管理，远程控制，远程配置，接收，发送；Via，across，by，base +，handl +，manipulate +，operat +	H04L12/24，12/00
块 2	服务器，设备，装置；Server?，terminal?，client?，equipment?	
块 3	命令，消息，指令，操作，处理，配置；information，message??，command，order，show，direction，indication，statement，get +，obtain +，acquir +，achiev +	H04M3/42，3/00

检索结果

文件：专利号	公开日期	分类号
D1：CN101018145A	20070815	H04L12/24
D2：CN1658574A	20050824	H04L12/24
D3：CN101232396A	20080730	H04L12/24

对比 D1 公开的内容：短信接口模块接收管理服务器（即网络侧设备）的管理短信（即命令消息），并将管理短信的内容发送给指令执行模块；指令执行模块用于根据短信接口模块发来的管理短信的内容对被管理单元进行管理操作；所述管理短信的内容为对被管理单元进行管理操作的指令的索引号；将指令执行的结果通知管理短信发送者（即网络侧设备）。对比 D1 公开了将执行结果返回操作者，在此基础上本领域的技术人员容易想到将软件模块进行操作的结果也返回给网络侧设备。

对比 D2 公开了所述服务器收到请求帧后，进行更新策略检索，若存在更新策略，则将更新文件地址列表（即下载地址信息）发送给所述网络设备；所述网络设备根据所述文件地址列表下载文件（即软件模块包），并更新系统。对比 D2 公开了通过在消息中携带下载地址下载相应软件来更新软件模块，通过在消息中携带下载地址下载相应软件来更新软件模块，并通过在消息中携带下载地址下载相应软件来更新软件模块。

对比 D3 公开了所述远程启动服务器具备生成第一启动消息（即命令消息）的生成部，所述第一启动消息请求所述通信终端启动切换程序（即软件模块处理方式）；所述第一启动消息通过发送 WAP Push 消息的消息发送服务器被发送至所述通信终端（即用户侧设备）；该通信终端具备多个程序执行域、并从远程控制服务器经由网络被指示启动对象程序。

分析提示

通过深入分析权利要求，尤其是独立权利要求1和7，可以发现主要的技术特征和技术点。由于技术点比较宽泛，因此主要检索中英文的摘要数据库，并利用全文数据库进行补充检索。在检索时进行分块检索，通过各个分块的关键词组合进行不同范围的检索，之后利用分类号进行限定和筛选，就可以得到与本发明对应相似的多个专利文献，再阅读筛选出相同或者相近特征的多个专利文献作为可用的查新的专利文献。随后，利用这些文献中公开的各个特征，与本专利权利要求的发明点进行特征的一一对比评价。对于无效检索，针对权利要求检索尽量多的相关文献。

知识训练

一、选择题（多项选择）

1. 下列哪些信息属于专利权法律信息？(　　)

   A. 申请日　　B. 授权公告号　　C. 无效宣告信息　　D. 转让信息

2. 下列哪些是查新检索时中止检索的情况？(　　)

   A. 检索到1篇类似文献

   B. 检索中文专利数据库后

   C. 检索到1篇技术内容基本相同的专利文献

   D. 检索到3～5篇相同技术的非专利文献

3. 在无效检索中，需要针对下列哪些内容进行特征提取？(　　)

   A. 专利名称　　B. 摘要　　C. 权利要求书　　D. 说明书

二、简答题

1. 列举一般法律信息中5个你认为有分析和采集价值的要素信息，并说明理由。
2. 列举专利权法律信息中5个你认为有分析和采集价值的要素信息，并说明理由。
3. 查新和无效检索需要检索出哪些类专利文献，这些文献以什么为分类依据？
4. 待评价的专利文献需要提取哪些数据？分别包含什么内容？
5. 你经常使用的检索数据库有哪些？优缺点分别是什么？
6. 待评价的专利文献存在哪些缺陷可以不必检索，分别是什么内容？
7. 你使用过哪些方式进行补充检索，效果如何？
8. 简述什么情况下可以终止检索？

综合实训

待无效的目标专利详情如下。

申请日：20150119

IPC主分类号：F21V8/00

权利要求：

（1）一种LED摄影灯，其特征在于，包括灯罩本体及设置在所述灯罩本体上的LED贴片灯珠，所述灯罩本体上设置有一个或多个用于LED贴片灯珠进行漫反射的反射杯，所述反射杯自杯口向杯底收缩，所述LED贴片灯珠设置在所述反射杯的杯底。

（2）根据权利要求1所述的LED摄影灯，其特征在于，所述反射杯的内壁设置有用于漫反射的纹路。

（3）根据权利要求2所述的LED摄影灯，其特征在于，所述纹路为自杯底向杯口延伸的放射状条纹。

（4）根据权利要求1所述的LED摄影灯，其特征在于，所述反射杯由高反射塑料压铸而成。

（5）根据权利要求1所述的LED摄影灯，其特征在于，所述反射杯由橡胶或金属制成。

（6）根据权利要求5所述的LED摄影灯，其特征在于，所述反射杯的内壁喷涂有高反射涂层。

实训操作

1. 实训目的

通过实战练习帮助学习者正确掌握从专利文献中提取主要检索需要的信息、选择适当的数据库以及检索出多个有效专利文献的具体步骤，熟悉检索策略调整和补充检索的方法，提高检索能力。

2. 实训要求

将学习者分为5～8人一组，每组选出一名组长，负责组织本组学习者各项工作，如具体分工、讨论和信息采集等工作。在实战的过程中，教师要给予建议和指导，并检查各组实战工作的进展和完成情况。

3. 实训方法

（1）根据给定资料，各组形成检索要素表。

（2）进行无效检索，并查询其法律状态，列出全过程的检索式，并在每一个或者每一组检索式后注明检索得到哪些结果。

（3）形成检索报告，列出检索到的相关专利文献及其法律状态。

（4）对检索到的有效或审中的专利文献与待无效的目标专利进行技术特征比对，形成特征对比表，并简要陈述对比理由。

数据处理篇

模块8　专利数据采集、清理和标引

教学目标

知识目标

- 了解数据采集的构成和特点
- 理解数据清理、数据标引的理论

实训目标

- 掌握专利数据采集流程
- 熟悉数据规范处理的流程
- 掌握批量标引的流程

技能目标

- 熟悉常见数据库数据下载方法
- 具备著录项目规范化能力
- 具备人工阅读标引的能力
- 具备批量标引的能力

模块概述

本模块主要介绍专利数据采集、专利数据清理和专利数据标引三个任务。专利数据采集是根据专利分析的具体需求将检索系统中的检索结果按照特定的格式进行数据导出。专利数据清理是对采集的原始数据进行规范化的过程，其目的是在数量众多且杂乱的数据记录中抽取或拆出有分析价值的数据项目。数据标引是对规范后的数据赋予技术分支、技术功效等特定标识，增加分析的维度。专利数据采集、清理和标引是将检索的原始数据转化为专利分析样本数据的关键环节，其目的是得到准确规范的数据样本。数据处理的质量将决定专利分析结果的准确性和分析维度的多样性。

任务20　专利数据采集

一、数据采集内容

数据采集获取的主要内容是由著录项目构成的“条”数据，每个著录项目是一个数据采集字段（除此之外有些数据库可能还包含一些著录项目之外的数据采集字段，比如与专利申请过程相关的数据，与专利诉讼过程相关的数据，以及与专利技术管理相关的数据等）。著录项目包括专利文献技术、法律、经济三种信息。

（一）技术信息特征

技术信息特征，顾名思义是指揭示发明创造技术内容的信息特征。包括：某一技术领域内的新发明创造，某一特定技术的发展历史，某一关键技术的解决方案，某项发明创造的所属技术领域，某项发明创造的技术主题，某项发明创造的内容提示等。例如，（51）国际专利分类，（54）发明名称，（57）文摘或权利要求。

（二）法律信息特征

法律信息特征（又称权利信息特征），指揭示与发明创造的法律保护及权利要求有关的信息特征。包括：某项发明创造申请是否授权，某项发明创造申请请求法律保护的范围，某件专利受保护的地域范围，某件专利的有效期，某件专利的专利权人，各种日期，优先权数据等。各种日期包括（22）申请日期，（24）权利生效日期等。（22）申请日期揭示的法律信息非常重要，它不仅是新颖性判定、先用权认定的界定日，也是大多数国家专利有效期计算的起始日。优先权数据包括（31）优先申请号，（32）优先申请日期，（33）优先申请国家。

（三）经济信息特征

经济信息特征，指揭示发明创造潜在的市场前景、经济价值的信息特征。包括：某项发明创造寻求保护的地域范围、拥有的同族专利数量，对同一技术问题不同技术解决方案进行比较，可以使人们了解各国在不同技术领域发明创造的活跃或衰落程度、企业正在进行的商业活动、正在开辟的技术市场；某项产品销售的国家或地区、权利人建立生产基地的国家等，从而确定较为经济的技术发展战略。值得注意的是，专利文献的经济信息往往从技术信息和法律信息入手，通过对专利文献进行大量的分析，综合得出。反映在著录项目中的（30）优先权数据，（71）申请人姓名等。检索数据导出时，采集的字段就是各个数据项，常用的采集字段如表8-1所示。

表8-1　采集字段

字段分类	常用的采集字段	专利之星*
与日期相关的	申请日	申请日（AD）
	公开日	公开日（PD）
	优先权日	无
与技术内容相关的	发明名称	发明名称（TI）
	摘要	摘要（AB）
	主权利要求	主权利要求（CL）
	技术方案	权利要求（CS）
	用途	无
	技术效果	无
与专利文献号码相关的	申请号	申请号（AN）
	优先权号	优先权号（PR）
	公开号	公开号（PN）
	授权公告号	公告号（GN）
	国际分类号	主分类号（MC）
	特殊分类号	范畴分类（CT）
与法律状态相关的	法律状态	无
	审批历史	无
与专利文献地域相关的	国别	后续处理得到
	省别	后续处理得到
	申请人地址	申请人地址（DZ）
	代理人地址	无
与专利文献的人相关的	申请人	申请人（PA）
	发明人	发明人（IN）
	代理人	代理人（AT）
	公司代码	无
	代理机构名称	代理机构代码（AG）
专利类型	专利类型	后续处理得到
其他字段	权利要求数	后续处理得到
	附图数	后续处理得到
	说明书页数	后续处理得到

*专利之星是国家知识产权局中国专利信息中心开发的平台，可以免费检索，小批量下载数据。

在表8-1中“法律状态”“审批历史”和“公司代码”等是检索数据中没有的数据项，需要后续人工操作提取出这些字段。

二、数据采集方法

不同的检索系统数据采集方法不同，这里主要介绍利用中国专利之星进行检索时的数据采集方法，其他检索系统的数据采集方法可以类比此方法，使用时注意不同命令的调整。

在利用专利之星系统进行检索时，如果以“游客”身份进入，不会保存检索记录，下一次使用时原来的检索历史就都不存在了。因此，建议“注册”后登录使用。

案例展示8-1

在专利之星中获取某一申请人相关数据

以申请人为入口检索“乔布斯”的所有专利，数据采集过程如下。

(1) 登录后单击“专家检索”进入专家检索的界面，界面左侧是可选择的检索入口，即列举的著录项目，右侧分为上下两部分，上部是检索历史显示区域，下部是检索区域。从左侧著录项目中单击“申请人（PA）”，检索区域内会自动显示PA，手动输入一个空格，然后输入“乔布斯”，参见图8-1

(2) 此时在检索历史显示区域内会显示该条检索记录的检索结果，单击“查看”，进入摘要浏览界面，所有获取的文献均可以浏览其常规著录项目，包括申请号、申请日、公开号、公开日、公告号、公告日、主分类、申请人、发明人和摘要。如果想要获取文献全文，则需要单击文献的“发明名称”进入该文献浏览界面，参见图8-2，单点击“全文PDF”按钮，会出现PDF文本，单击右上角的“保存”按钮，将该文献保存到需要的路径下，参见图8-3。

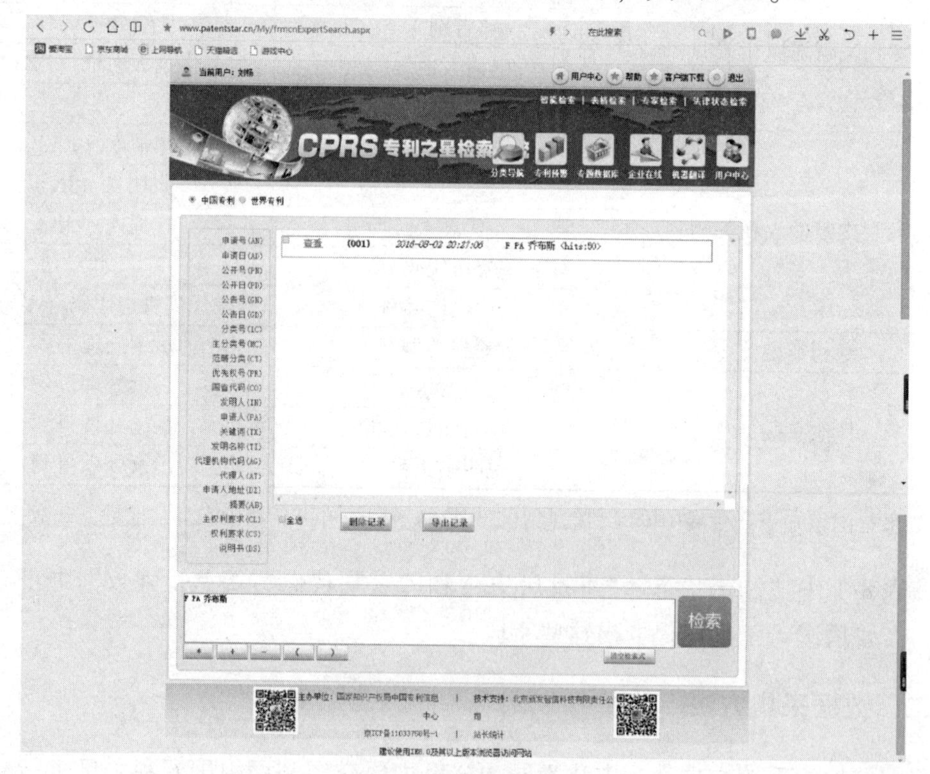

图8-1　专家检索界面

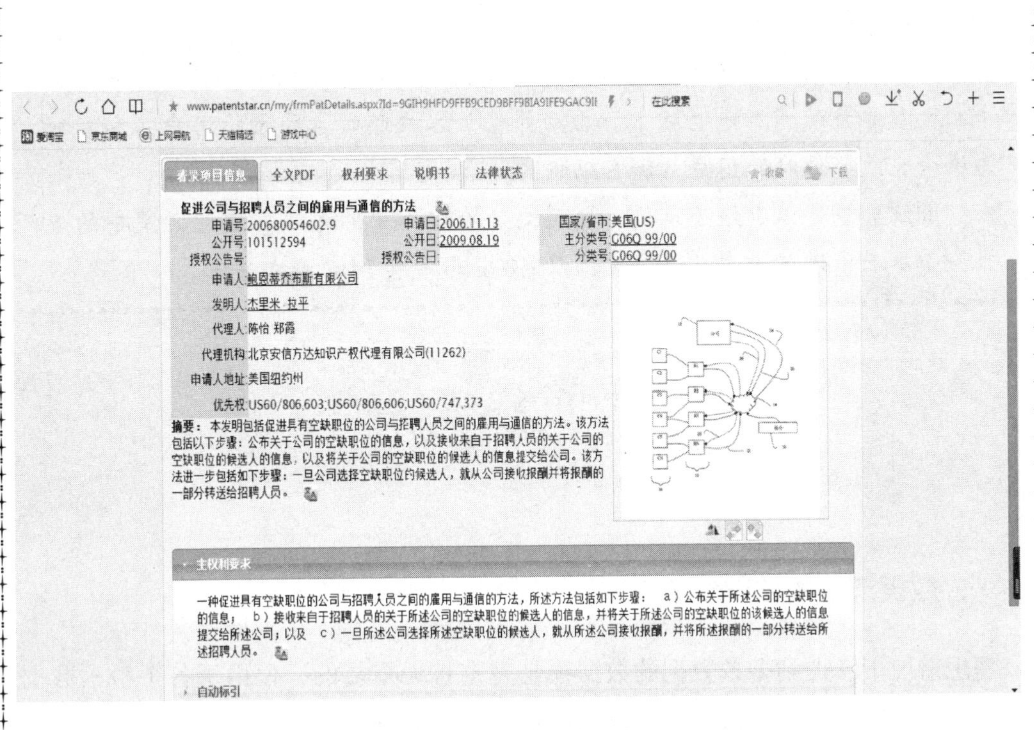

图8-2　文献浏览界面

图8-3　保存PDF文件

技能训练 8-1

利用“减震鞋”为关键词，在专利之星客户端下载相关专利。首先下载专利之星客户端到本地电脑上，启动并登录客户端时，登录的用户名和密码与检索系统登录时的用户名和密码相同。

训练要求 以小组为单位，按照文献检索篇中的方法在专利之星中的专家检索界面下进行检索，并将数据以 Excel 形式和 PDF 形式导出。

任务 21 专利数据清理

一、数据清理的核心观念

理想情况下，得到多条数据的数据项是完整且无重复的，但由于各个检索数据库自身的特点、早期数据的缺失、数据导出过程中可能存在的问题等多种原因，使得多条数据存在数据格式不相同、部分数据项缺失、“条”数据重复等多种问题。因此，数据清理是指对获取条数据的部分或全部数据项的格式和/或内容进行规范化加工处理并修正其中的一些错误，使之具有统一的格式，符合后续的统计分析以及相应处理的过程。数据清理的核心观念是保证数据准确完整，格式规范，便于统计。

二、数据清理的内容

数据清理包括三个阶段的工作，第一阶段是指对获取的数据进行无效数据的剔除、去重和数据修补等处理工作。例如，对于世界专利而言，享有共同优先权的文献被视为一条记录，但有些数据库将其作为多个记录，因此，对于此类文献要通过优先权号进行去重。对于有些早期文献可能会漏掉公开号等数据项，对于这类数据利用其申请号等信息，将漏掉的数据项补全。第二阶段进行数据项的规范。主要包括对日期、公开号、申请人国别、申请人名称、发明人名称、省市/国家/地区、关键词等相关内容的规范。第三阶段根据需求对数据进行进一步的深处理。包括对各个有效字段的提取和筛选加工，主要包括研发机构和其所属国家的提取、筛选和分类等。由于第一阶段的问题数据容易识别且易修改，主要在数据清理时细心观察数据，进行数据项规范即可。

（一）分类号的规范[1]

确定是否保留类号和组号之间的空格；对由于IPC版本升级带来的分类号的变更进行处理；对原始数据源中分类号的输入错误进行清理，例如，有些分类号中的“O”被误写为“0”。

（二）公开号的规范

对各国家/地区对同一公布级在不同时期所使用的不同的字母代码进行统一化规范处理；早期数据中缺少公开号的文献补充其公开号。规范的公开号，便于统计授权专利量以及实用新型专利量。

（三）发明人名称的规范

对同一发明人在各数据源中的不同的语言、拼写表达方式进行统一化处理。

由于难以对检索结果集中所有申请人名称进行规范化处理，一般主要是对申请量排名靠前以及领域内知名的发明人和该领域内主要公司的研发团队的发明人进行规范化处理。

（四）关键词的规范

对于经过除噪后的检索结果集，对其中的关键词的不同表达方式/不同表达语言进行统一化处理，以便于后续进行技术标引时选取规范的关键词进行检索。

需要注意的是，以上数据规范内容并非必须完全进行的。有些分析软件自身已经带有常见几种数据库的模板，并能够对符合这些模板格式的源数据自动提取某些所需的统计项，此时对于这些统计项所对应数据就不必进行规范化处理了。

（五）申请人规范

申请人分析是专利分析中的一个重要内容，从技术研发的角度考虑，对有潜力的核心技术或者热点技术的重要参与者进行分析，有助于帮助企业进一步了解相应技术有哪些创新主体在积极参与，各个创新主体的研发兴趣和强项在哪些领域，可以帮助创新主体快速识别技术竞争者以及合作者，评估自身在该领域的技术位置，找准定位，为有效评估技术机会、把握技术机会、有效开展创新活动提供信息支持。

1. 规范申请人的目的

由于同一申请人在同一数据库中的名称不统一、重复/叠加出现以及在不同数据库中同一申请的申请人的名称存在不同，因此需要对申请人名称进行规范，以保证可以得到准确的申请人数量以及申请人的实际申请量。如果没有规范同一申请人的申请，那么以申请人信息为基础进行的统计分析将会出现偏差甚至与实际情况严重不符。对于申请人的规范要构建申请人规范表进行说明。

---

① 杨铁军. 专利分析实务手册［M］. 北京：知识产权出版社，2012.

2. 规范申请人的具体操作

规范申请人主要包括申请人名称的合并、申请人类型的规范以及申请人国籍的规范。

(1) 申请人名称的合并。

同一申请人的名称表述可能存在局部差异，需要整理为统一名称。涉及子公司与母公司的申请也需要整理为相同名称。涉及合并、转让、并购、更名等情形的申请，则需要根据上述其他信息对申请人名称进行合并。例如 Applied Materials Inc 的中文名称有“应用材料公司”“应用材料有限公司”“应用材料股份有限公司”等表达方式，这些不同的表达方式针对的都是同一申请人，因此，针对不同表述的申请其申请人均要归一化为同一申请人。

① 总公司及子公司。

总公司及其下属的子公司可能在同一领域都有相关申请，因此，需要将总公司及子公司合并为同一申请人，如表 8-2 所示。

表 8-2 总公司及子公司申请人归一化示例

申请人	申请量	归一化申请人
株式会社东芝	290	东芝
东芝松下显示技术有限公司	130	东芝
哈利盛东芝照明株式会社	21	东芝
东芝移动显示器有限公司	12	东芝
东芝高新材料公司	9	东芝
哈利盛东芝照明公司	3	东芝
东芝株式会社	2	东芝
东芝松下显示技术株式会社	1	东芝
东芝泰格有限公司	1	东芝
东芝泰力株式会社	1	东芝
东芝微电子株式会社	1	东芝
东芝医疗系统株式会社	1	东芝
东芝照明技术株式会社	1	东芝

② 合资公司。

对于由两个或两个以上出资方共同组成的公司的申请，一般将其归属于股份最大的出资方。对于由等额股份的出资方组成的公司的申请，不能将其归属于任何一方，而是将其作为独立的申请人。例如，针对“三井–杜邦”，由于其是由三井和杜邦各出资 50% 组成，所以申请人归一化时应进行如表 8-3 所示处理。

表 8-3　合资公司申请人归一化示例

申请人	申请量	归一化申请人
三井	12	三井
杜邦	9	杜邦
三井-杜邦	3	三井-杜邦

③ 重组兼并。

对于已经发生重组兼并的公司，在重组兼并前的申请专利，需要按照重组兼并后的公司名称进行整理，如表 8-4 所示。

表 8-4　重组兼并公司申请人归一化示例

申请人	申请量	归一化申请人
住友制药株式会社	130	大日本住友制药
大日本制药	21	大日本住友制药
大日本住友制药	12	大日本住友制药
美国 Sepracor 制药公司	9	大日本住友制药

注：2005 年，住友制药株式会社与大日本制药重组成立大日本住友制药。2009 年 10 月，大日本住友制药收购美国制药公司 Sepracor（现名为 Sunovion）。

④ 公司更名。

对于已经发生过名称变更的公司，应当将其变更前后的名称进行统一。例如，美国的 First Solar 公司成立于 1999 年，但其在 1992 年和 1998 年与 Solar Cells 公司有共同申请的专利。此时，需要对上述两个公司的关系进行查证，通过互联网检索，新闻或者公司网页介绍等手段查询到 First Solar 的前身是 Solar Cells 公司，此时需要将 Solar Cells 以及其与 First Solar 共同申请的专利的申请人名称整理为 First Solar。

（2）申请人类型的规范。

申请人的类型主要包括企业、高校、研究机构、个人、合作申请五种，其中合作申请可根据需要进一步细分为企业与企业、企业与高校、个人与研究机构等合作形式。

（3）申请人国籍的规范。

对于国外公司的全资子公司的申请，不作为中国的国内申请。例如，三星（中国）半导体有限公司，一般情况下其专利申请视为三星公司的申请，申请人国籍为韩国。

每一项申请的所属国籍由其第一申请人国籍决定。当某一国家/地区的申请人在其他国家/地区进行申请时，即使该申请的优先权号中的国家代码为该申请目的国家/地区，或者是另外的国家/地区，该申请的国籍仍应当由该申请的申请人所属的国籍/区域决定。在数据处理过程中，由于初始的申请人国籍通常由分析软件根据第一优先权号进行提取，此时需要根据合并后的实际申请人整理申请人的国籍。例如，对于外文专利公开号为EP1998389A1和JP2003142451A的申请，它们的（第一）优先权号为EP2007000109357和JP2001000335105，但申请人均为美国的Applied Materials Inc，因此这两件申请的申请人国籍应当整理为US，而不是EP或JP。

对于已经发生重组兼并的公司在重组兼并前申请的专利，需要按照重组兼并后的公司名称进行整理，如果重组兼并后第一申请人国籍发生改变的也应该对该专利申请人国籍进行整理。

将加入了欧洲知识产权局的欧洲各国申请的申请人国籍统一整理为欧洲。此外，对于早期以苏联名义申请的专利，其申请人国籍可考虑一律并于俄罗斯。通过在“专利信息分析系统”中“数据导入-自述统计与国省转换”中的“维护国家区域之间关系”，对苏联的所属区域进行修改，或在数据标引时手动修改其国籍信息。

技能训练 8-2

考虑合并、并购、母公司以及子公司等因素进行申请人合并归一化，之后重新对申请量进行汇总，如表8-5所示。

表8-5　各申请人申请量表

申请人	申请量
鸿富锦精密工业有限公司	87
富士康	94
鸿海精密电子有限公司	121
TCL	23
华星光电	143
中航光电子	21
上广电	42
上海天马	52
成都天马	31
武汉天马	21
奇美电子	153
群创光电	173
奇美电子股份有限公司	121

训练要求　以小组为单位，进行申请人归一化训练，按照表8-5给出的不同申请人的申请量，进行该领域内申请人申请量排名统计。

任务22　专利数据标引

一、专利数据标引的定义

数据标引是指根据不同的分析目标，对原始数据中的记录加入相应的标识，从而增加额外的数据项来进行特定分析的过程。通常数据标引是数据处理的最后一步，根据不同的分析目的与分析项目，确定用于图表制作与统计分析的规范的数据[①]。专利数据标引是指用一个或多个词表现专利内容特征及相关技术、算法、组件的过程[②]。专利分析中，对专利文献进行数据标引，便于分析者根据分析的主题对标引字段进行直观的统计分析。

二、专利数据标引字段的分类

由于专利文本自身的特点，标引字段通常包括两类：常规标引字段与自定义标引字段。常规标引字段通常是基于专利的外部属性特征定义的字段，通过数据库中获取的专利数据进行数据清理即可获得，例如，申请日、公开日、申请人（需要人工进行申请人归一化）、申请人国籍、申请人类型、发明人、公开号中地区分布、公开号中地区数量等。

然而，技术创新过程的日趋复杂，创新周期的不断缩短和市场需求的不稳定性，使得决策管理者获取决策信息的需求向快速、精确和微观层面推进。基于专利外部属性特征的统计分析已不能完全满足科技管理决策者和技术研发人员对专利分析的应用需求，专利文本内容的潜在利用需求更为突出。专利文献中的文摘、权利要求项、全文等文本信息蕴涵了重要技术细节和技术保护等内容，从这些非结构化文本中抽取潜在信息、揭示技术的细节及其相互关联关系、挖掘暗含的商业趋势、启发工业技术创新、辅助决策制定等，成为当前专利分析领域的研究热点，这就产生了自定义字段。

自定义标引字段的主要对象是专利主题、核心技术（例如，重要算法、关键部件等），其意义是便于建立专利技术内容层面、专利诉讼过程层面等的相关关联，实现对隐含信息的挖掘。自定义标引字段通常可以是关键词、技术分支、技术功效、被引频次等。

---

① 毛金生，等．专利分析和预警操作实务［M］．北京：清华大学出版社，2009.

② 苏新宁，等．文献信息自动标引研究［J］．现代图书情报技术，2000（1）：23-26.

自定义标引字段的标引中重点介绍技术分支和技术功效的标引，标引方式最为常用的是人工标引。技术分支和技术功效的标引是指根据专利文献内容对专利的功能效果、技术手段、发明目的进行归纳整理分类，通过这种分类，将专利文献划分至技术分解表中的技术分支和技术功效，这样后面就可以对自己定义的技术细节进行分析，使得专利分析的内容更具体、更有针对性，满足技术层面的需要。

多数情况下，技术分支和技术功效是按照前期确定下来的技术分支和技术功效表进行标引，但也存在特殊情况，如果发现存在一定量的专利文献在技术分支和技术功效表中没有对应归类位置，这说明之前的技术分解表是不完备的，还需要加以修正，而不要勉强把这些文献归入某类不合适的范围。此时可考虑在专利技术分解表中引入新的技术分支，将这些之前不能够合适标引的专利数据利用新的技术分支进行标引。标引过程中还会面临这样的问题，一篇文献涉及多个技术分支，对于这样的文献通常标引的做法是将其所属的多个技术分支都标引出来，以保证其标引的全面性和客观性。在后续关于其技术分支的统计中，需要都统计进来。人工标引一般在 Excel 中进行，可以通过“下拉菜单选择法”和“数字扩展法”对技术分支和功效进行标引。

（1）“下拉菜单选择法”是利用 Excel 中的“数据有效性”设置标引的下拉选择菜单。一般在字段“主权项”后插入“技术分支”和“技术功效”两列，选中“技术分支”这一列，单击 Excel 表头工具栏中的“数据”，选择“数据有效性”下拉菜单中的“数据有效性”，在“有效性条件”中选择“序列”，在“来源”中填入具体的技术分支，多个技术分支之间用半角逗号间隔。这样在“技术分支”这一列中每一单元格后都变成具有下拉菜单的可选项，确定所属技术分支后，选择即可。

（2）“数字扩展法”是指在进行技术分支的标引过程中，利用数据扩展并标注扩展数字的方式进行数据标引。该方法兼顾专利数据标引的特点及操作的简便性，用数字 1、2、3 等来代替技术分支。用 1 位数字代表一级技术分支，2 位数字代表二级技术分支，其中，这两位数字中前 1 个代表着这个二级技术分支所属的一级技术分支，以此类推，3 位数字代表三级技术分支。

（一）标引人员要求

通过对专利分析工作各个流程的了解，可以知道专利分析工作一般是以团队的形式进行，团队成员负责的工作各有侧重，能力有所不同。标引的人员要对研究的领域具有足够的了解，可以从前期做行业和技术调查报告的人员中优先选取。由于人工标引工作量大，通常需要多个分析人员同时进行，对于其他从事标引的人员要通过自学了解所分析领域的技术综述、熟悉行业和技术调查报告。标引人员全程参与技术分解表的制定，参加与专利分析咨询专家的调研，在标引前对各技术分支的含义界定清楚，统一标引的标准。

对于检索获得的重要专利、核心专利以及基础专利文献采取集体标引的方式，通过类似这样数量不多相同样本的共同标引，统一技术分支和技术功效的分类界定标准，为后期准确标引奠定基础。标引过程中对于不确定的文献给予特殊标注，然后与其他标引人员进行讨论，确定最后的标引项。标引中发现问题及时进行反馈，并快速做出调整，以避免由于分析人员标引标准的不一致导致的过多返工，避免效率降低。

（二）标引示例

弹簧减震鞋是利用压簧受压后释放出能量的原理设计的，鞋跟内或鞋底安装缓冲元件，其缓震和弹性是牛筋鞋的几十倍。1986 年来，鞋的减震方式不断改进，主要竞争厂商耐克、阿迪达斯、李宁等，也分别从气垫减震、油包减震、材料减震、鞋垫减震、弹簧减震等着手，力求改善鞋子的性能，满足现代化市场的发展需要。弹簧减震鞋的优越性能十分突出，适宜人群也非常广泛，特别受到体育爱好者的青睐。同时，随着国内市场上主要竞争品牌们的新产品研发不断增长，未来市场的发展前景将越来越好。

将弹簧减震鞋分为四个技术分支：

① 弹板/片；② 弹簧；③ 弹簧结合气囊；④ 减震柱。

可以实现如下技术效果：

① 缓冲；② 舒适；③ 减轻重量；④ 耐磨。

下面是从弹簧减震鞋专利分析项目中抽取出的几篇专利文献，通过对这几篇专利文献的阅读剖析，确定所属技术分支和具有的技术功效，掌握如何根据摘要的内容进行技术分支和技术功效的标引。

文献 1

申请号：201520317517. 3

申请日：2015. 05. 12

公开号：无

公开日：无

公告号：204617213

公告日：2015. 09. 09

主分类：A43B 7/32（2006. 01）

申请人：温州职业技术学院

发明人：金花

摘要：本实用新型公开了一种减震鞋，包括由鞋底和鞋面组成的鞋体，所述鞋底包括大底及设于大底底部的耐磨底，所述大底的跟部设于一减震腔，减震腔内设有减震气垫，减震腔口部设有软垫盖，在大底的鞋头内部设有防踢缓冲弹簧，鞋头前侧面上设有防护片，所述大底的内部还设有稳定前掌及后跟的热碳板记忆芯片。本减震鞋的气垫采用组合式安装，可任意更换合适的气垫，有效地保持鞋子的减震消耗；鞋子的前端设置有防踢缓冲弹簧和防护片，可有效提高鞋头的防踢效果和耐磨性；所设的热碳板记忆芯片口可有效地保持鞋子原有的人体工学形状设计，避免长期穿着而降低舒适性；所设的菱形吸盘的防滑性能比传统的防护槽防滑性能更好。

阅读剖析：摘要大概可以划分为两个部分，技术方案部分和效果部分。一般通过对技术方案部分的理解标引技术分支，通过对效果部分的理解标引技术功效，可以形象地把这种阅读标引方法称作两段阅读法。所谓两段就是技术方案和技术效果两部分。技术分支的选择主要通过理解技术方案部分内容，由技术方案中可看出该减震鞋在大底的跟部设置减震腔，减震腔内设置减震气垫，并且大底的鞋头内部设有防踢缓冲弹簧，鞋头前侧面上设有防护片，所述大底的内部还设有稳定前掌及后跟的热碳板记忆芯片。所以该实用新型对应的技术分支就是“气垫＋弹簧”。对于技术功效，通过阅读，可以了解通过更换合适的气垫有效地保持鞋子的减震消耗；通过设置有防踢缓冲弹簧和防护片，可有效地提高鞋头的防踢效果和耐磨性；所设的热碳板记忆芯片口可有效地保持鞋子原有的人体工学形状设计，避免长期穿着而降低舒适性。因此，技术功效上确定为“耐磨”“舒适”和“缓冲”。

文献 2

申请号：201520119574.0

申请日：2015.03.01

公开号：无

公开日：无

公告号：204426880

公告日：2015.07.01

主分类：A43B 13/20（2006.01）

申请人：王玉立

发明人：王玉立

摘要：本实用新型公开一种保健缓震鞋底，包括鞋底本体以及覆于鞋底本体上的鞋垫体，在所述鞋底本体内设置有掌部气囊和跟部气囊，掌部气囊和跟部气囊的囊腔内分别设有掌部弹簧和跟部弹簧；掌部气囊与跟部气囊通过气囊连通管相连通，在气囊连通管上串接有连通管膨大腔，该连通管膨大腔中设有可滑动的滑塞；掌部气囊和跟部气囊的顶部与鞋垫体背面相接触，鞋垫体的上面设置有掌部凸点和跟部凸点。所述滑塞两端圆台锥度和连通管膨大腔内凹圆锥面锥度为1∶1～3∶1。所述滑塞的圆柱面上设有沿轴向布置的通气槽。本实用新型不仅能随着步行对脚步实现动态按摩，而且具有减震、缓震的效果，特别适于老年人及大运动量的人员穿着。

阅读剖析： 文献2阅读起来比较清晰，技术方案是在鞋底本体内设置有掌部气囊和跟部气囊，掌部气囊和跟部气囊的囊腔内分别设有掌部弹簧和跟部弹簧，明显属于“弹簧结合气囊”的技术分支。由“本实用新型不仅能随着步行对脚步实现动态按摩，而且具有减震、缓震的效果，特别适于老年人及大运动量的人员穿着。”可看出，技术功效是“舒适”和“减震”。另外提及的一点是，文献中对气囊的具体结构进行了限定，如果我们需要对气囊类减震鞋进一步研究技术构成，则需要对气囊进行进一步的技术分解，然后继续标引其下一级技术分支。

文献3

申请号：201420825828.6

申请日：2014.12.19

公开号：无

公开日：无

公告号：204351172

公告日：2015.05.27

主分类：A43B 13/18（2006.01）

申请人：方柏明

发明人：方柏明

摘要：本实用新型公开了一种带有减震器结构的鞋底，至少包括大底或/和中底，还包括减震器。所述的鞋底或中底或鞋垫对应于脚后跟或前掌或中间的位置处开设有容纳减震器的容纳腔，减震器贴合于容纳腔内。所述减震器包括减震主体，所述减震主体由固体弹性体和减震弹簧圈两部分组成，减震弹簧圈灌注于固体弹性体内部。本实用新型实现了鞋底与减震器之间的完美贴合，提高了减震效果，减轻了鞋底重量，使鞋底更加美观。

阅读剖析： 文献3的技术方案通过设置减震器实现减震作用，减震器包括减震主体，所述减震主体由固体弹性体和减震弹簧圈两部分组成，减震弹簧圈灌注于固体弹性体内部。“减震弹簧圈灌注于固体弹性体内部”的技术手段不属于之前划分的四种分支，此时，需要注意在进行技术分支和技术功效标引时，其可能产生对技术分解表的修正。例如，本件专利申请不能够进行合适标引，即专利的技术没有对应到技术分解表中的任何一个分支中。而当这些专利数据达到了一定数量时，表明之前的技术分解表是不完备的，还需要加以修正。因此，可以考虑引入新的技术分类，将这些之前不能合适标引的数据利用新的技术分类进行标引。如果这样的技术方案仅有几篇，不足以形成一个新的技术分支，则可以标为“其他”。

文献4

申请号：201320497949.8

申请日：2013.08.15

公开号：无

公开日：无

公告号：203388338

公告日：2014.01.15

主分类：A43B 13/18（2006.01）

申请人：福建省中环腾达鞋服有限公司

发明人：吴庆安

摘要：本实用新型公开了弹簧式减震鞋底，包括鞋底本体。鞋底本体由橡胶制作的底层、EVA 制作的上层以及通过发泡复合形成在后跟的 TPU 减震装置。所述 TPU 减震装置上设有内腔，所述内腔上设有复数个弹簧式的减震柱，每个减震柱通过一波浪形的支撑板相连，减震柱的上端顶在内腔的顶部，其下端顶在内腔的底部。本实用新型通过弹簧式的减震柱对鞋底起到减震和缓冲的作用，并结合一波浪形的支撑板使各个减震柱具有同步共振的效果，能够在行走时减少足部的疼痛。

阅读剖析：通过阅读发现这篇专利的手段是利用在内腔上设置复数个弹簧式减震柱，主要在于减震柱体的改进，所以技术分支为“减震柱”，达到能够减少足部疼痛的效果，归类为“舒适”。

实际的标引中，上述过程是借助于 Excel 导出数据实现的，Excel 导出的数据中包含摘要，阅读后在“技术分支”一栏选择需要标注的分支，在“技术功效”一栏选择需要标注的功效。

三、批量标引方法

批量标引主要适用于大文献量的标引。通常情况下由于外文库的检索结果文献量通常较大，若人工标引工作量十分巨大，因此，需要采取批量的方法，并结合部分文献的人工标引。批量标引的过程有时是在检索过程中一并完成的，例如在针对一级技术分支的检索过程中即完成了对一级技术分支的标引。而在对二级或三级技术分支进行批量标引时，通常采用在一级技术分支的总体文献量范围内通过关键词与分类号进行二次检索。因此批量标引的过程从实质上说与检索过程非常类似，但也有其自身的特点。基本的做法包括以下几点。

（1）对于有明确的分类号的技术分支，尽可能采取分类号进行二次限定，数据库中如有其他分类号时，应多考虑其他分类号的使用，如 EC，ICO，UC，FI/FT 等。

（2）对于具有确定的关键词表达的技术分支，直接通过相关的关键词检索。

（3）对于没有合适的分类号和明确的关键词的技术分支，则考虑用分类号与关键词相结合的方式。

需要注意的是，在进行某些技术分支和功效的标引时，常常需要结合人工标引方法与批量标引方法。这需要根据各个技术分支的文献量大小、检索的难易程度以及人力、时间等诸多要素进行综合考虑。通常而言，对于用于宏观分析且文献量较大的一级、二级技术分支一般采用批量标引方法。对于三级、四级技术分支，通常涉及较为微观的技术细节，在文献量允许的前提下可选择人工标引方式，以提高标引的准确性。对于具有明确的分类号、关键词表达，且不易引入噪声的技术分支，一般选择批量标引。对于存在技术交叉、难于检索的技术分支，可考虑采用阅读的方式进行人工标引。

技能训练 8-3

以“鞋”＊“弹簧＋弹性板＋弹片＋弹性片＋板簧”＊“减震＋减振＋缓冲＋防震＋防阵＋吸能＋震动吸收＋振动吸收＋吸收振动＋吸收震动＋消除冲击力”为检索式粗略检索“减振弹簧鞋”的专利文献，以Excel导出著录项目，然后在Excel表中进行技术分支和技术功效的标引。技术分支包括：①弹板/片；②弹簧；③弹簧结合气囊；④减震柱；技术效果包括：①缓冲；②舒适；③减轻重量；④耐磨。

训练要求　以小组为单位，对数据进行去噪同时标引技术分支，如果出现数据包括未给出的技术分支，并且具有一定的文献量，则注意增加技术分支。

知识训练

一、选择题（不定项选择）

1. 数据采集后得到的条数据，每条数据包含多个著录项目，下面哪些是与技术相关的著录项目？（　　）

   A. 权利要求　　B. 法律状态　　C. 发明名称　　D. 摘要

2. 下面哪些属于数据清理需要做的工作？（　　）

   A. 去重　　B. 数据补全　　C. 申请人归一化　　D. 发明人统一

3. 数据清理过程中数据项的规范主要包括什么？（　　）

   A. 公开号

   B. 申请人国别

   C. 申请人名称

   D. 发明人名称、省市/国家/地区、关键词等相关内容的规范

4. 进行申请人归一化时要做哪些操作？（　　）

   A. 申请人不同名称的合并　　B. 总公司及子公司的合并

   C. 公司更名后要合并为同一公司　　D. 重组兼并后名称的合并

5. 申请人申请量统计时，下表的申请人有（　　）位。

A. 1　　B. 2　　C. 3　　D. 4

申请人	申请量
Applied Materials	3
应用材料公司	6
应用材料有限公司	7
应用材料股份有限公司	5
Applied Materials Inc	9
Appl Materials Inc	11

6. 自定义标引字段的主要对象是专利主题、核心技术（例如，重要算法、关键部件等），便于建立专利技术内容层面、专利诉讼过程层面等的相关关联，实现对隐含信息的挖掘。自定义标引字段通常可以是（　　）。

A. 关键词　　B. 技术分支　　C. 技术功效　　D. 被引频次等

二、判断题

1. 对于国外公司在中国的全资子公司，例如三星（中国）半导体有限公司，其申请人国籍为韩国。（　　）

2. 申请人的类型主要包括企业、高校、研究机构、个人、合作申请五种。（　　）

3. 美国很大一部分专利申请申请人既有个人又有公司，则其申请为合作申请。（　　）

4. 申请人的类型合作申请可根据需要进一步细分为企业与企业、企业与高校、个人与研究机构等合作形式。（　　）

5. IBM（中国）公司的申请，一般情况下将其作为 IBM 的申请，申请人国籍为美国。（　　）

6. 在某些情况下，如当子公司业务比较专一时，可以不必将子公司名称与总公司名称相统一。例如，II－VI 族化合物薄膜太阳能电池的申请人中，Calyxo 是 Q-cells 的子公司，但其仅涉足碲化镉薄膜太阳能电池，因而在进行该方面的分析时 Calyxo 的申请可以不与 Q-Cells 合并。（　　）

7. 在进行技术分支和技术功效标引时，其可能产生对技术分解表的修正，增加原来没有的技术分支。（　　）

8. 由于专利文本自身的特点，标引字段通常包括两类：常规标引字段与自定义标引字段。（　　）

9. 在进行技术分支和技术功效的标引时，对标引人员要求较高，要对研究的领域具有足够的了解，不同标引人员应该尽可能具有相同的标引标准。（　　）

10. 标引中发现问题及时进行反馈，并快速做出调整，以避免因分析人员标引标准不一致导致过多返工，从而造成效率降低。（　　）

11. 标引过程中一篇文献涉及多个技术分支，应该将其所属的多个技术分支都标引出来，以保证其标引的全面性和客观性。（　　）

12. 数据清理的核心观念是保证数据准确完整，格式规范便于统计。（　　）

13. 由于难以对检索结果集中所有申请人名称进行规范化处理，一般主要是对申请量排名靠前以及领域内知名的发明人和该领域内主要公司的研发团队的发明人进行规范化处理。（　　）

14. 如果没有规范同一申请人的申请，那么以申请人信息为基础进行的统计分析将会出现偏差甚至与实际情况严重不符。（　　）

三、简答题

1. 数据采集时分析以“关键词”为入口、以“摘要”为入口以及以“权利要求”为入口检索的数据有什么区别？

2. 进行申请人归一化时，用哪些渠道确定不同申请人是否需要归一化？

3. 申请人规范化都包括哪些项目？

4. 什么是专利数据的标引？常规自定义标引有哪些？

5. 以一篇专利为例说明如何确定技术分支和技术功效。

综合实训

3D 建筑打印是快速发展的 3D 打印技术一个重要分支。从 1986 年 Charles Hull 开发了第一台商业 3D 印刷机开始到今天，3D 打印的历史不过短短的 30 年，而作为 3D 打印应用的分支，3D 建筑打印机正处在一个刚刚起步的阶段，打印的方式也都是简单的喷涂水泥，层层堆积的原理。

2013 年 1 月，荷兰建筑师 Janjaap Ruijssenaars 与意大利发明家 Enrico Dini（D-Shape 3D 打印机发明人）一同合作，他们计划打印出一些包含沙子和无机黏合剂的 6 m×9 m 的建筑框架，然后用纤维强化混凝土进行填充。最终的成品建筑会采用单流设计，由上下两层构成。该工程在 2014 年完成，并且参加欧洲竞赛。

2015 年，刘易斯大酒店的老板 Lewis Yakich 使用 3D 打印技术来扩大自己的酒店。2015 年 9 月 9 日，Yakich 宣称，他已经成功地打印出了他的建筑，这是一栋小别墅，占地面积为 10.5 m×12.5 m，高 3 m，大概有 130 m^2。这个别墅有两间卧室、一间客厅以及一间带按摩浴缸的房间（按摩浴缸也是 3D 打印而成），所有这些都将是刘易斯大酒店的一部分。据统计，完成所有结构的打印总共花了 100 个小时，但是打印过程并不是连续的。

2014 年 4 月，我国第一个 3D 打印建筑公司——上海盈创有限公司，打印的 10 幢 3D 打印建筑在上海张江高新青浦园区内揭开神秘面纱。这些建筑的墙体是用建筑垃圾制成的特殊“油墨”，依据电脑设计的图纸和方案，经一台大型的3D打印机层层叠加喷绘而成。据介绍，10幢小屋的建筑过程仅花费24小时。

3D建筑打印产业链自上而下主要包含打印材料、打印设备和打印服务三大类。打印材料由特种硅酸盐及其他材料构成，上游产业有传统水泥厂商、其他建材材料厂商和研究院组成。打印设备由装备制造业厂商构成，目前有能力提供此技术相关装备的行业企业数量较少。由于为新兴行业，下游打印服务行业市场开展并不广泛。

实训操作

1. 实训目的

通过实战练习帮助学习者熟练掌握检索系统数据采集流程，熟悉掌握数据清理的内容及操作，能够进行技术分支和技术功效的标引。

2. 实训要求

将学习者分为5～8人一组，每组选出一名组长，负责组织协调本组学习者各项工作。在实战的过程中，教师要给予建议和指导，并检查各组实战工作的进展和完成情况。

3. 实训方法

（1）回顾模块4关于专利技术分解的方法，构建3D打印技术的技术分解表。

（2）回顾模块6关于技术主题检索的方法，对3D打印技术进行检索，查全率和查准率均要超过80%。

（3）对检索得到的数据进行采集、清理并进行技术分支和功能效果的标引。

模块 9　专利数据统计

知识目标

- 了解常规的专利分析维度
- 了解数据统计项
- 了解 Excel 中常规函数的作用
- 了解数据透视表的操作

实训目标

- 掌握分析维度与数据项对应关系
- 了解数据统计的流程

技能目标

- 掌握常规数据项提取的能力
- 掌握 Excel 数据透视功能和相关函数的操作

本模块主要介绍数据统计项规范和数据统计项提取两个任务。数据统计项规范是将统计项与数据分析内容建立映射关系，并对统计项进行说明的过程。数据统计项提取是借助相关工具对统计项进行提取和汇总的过程。借助数据统计将分析样本数据转化为直观的分析对象，数据项选取是否得当，数据统计是否准确直接影响后续分析结果的全面性和客观性。

任务 23　数据统计项规范

专利信息分析维度

专利信息分析方法主要分为定量分析和定性分析两大类。定量分析是指利用数理统计、科学计量等方法对专利文献固有的标引项目进行加工整理和统计分析的一种信息分析方法，通过定量分析可以使人们对专利技术信息的认识进一步精确化，以便更加科学地揭示专利技术的产生和发展规律，获取专利发展态势等方面的情报。定性分析则是通过阅读专利，对专利信息内在特征进行研究和讨论，发现专利中未进行标引的技术、市场、法律等信息，进行综合分析，得出技术动向、技术热点和空白点等情报。通过对专利信息的定量和定性的分析，可以将专利分析的维度归纳为以下三类。

（1）态势分析。针对整体情况进行定量和定性的分析。包括对“人”“技术”和“区域”的发展趋势、构成、排名的分析。

（2）技术分析。针对特定技术进行定量和定性分析。技术分析包括：技术功效、技术路线、重点产品等分析维度。

（3）申请主体分析。针对某个申请人进行定量和定性分析。申请主体分析包括：研发团队、专利技术合作、专利诉讼等分析维度。

不同维度下不同的分析内容依据的数据统计项不同，根据分析内容来选取相应的统计项是数据统计的一个重要环节，下面以表格的形式直观地列出两者之间的对应关系（如表 9-1 所示）。

表 9-1　数据分析内容与统计项

类　别	序　号	数据分析内容	统计项
态势分析	1	各技术分支的申请趋势	申请年份、技术分支、年申请量
	2	各技术分支的份额	技术分支、申请量、比例
	3	各类申请人历年申请分布	申请年份、申请人类型、年申请量
	4	技术生命周期	申请年份、年申请量、年申请人数量
	5	技术需求分析	申请年份、技术分支、申请量
	6	主要国家/地区申请人的申请趋势	申请年份、申请人国别、申请量
	7	主要国家/地区申请人技术发展趋势	申请人国别、技术分支、申请量
	8	主要申请地的申请趋势	申请年份、申请地国别、申请量
	9	主要申请地的技术分布	申请地国别、技术分支、申请量
	10	主要国家/地区申请人申请比例	申请人国别、申请量、比例
	11	主要申请地的申请比例	申请地国别、申请量、比例
	12	主要省市排名（中国）	省市、发明量、实用新型量
	13	某一申请人的专利布局	申请地国别、申请年份、申请量

续表

类　　别	序　　号	数据分析内容	统计项
	14	技术集中度	申请人排名名次段、各名次段的申请量、各名次段的申请量所占比例、各名次段的多边申请量、各名次段的多边申请量所占比例
	15	各类申请人的申请比例	申请人类型、申请量、比例
	16	各类申请人的技术发展趋势	申请年份、申请人类型、技术分支、年申请量
	17	申请人排名	排名顺序、申请人名称、申请量
	18	主要申请人申请和授权状况	排名顺序、申请人名称、申请量、授权量
	19	发明人排名	排名顺序、发明人名称、申请量
	20	各技术分支的专利类型分布	技术分支、专利类型、申请量
	21	总体法律状态分析	法律状态类型、申请量、比例
技术分析	22	技术-功效分析	技术分支、技术功效、申请量
	23	技术路线分析	重要专利、重要专利的时间节点
	24	重点产品分析	重点产品、技术分支、技术功效
申请主体分析	25	研发团队	发明人构成、研发专利
	26	专利诉讼	诉讼主体、涉诉案件、案件时间节点
	27	专利技术合作	合作申请
	28	技术转让	转让双方、转让专利

表9-2对上述统计项进行了定义，以明确在数据统计中需要选取的内容。

表9-2　统计项规范及其定义或说明

序号	统计项名称	定义或说明
1	申请年份	从专利申请的申请日中提取的申请年份
2	技术分支	与技术分解表相对应，可以是不同级别的分支
3	申请量	专利申请的数量，可以是每年对应的申请量、各申请人对应的申请量、各国家/地区的申请量等，以项或件表示
4	申请人类型	包括公司、个人、大学、研究机构、合作申请几种类型，其中合作申请又包括公司-公司、公司-个人、公司-大学、公司-研究机构、个人-个人、个人-大学、个人-研究机构、大学-大学、大学-研究机构、研究机构-研究机构，或者公司、个人、大学、研究机构中任意三种的组合；在合作申请中，可以只单独统计数量较多的几种类型，数量较少的可以合并统计成其他合作申请

续表

序号	统计项名称	定义或说明
5	申请人数量	进行申请人归一化后申请人的数量，可以统计每年的申请人数量、每个国家/地区的申请人数量等
6	申请人排名名次段	按申请量的多少对申请人进行排名，从中选择前 10 名、前 20 名……前 50 名作为名次段
7	发明人排名名次段	按申请量的多少对发明人进行排名，从中选择前 10 名、前 20 名……作为名次段
8	研发团队	协作完成一系列发明创造的研发人员的集合，通常包含核心发明人及外围发明人
9	各名次段的申请量	上述各名次段对应的申请量，即前 N 名的申请量
10	各名次段的申请量所占比例	（前 N 名的申请量/统计区间内的总申请量）×100%
11	多边申请量的名次段、各名次段的多边申请量、所占比例	参见 6～8 条的定义或说明
12	授权量	已授权的专利申请的数量。其中又可分为授权后有效的数量和授权后失效的数量
13	申请人国别	对于检索到的全球专利申请来说，一般是从优先权中提取申请人的国别，以确定该项（可能包括多件）申请是由哪个国家的申请人提出的，即该申请是属于哪个国家的申请
14	申请地国别	对于检索到的全球专利申请来说，一般是从公开号中提取申请地的国别，以确定该项（可能包括多件）申请在哪些国家公开，即在哪些国家申请了该专利
15	省市	这是针对中国专利申请的统计项，统计国内申请人所属的省份或直辖市，以确定各省市的申请量
16	发明量	中国专利申请中发明专利申请的数量
17	实用新型量	中国专利申请中实用新型专利申请的数量
18	法律状态类型	通常包括视撤①、驳回、授权、未决，授权类型中又可分为授权后有效、授权后失效，而授权后失效涉及因费用终止、期限届满、无效宣告；另外，授权专利还可能涉及诉讼

① 专利申请视为撤回简称“视撤”，是指专利申请提交后，出现由于未按时缴纳专利费用或者未提前交实审请求或者未按审查通知答复意见等情形时，专利申请被专利局视为撤回，提前终止专利审查程序。

续表

序号	统计项名称	定义或说明
19	技术功效	是指某一专利文献所解决的技术问题以及产生的技术效果，根据标引的技术功效进行统计
20	多系列中的构成分布	表示在某技术领域中各主要国家/地区申请人分别在总申请量、多边专利申请量以及PCT申请量方面所占的比例分布情况，总申请量、多边专利申请量以及PCT申请量定义为各系列名称，各主要国家/地区定义为构成部分，需要统计某一系列中各构成部分所占的比例
21	多种类别的排名	分别按申请总量、发明量、实用新型量对申请人进行排名，则可以先列出排名顺序，申请总量、发明量、实用新型量就作为类别名称，而申请人则是排名内容

技能训练9-1

以弹簧减震鞋检索数据为分析基础，为了熟悉目前弹簧减震鞋行业的国内外发展概况，了解行业技术发展趋势和市场主要研究领域及关键核心技术，明确目前市场主要有力竞争者及其研究发展方向，掌握竞争公司与主要发明人的近期技术动态，发现市场中技术研究的空白点，需要找出所需的专利信息数据项。

训练要求　以小组为单位，借助表9-1数据分析内容与统计项的提示，从中选择需要的统计项，并列出需要统计哪些数据项。

任务24　数据统计项提取

通过前面的数据采集、数据清理及标引之后获取的是满足要求的多条数据，从具有多个著录项目的条数据中提取任务23中提到的数据统计项需要具备一定的数据处理能力，下面从这个方面介绍相关的数据统计项提取操作，从目的和操作的角度来讲，数据项提取可以分为两个阶段：数据提取和数据汇总。

一、数据提取

数据提取是指利用一定的提取手段获取需要的数据统计项，例如，申请年份提取，是从条数据“申请日”中提取申请年份，申请人类型从归一化后的申请人类型中提取，常规统计项的提取位置如表 9-3 所示。

表 9-3　常规统计项的提取位置

序号	统计项名称	提取位置
1	申请年份	从专利申请的申请日中提取
2	技术分支	从标引的技术分支中提取
3	申请量	需要利用申请年份汇总计算
4	申请人类型	从归一化后的申请人类型中提取
5	申请人数量	从归一化后的申请人中提取
6	申请人排名名次段	按申请量的多少对申请人进行排名，从中选择前 10 名、前 20 名……前 50 名作为名次段
7	发明人排名名次段	按申请量的多少对发明人进行排名，从中选择前 10 名、前 20 名……作为名次段
8	研发团队	从多个发明人的专利中关联关系中提取
9	各名次段的申请量	上述各名次段对应的申请量，即前 N 名的申请量
10	各名次段的申请量所占比例	（前 N 名的申请量/统计区间内的总申请量）×100%
11	多边申请量的名次段、各名次段的多边申请量、所占比例	参见 6～8 条的定义或说明
12	授权量	从公开号中提取申请类型
13	申请人国别	对于检索到的全球专利申请来说，一般是从优先权中提取申请人的国别
14	申请地国别	对于检索到的全球专利申请来说，一般是从公开号中提取申请地的国别
15	省市	从国省中提取
16	发明量	中国专利申请中发明专利申请的数量
17	实用新型量	中国专利申请中实用新型专利申请的数量
18	法律状态类型	一些数据库直接带有法律类型这一统计项，直接从法律类型中提取
19	技术功效	从技术功效中提取

找到相应的提取位置，有些数据项需要结合一定的操作提取出来，例如，申请日通常是以“××××年××月××日”的形式给出，为了提取前四位年份，则需要利用 Excel 中的函数实现“单元格内左面起 4 位数字提取”，常用的函数和常规操作

如下。

常用函数：截断函数，left，right；提取函数：mid；单元内某一内容个数查询函数：len；判断函数：if 等。

常规操作：拆分、合并、筛选、替换、填充数据序列。

案例展示 9-1

申请日提取

如何了解某一领域/某一申请人/某一区域内的申请量发展趋势?

分析申请量发展趋势，通常要分析逐年专利申请量的变化情况，因此需要从获取的数据中提取申请年份，申请日数据项的前四位为申请年份，left 函数用来提取所需字符串的区域从左边往右数提取的字符串长度，如图 9-1 所示，提取 B3 单元格内从左往右四位字符获取申请年份。

SUM　=left(B3,4)

	A	B	C
2	申请号	申请日	提取申请日
3	CN201110382100A 20111125	20111125	=left(B3,4)
4	CN201210050073A 20120229	20120229	
5	CN201210326566A 20120905	20120905	
6	CN201210041352A 20120221	20120221	
7	CN201210061505A 20120309	20120309	
8	CN201210089393A 20120329	20120329	
9	CN201210177631A 20120531	20120531	
10	CN201210309374A 20120827	20120827	
11	CN201220096365U 20120314	20120314	
12	TW2011000107436 20110304;US20110106843 20110512	20110304	
13	US20090607042A 20091027;US20120492916 20120610	20091027	
14	US20110300532 20111118	20111118	
15	US20110302828 20111122;KR2011000068915 20110712	20111122	
16	CN201220061511U 20120222	20120222	
17	CN201110026471A 20110125	20110125	
18	CN201110126582A 20110516;US20120472868 20120516	20110516	
19	CN201110284189A 20110922	20110922	
20	CN201110324771A 20111021	20111021	
21	CN201110385760A 20111128	20111128	

图 9-1　提取申请日示意图

案例展示 9-2

申请类型提取

专利申请号中年份之后的一位代表专利申请的类型（1 代表发明，2 代表实用新型，3 代表外观设计专利，8 代表 PCT 专利），mid 函数的作用是从一个字符串中截取出指定数量的字符，如图 9-2 所示，截取 A3 单元格第七位开始的一位数字实现申请类型的提取。

SUM =mid(A3,7,1)

	A	B	C
2	申请号	申请日	申请类型提取
3	CN201110382100A 20111125	20111125	=mid(A3,7,1)
4	CN201210050073A 20120229	20120229	
5	CN201210326566A 20120905	20120905	
6	CN201210041352A 20120221	20120221	
7	CN201210061505A 20120309	20120309	
8	CN201210089393A 20120329	20120329	
9	CN201210177631A 20120531	20120531	
10	CN201210309374A 20120827	20120827	
11	CN201220096365U 20120314	20120314	
12	TW2011000107436 20110304;US20110106843 20110512	20110304	
13	US20090607042A 20091027;US20120492916 20120610	20091027	
14	US20110300532 20111118	20111118	
15	US20110302828 20111122;KR2011000068915 20110712	20111122	
16	CN201220061511U 20120222	20120222	
17	CN201110026471A 20110125	20110125	
18	CN201110126582A 20110516;US20120472868 20120516	20110516	
19	CN201110284189A 20110922	20110922	
20	CN201110324771A 20111021	20111021	
21	CN201110385760A 20111128	20111128	

图 9-2 申请类型提取示意图

案例展示 9-3

多边申请量统计

如何了解某一领域/某一申请人/某一区域内的市场布局情况?

如果申请人想开拓多个国家的市场，则对于一件专利申请不止在一个国家申请，例如，可能在中国、韩国、日本、美国等多个国家同时申请，对于这种同时在多个国家进行申请的专利称为多边申请。申请号中如果不止一个申请号，则说明该申请为多边申请，从专利之星中导出的数据多个申请号之间用半角的分号“;”间隔开。len 函数用于计算字符串的长度，如图 9-3 所示，将 A1 单元格字符串中的分号全部替换为空值，再计算字符串长度减少了多少，得到的数值为分号的个数，如果不为 0 则为多边申请。

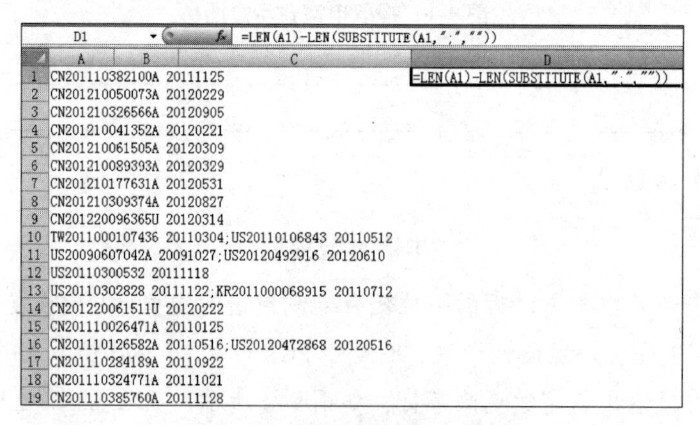

D1 =LEN(A1)-LEN(SUBSTITUTE(A1,";",""))

	A	B	C	D
1	CN201110382100A 20111125			=LEN(A1)-LEN(SUBSTITUTE(A1,";",""))
2	CN201210050073A 20120229			
3	CN201210326566A 20120905			
4	CN201210041352A 20120221			
5	CN201210061505A 20120309			
6	CN201210089393A 20120329			
7	CN201210177631A 20120531			
8	CN201210309374A 20120827			
9	CN201220096365U 20120314			
10	TW2011000107436 20110304;US20110106843 20110512			
11	US20090607042A 20091027;US20120492916 20120610			
12	US20110300532 20111118			
13	US20110302828 20111122;KR2011000068915 20110712			
14	CN201220061511U 20120222			
15	CN201110026471A 20110125			
16	CN201110126582A 20110516;US20120472868 20120516			
17	CN201110284189A 20110922			
18	CN201110324771A 20111021			
19	CN201110385760A 20111128			

图 9-3 多边申请统计示意图

案例展示9-4

申请人阶段性排名

如何分阶段关注某时期内的主要市场主体?

申请人出于公司经营策略的考虑，或者开发产品需要等原因，可能在不同阶段关注或研究的技术重点不同，因此有时需要分析不同阶段申请人的排名。前期通过数据提取可以获取主要申请人在不同阶段的申请量图，得到图9-4粗线上半部分数据，然后利用rank函数对各个阶段申请人进行排名，得到图9-4粗线下半部分数据，即该阶段内的排名。

SUM　=RANK(C8, $C$8:$C$14)

	A	B	C	D	E	F	G
7			≤1990	1991-1995	1996-2000	2001-2005	2006-2010
8		丰田	44	40	36	51	67
9		本田	58	4	20	95	99
10		马自达	7	51	71	1	66
11		雷诺日产	84	24	73	22	47
12		现代起亚	29	70	71	78	57
13		大众	15	23	9	45	9
14		奔驰	36	61	28	26	83
15			≤1990	1991-1995	1996-2000	2001-2005	2006-2010
16		丰田	=RANK(C8, $	4	4	3	3
17		本田	2	7	6	1	1
18		马自达	7	3	2	)	4
19		雷诺日产	1	5	1	6	6
20		现代起亚	5	1	2	2	5
21		大众	6	6	7	4	7

图9-4　申请人阶段统计示意图

案例展示9-5

技术分支和技术功效的标引

如何对某一技术领域的技术分支和技术功效进行标引?

此前我们已经学习了如何确定技术分支和功能效果，可以采用下拉菜单的形式将技术分支和功能效果标引到各条数据中。主要是利用Excel中的“数据有效性”来实现，有效性条件选择允许“序列”，然后在来源中输入标引的技术分支，不同技术分支之间用半角逗号隔开，如图9-5所示。

图 9-5　技术功效标引示意图

二、数据汇总

提取数据得到的是未经过合并的一个个独立的数据，而用来做数据分析的应该是合并同类项之后的汇总数据，这就需要对独立数据进行汇总。Excel 提供了一个强大的数据汇总操作——数据透视表，数据透视表是把繁冗数据进行简单化统计的一个非常有效的工具，简单而言就是对同类项目进行数据汇总的一个操作，专利分析中的所有操作几乎都要用到数据透视这一步骤。例如，针对图 9-6（a）中的数据，想要统计每个申请人的申请量，如果不借助数据透视表，需要一个一个地数每个申请人申请量有多少项，当数据较多时不仅费时而且影响准确性。此时就可以利用数据透视表来实现，仅需选中申请人和申请量两列，然后插入数据透视表，将申请人字段拖到行区域，申请量字段拖到数据区域，则自动生成如图 9-6（b）所示的按照每个申请人汇总的数据。数据透视表的使用范围广泛，只要是对同类项目的数量进行统计，或者对满足两个条件的数据进行统计构建二维表格，都可以利用数据透视表来实现。

申请人	申请量
SEME	1
SHAF	1
CITL	1
HITA	1
SONY	1
SAOL	1
CITL	1
SHAF	1
HITA	1
SEME	1
PHIG	1
HITA	1
HUGA	1
DASE	1
MATU	1
SIEI	1
SEME	1
TOSN	1
SEME	1
ADDI-N	1

行标签	求和项:申请量
ADDI-N	1
CITL	2
DASE	1
HITA	3
HUGA	1
MATU	1
PHIG	1
SAOL	1
SEME	4
SHAF	2
SIEI	1
SONY	1
TOSN	1
总计	20

(a) 提取申请人申请量数据　(b) 同类合并后数据

图9-6　数据汇总示例

案例展示9-6

如何确定某一技术领域内的主要研发人员?

从条数据发明人列提取发明人数据，由于有些申请是多个发明人共同完成的创新，因此需要对发明人进行拆分。通常情况下多个发明人之间用英文字符下的“;”或“,”间隔，可以将该列提取数据以文本格式粘贴到Word中，利用Word的查找替换功能查找“;”或“,”，将其替换成段落标记“^P”，这样原来在同一行中的多个发明人就变成了一行仅有一个发明人的列数据。将该列数据复制到Excel中，利用数据透视即可得到不同发明人的申请量。

技能训练9-2

发展趋势一般是研究申请量的变化趋势，需要提取申请量数据进行汇总；市场主体主要依据申请人申请量的排名确定；研发团队需要对发明人进行拆分汇总，确定主要发明人，再获取该主要发明人的所有专利申请，观察是否有其他共同发明人，如果有，则可以通过与其他发明人的关联关系（与其他发明人合作发明的数量）构建研发团队表格。

训练要求　以小组为单位，以“弹簧减震鞋”为例，研究发展趋势、分析主要市场主体、寻找是否存在较为集中的研发团队，并以文字或者表格形式列出分析结果。

知识训练

一、选择题（不定项选择）

1. 通过对专利信息的定量和定性的分析，可以将专利分析的维度归纳为（　　）三类。

A. 态势分析　B. 技术分析　C. 申请主体分析　D. 地域分析

2. 进行申请日提取时，需要提取（　　）数据统计项，利用（　　）函数实现。

A. left　B. 申请日　C. 申请号　D. right

3. 进行申请类型提取时，需要提取（　　）数据统计项，利用（　　）函数实现。

A. left　B. 申请日　C. 申请号　D. len

4. 进行多边申请量统计时，需要提取（　　）数据统计项，利用（　　）函数实现。

A. left　B. 公开号　C. 申请号　D. len

5. 进行技术来源国统计时，需要提取（　　）数据统计项，利用（　　）函数实现。

A. left　B. 优先权号/申请号　C. 公开号　D. mid

6. 进行技术输入国统计时，需要提取（　　）数据统计项，利用（　　）函数实现。

A. left　B. 优先权号/申请号　C. 公开号　D. mid

二、判断题

1. 进行申请量趋势分析时，合作申请不需要拆分统计申请量。（　　）

2. 进行申请人申请量排名统计时，合作申请需要拆分统计。（　　）

3. 进行发明人申请量统计时，多个发明人共同申请一件专利，需要拆分统计，每个发明人统计一件。（　　）

4. 数据统计是根据专利分析需求对数据标引后进行数据统计，从而获得相应的图表或者可用于制作图表的数据的过程。（　　）

5. 数据透视表具有同类项目数据汇总功能。（　　）

6. 进行数据统计时，如果发现异常数据要进行原数据的查找和验证。（　　）

三、简答题

1. 技术转让中统计项的需要通过哪些渠道获取？

2. 侵权诉讼分析中统计项的获取需要通过哪些渠道获取？

3. 研发团队分析需要获取哪些统计项？

4. 如果获取的数据中没有法律状态这一项，应该如何根据现有统计项获取？

5. 合作申请如何获取？

6. 技术路线分析如何获取统计项?

综合实训

随着世界工业经济发展、人口剧增等原因，世界气候面临越来越严重的问题。世界各国开始提倡节能、环保、绿色、低碳的生活理念。低辐射镀膜玻璃因其具有良好的阻隔辐射透过的作用，近年来被广泛运用于建筑领域与汽车领域，可以实现冬暖夏凉，大大减少空调的使用，称为绿色、节能、环保玻璃。

低辐射镀膜玻璃是一种对波长 4. 5～25μm 的红外线有较高反射比的镀膜玻璃。低辐射膜本质上是一种透明导电膜，对可见光有良好的透光性，对中远红外线有很高的反射性。

实训操作

1. 实训目的

通过实战练习帮助学习者熟练掌握数据统计项的提取、数据统计项汇总操作，能够熟练高效地利用 Excel 进行专利数据分析。

2. 实训要求

将学习者分为5～8 人一组，每组选出一名组长，负责组织协调本组学习者各项工作。在实战的过程中，教师要给予建议和指导，并检查各组实战工作的进展和完成情况。(本模块实训与模块 10 实训内容具有延续性。)

3. 实训方法

(1) 回顾模块 6 关于技术主题检索的方法，对低辐射镀膜玻璃技术进行检索，查全率和查准率均要超过 80% 。

(2) 对检索得到的数据进行采集，确定需要提取的数据统计项，并进行数据提取和数据汇总工作，以达到可以据此直接制作各类统计图表的要求。

图表制作篇

模块 10　图表设计与制作

教学目标

知识目标

- 了解专利分析图表类型
- 了解不同图表类型适用的分析主题
- 了解常规图表设计原则

实训目标

- 掌握分析内容与图表设计的关系
- 熟悉图表规范制作的流程

技能目标

- 掌握选择适当图表类型进行分析的能力
- 熟悉常规图表制图的能力
- 掌握常规图表制图规范

模块概述

本模块主要介绍图表类型与选择、常规图表制图规范两个任务。图表类型与选择介绍常规图表类型以及不同分析主题下图表类型的映射关系。常规图表制图规范介绍制图原则以及基本图表制作规范。图表设计与制作是在遵循必要、准确、简洁和清楚原则的基础上，根据数据或观点表达的需要选择或设计最合适的图表表达形式。采用各式各样的图表对专利分析结果进行展示，有助于引导读者快速、准确、直观地接受分析信息。在专利分析研究过程中，图表制作的清晰与准确将直接关系到后续分析的正确与否以及整个专利分析报告的质量，因此图表设计与制作这一环节在专利分析中至关重要。

任务 25　图表类型与选择

图表设计有着自身的表达特性，准确性、可读性和艺术性，尤其对时间、空间等概念的表达和一些抽象思维的表达具有文字和言辞无法取代的信息传递效果，这就是所谓的一图胜千言，利用图表进行数据分析是很重要的一种方式。Excel 提供了多种图表类型，包括柱形图、条形图、饼图、折线图、面积图、圆环图、矩形图、线性进程图、气泡图等，不同的图表有其不同的数据表现张力，下面通过不同表现内容按类介绍图表类型。

一、趋势类图表——折线图、面积图和柱形图

（一）折线图

折线图是以线条与数据标记构成可视化对象的图表类型，以表达数据的整体样貌特征为主，能够表现出数据的整体印象，适用于处理连续性数据的变化关系，或数据随时间推移而产生的变化情况。折线图能够表达的数据关系包括：强调任意两个数据点之间的差距：说明最高与最低数据值之间的差距、与特定值的比较、与平均值的比较等；强调整体趋势：说明整体递增递减的趋势，阶段递增、递减的情形，以及周期性关系；强调时间因素：标示出时间、阶段作用于数据的关系。

（1）多折线图（如图10-1所示）。

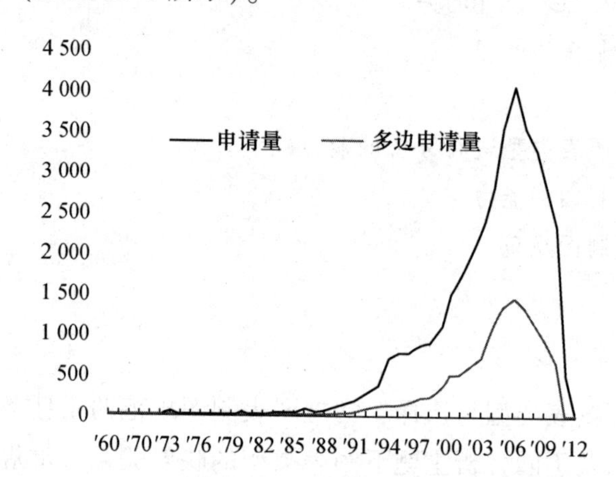

图10-1　某领域专利申请量及多边申请量发展趋势

（2）系列折线图（如图10-2所示）。

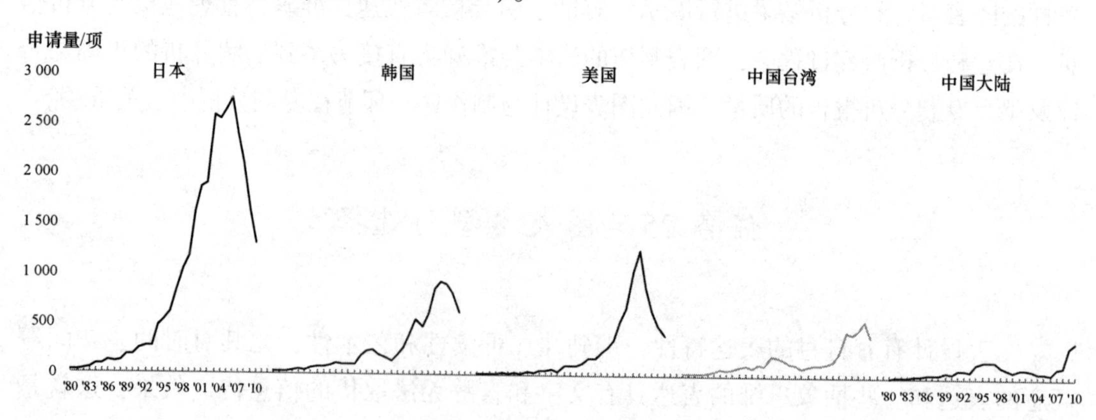

图10-2　某领域在主要国家/区域申请量发展趋势

（二）面积图

面积图与折线图非常相似，同样多用于表现时间序列的变化，由于在折线下方的区域中填充了颜色，因此不仅能反映出数据的变化趋势，还利用折线与坐标轴围成的图形来表现数据的累积值，面积图所提供的色彩丰富的可视显示也有助于更清楚地区分数据。根据表现形式，面积图可分为单一面积图和多面积图，分别用于表现单项数据和多项数据的变化趋势，其中多面积图又分为重叠面积图和堆积面积图。

（1）单一面积图（如图 10-3 所示）。

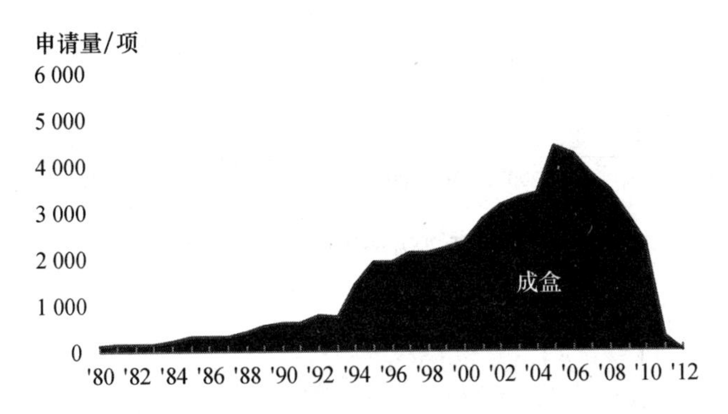

图 10-3　成盒技术 1980—2012 年全球专利申请量

（2）多面积图（如图 10-4 所示）。

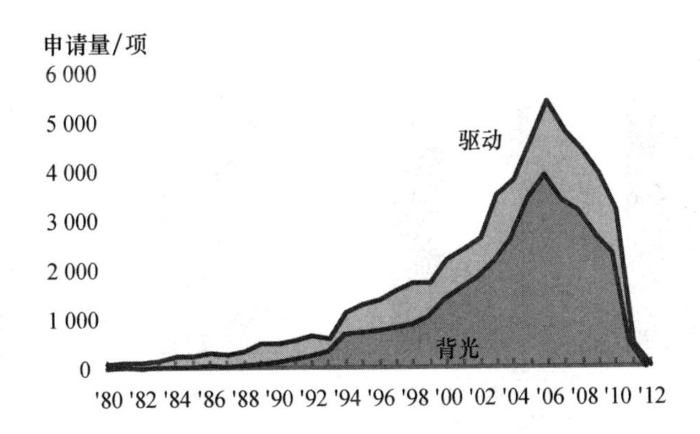

图 10-4　驱动技术和背光技术 1980—2012 年专利申请量年度变化情况

注意：在重叠型面积图的情况下，数值较小的数据系列可能会完全或部分地隐藏于数值较大的数据系列后面，此时可通过设置透明度的方式，使较小值数据系列透过前面的较大值数据系列，显示出完整形状。

（三）柱形图

柱形图用于显示一段时间内的数据变化或显示各项之间的比较情况。柱形图的形态有很多，其中单系列柱形图应用最为广泛，此外还有簇状柱形图、堆积柱形图和百分比堆积柱形图。

（1）单系列柱形图（如图 10-5 所示）。

单系列柱形图展示的数据关系可以大体分为两类：一类用于显示一段时期内的数据变化（通常沿横轴组织时间，沿纵轴组织数值）；另一类用于表示同类事物之间的比较（通常沿横轴组织类别，沿纵轴组织数值）。

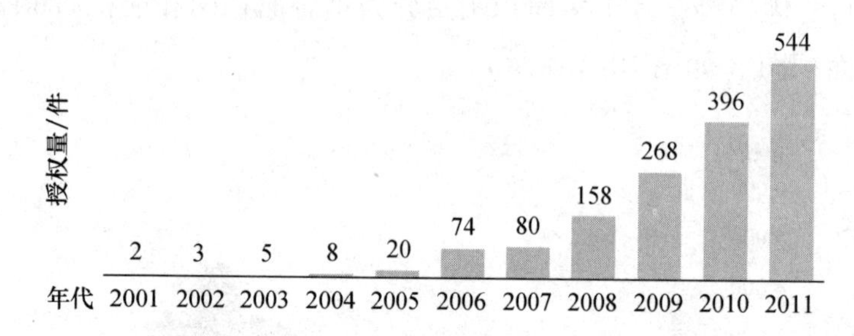

图 10-5 某领域 2001—2011 年授权量变化趋势

（2）簇状柱形图（如图 10-6 所示）。

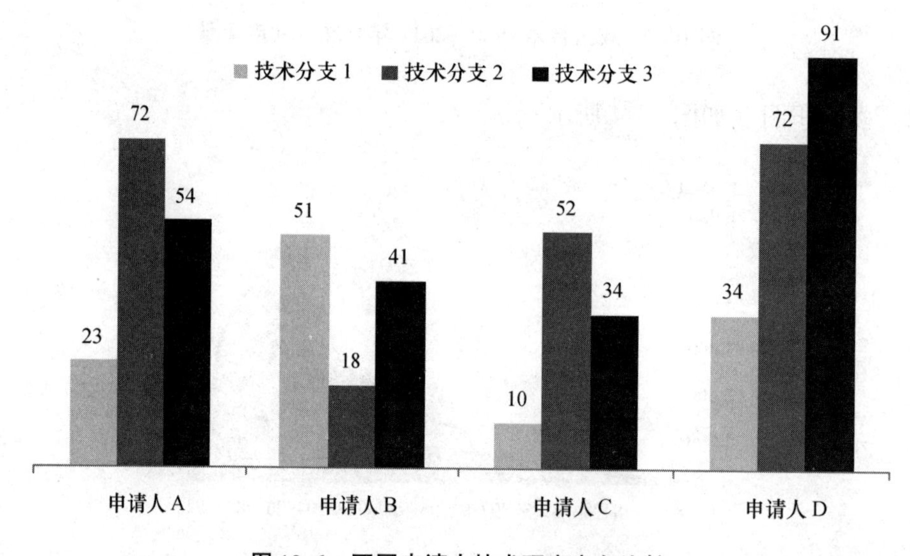

图 10-6 不同申请人技术研究方向比较

（3）堆积柱形图（如图 10-7 所示）。

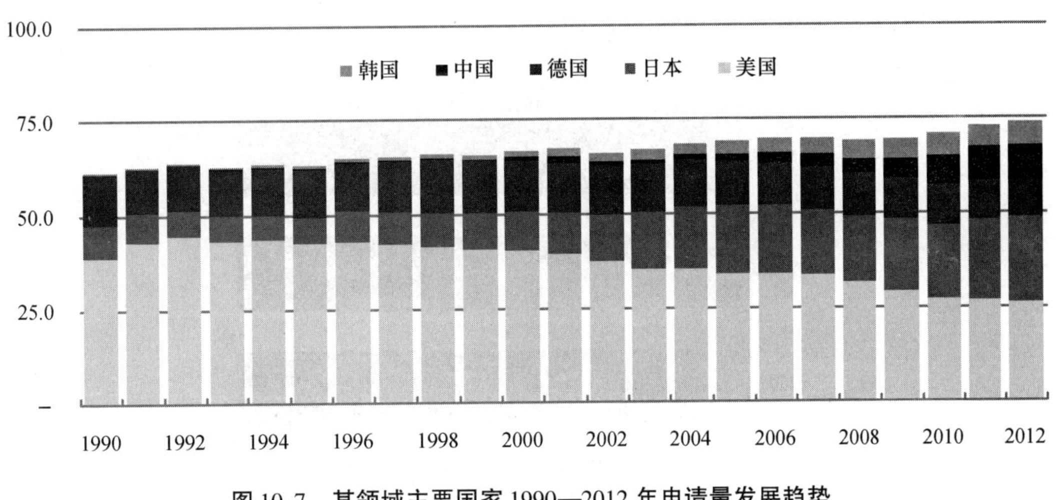

图 10-7　某领域主要国家 1990—2012 年申请量发展趋势

（4）百分比堆积柱形图。

当有三个或更多数据系列并且希望强调各个类别所占总数值的百分比时，尤其是总数值对每个类别都相同或不强调总数值之间的不同时，可以使用百分比堆积柱形图。

二、比较类图表——条形图和柱形图

条形图是用长短不同的直条表示数量多少的图表类型，主要用于表达个体数据，适用于非连续性数据之间的比较。条形图一般用于不同项目/类别或不同时间段的数据比较，其中单系列条形图应用最为广泛，此外还有百分比条形图、比较条形图。百分比条形图表示不同项目/类别的个体数据占总量的百分比。比较条形图，也称对称条形图、双向条形图，是将两组条形图结合使用的图表类型，用于两个系列对应指标的比较，每一组条形图对应一个系列，每组条形图中的各个条形表示不同指标。

（一）条形图

（1）单系列条形图（如图 10-8 所示）。

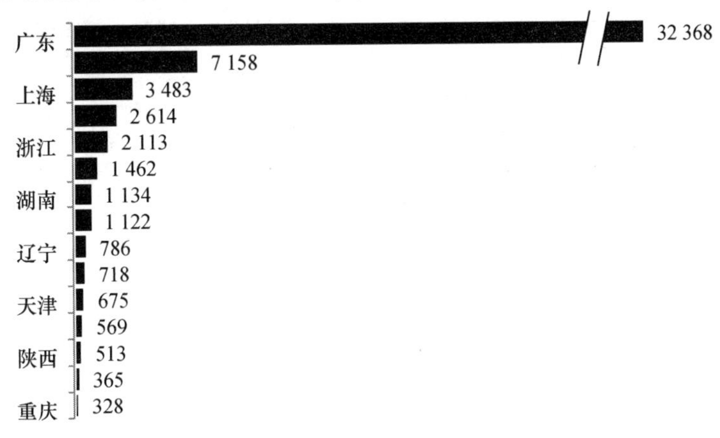

图 10-8　某领域主要省市申请量统计

（2）百分比条形图（如图 10-9 所示）。

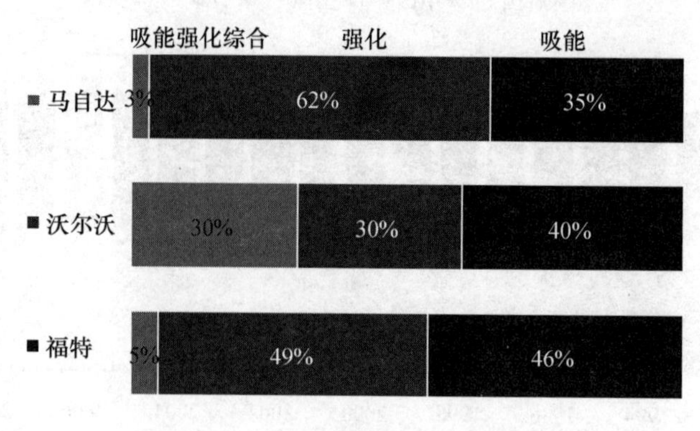

图 10-9 三个主要申请人的技术分布

（3）比较条形图（如图 10-10 所示）。

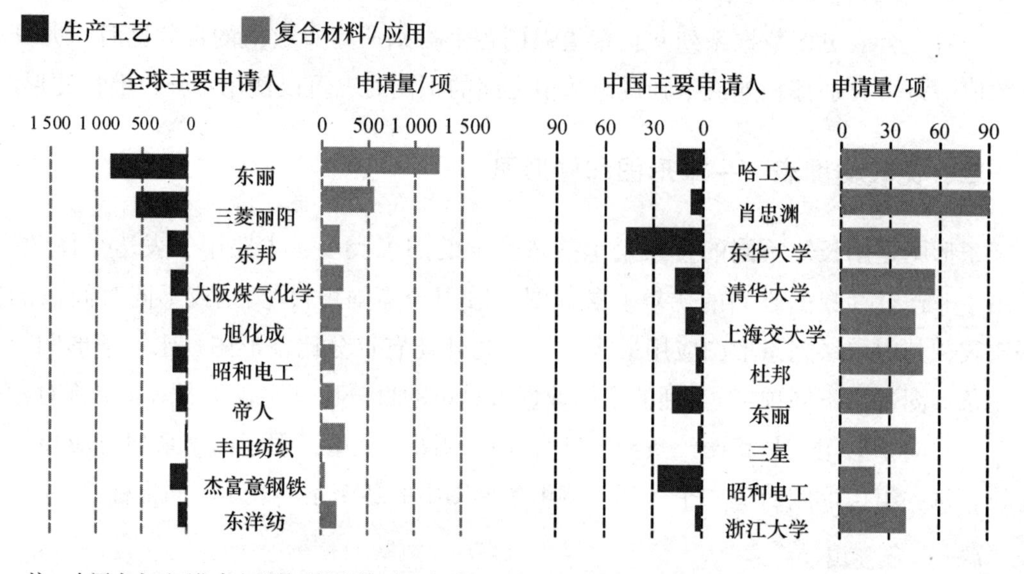

注：本图由上至下代表专利总量排名前 10 的申请人。

图 10-10 主要申请人生产工艺和复合材料/应用领域全球和中国申请量比较

柱形图将在趋势类图表中已介绍，此处不再赘述。

三、份额类图表——饼图、环图、矩形树图

（一）饼图

饼图是由圆和圆内划分的扇区构成可视化对象的图表类型。表达构成总体的个体数据百分比，能够表示出不同项目/类别占总量的百分比，适用于表达个体和总量的占比关系以及个体之间的对比。饼图的各个扇区通常用于表示各个项目/类别占总量的百分比。饼图示例如图 10-11 所示。

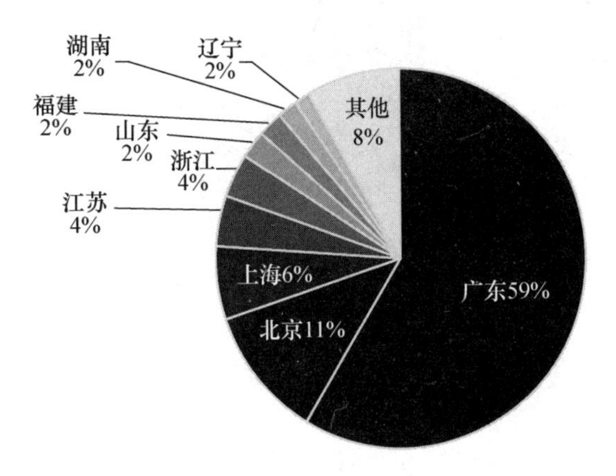

图 10-11　某领域全国主要省市 2008—2011 年申请量占比

（二）环图

环图是饼图的变形，其数量表达关系与饼图类似，环图包括单环图和多环图，多环图是在单环图的基础上进一步展示多个层级项目/类别所占的百分比。在多环图中，最内层的环为第一级项目/类别，次内层的环为第一级项目/类别分解后的二级项目/类别，依次类推。

（1）单环图（如图 10-12 所示）。

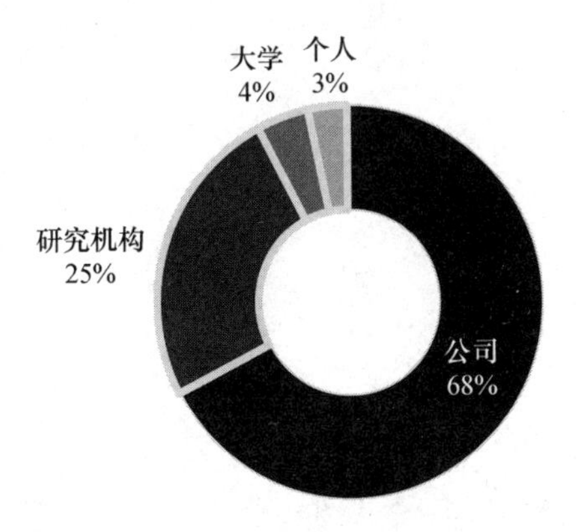

图 10-12　某一领域内申请人类型分布图

（2）多环图（如图 10-13 所示）。

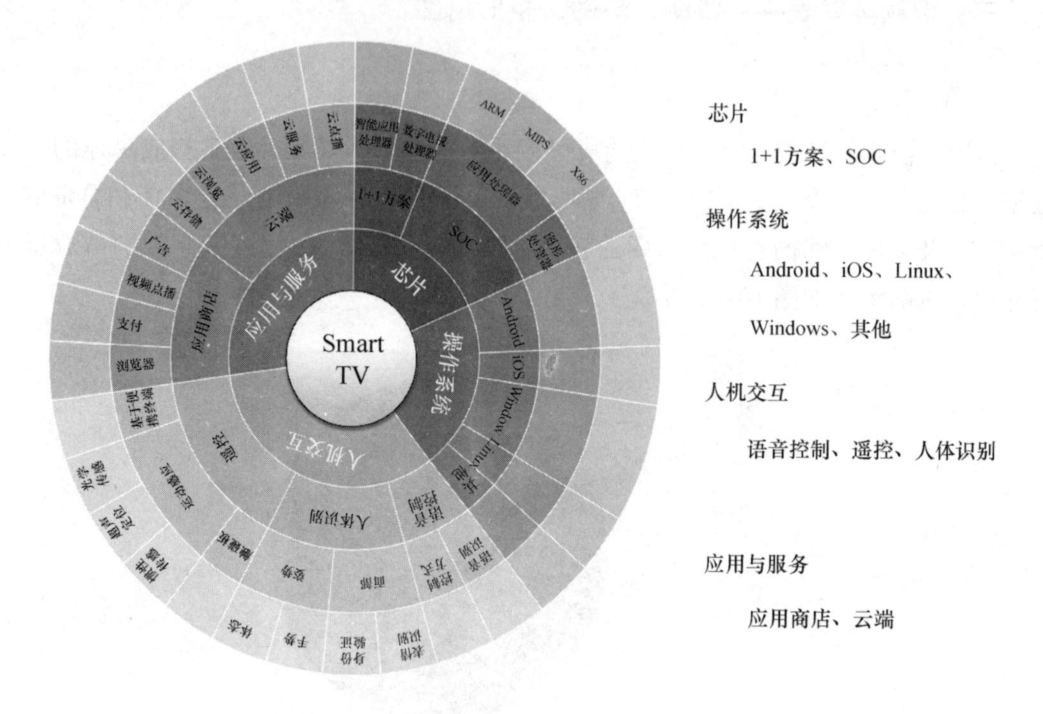

图 10-13　智能电视技术分解图

（三）矩形树图

矩形树图又叫作矩阵式结构图，是由矩形嵌套矩形构成可视化对象的图表类型，以表达构成总体的个体数据为主，适用于表示总体的构成及构成总体的个体的数量以及个体之间数据的比较。矩形树图用矩形面积大小表示各个项目/类别的具体数量。矩形树图示例如图 10-14 所示。

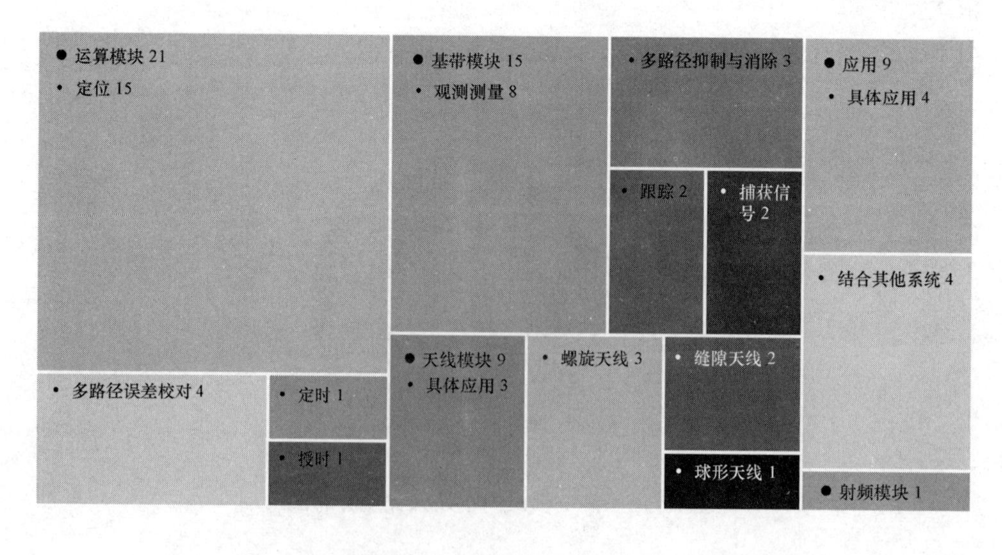

图 10-14　诺瓦泰公司全球专利申请技术分支布局

四、流程类图表——线性进程图

线性进程图是以时间为轴表达单一事件进程的图表类型。线性进程图的可视化形式并不固定，但一般要含有时间及重要时间节点上所发生的事件两个因素。

线性进程图示例如图 10-15 所示。

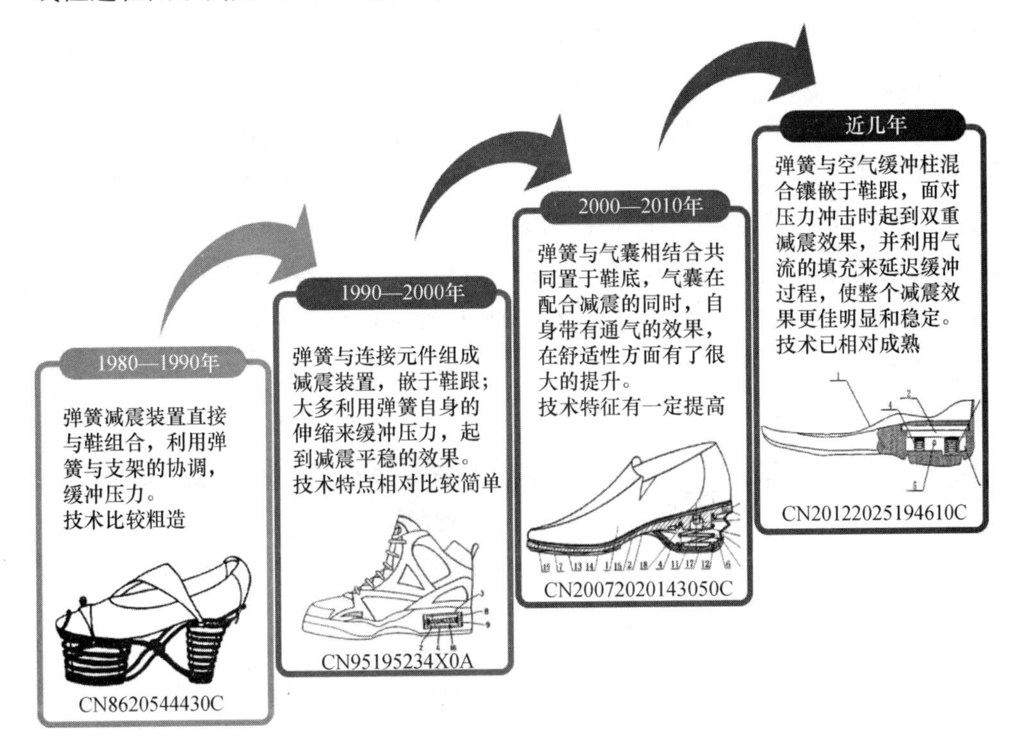

图 10-15　**弹簧减震鞋核心技术发展路线**

五、表格结合迷你图

表格结合迷你图是由表格与迷你图构成可视化对象的图表类型。其中，迷你图是对表格内数据的图形展示，进一步加强读者对于数据的理解。通常情况下，迷你图是对所在行或列数值的图形表达。

表格结合迷你图示例如图 10-16 所示。

	2010	2011	2012	2010	2014	趋势图1	趋势图2
申请人A	14	25	37	51	65		
申请人B	118	55	35	69	62		
申请人C	42	42	79	37	73		
申请人D	86	82	66	105	43		
申请人E	23	81	22	104	22		
申请人F	223	106	58	278	48		
申请人G	170	57	202	182	148		
申请人H	177	107	189	127	38		

图 10-16　**主要申请人 2010—2014 年申请量发展趋势**

六、组合图表

有时为了分析一个完整的主题，需要将多个图表组合在一起，这类属于组合图表，亦可称为图表故事板。组合图表的制作在于对分析主题的深刻理解，对关键信息的准确把握，以及专业的设计思路和规范。

例如，在专利分析中，当想了解专利来源与流向问题时，需要了解来源国构成、各国技术构成、各国申请趋势、目的地分布等信息。若独立绘制涉及上述分析的图表，并单独分析，学习者阅读时视线跳跃，且不能清晰了解整个问题的全貌。此时，可以将涉及上述分析的图表按一定顺序排列，学习者只需读该图表故事板，就能清晰了解专利来源与流向的基本情况，如图 10-17 所示。

来源国的构成主要是表达有哪些国家以及各个国家专利申请所占全球的份额，则需要用饼图或环形图表示；各个国家的技术构成之间的比较利用堆积条形图实现；各国申请趋势则采用折线图；而对于技术输入和输出的流向利用气泡图实现。

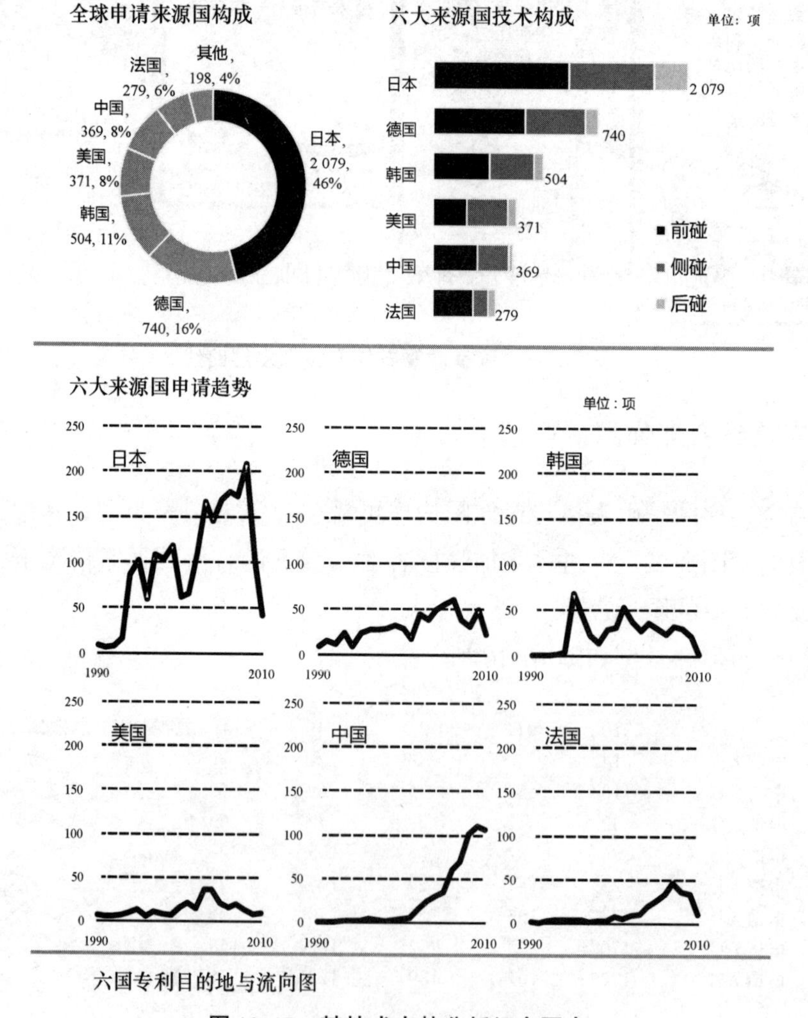

图 10-17　某技术态势分析组合图表

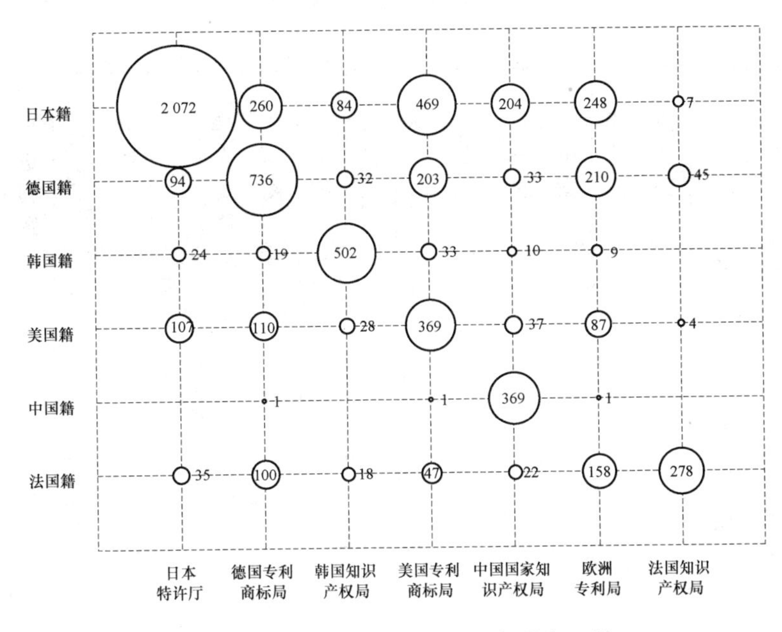

图 10－17　某技术态势分析组合图表（续）

七、图表选择

很多图表类型本身的表现能力是相似的，但由于数据差异、表现需求和个人喜好的不同导致最终图表所呈现的张力大不一样。因此，利用图表进行专利分析时理解图表的用途，正确地选择和设计图表，进而准确地表达数据和信息非常重要。对于申请态势主题分析，例如申请量/授权量/有效量随时间的变化趋势可以采用趋势类图表，技术构成、地域分布、申请人排名可以采用比较类图表和份额类图表展示。技术分析维度中的技术功效分析采用关联类图表展示，技术路线采用流程类图表展示。表 10-1 给出了专利分析各个主题适合采取的分析图表类型。

表 10-1　专利分析主题与图表类型映射

分析维度	分析主题	折线图	面积图	柱形图	条形图	饼图	环形图	矩形树图	散点图	气泡图	力导布局图	弦图	实物图	地图	线性进程图	泳道图	地铁图	系统树图
专利数量统计	申请量态势	■	■	■														
	技术构成			■	■	■	■	■										
	区域分布			■	■									■				
	申请人排名			■	■			■										

续表

分析维度	分析主题	折线图	面积图	柱形图	条形图	饼图	环形图	矩形树图	散点图	气泡图	力导布局图	弦图	实物图	地图	线性进程图	泳道图	地铁图	系统树图
申请主体分析	研发团队																	
	专利技术合作																	
	诉讼专利																	
	企业并购																	
专利技术分析	技术功效																	
	技术路线																	
	重点产品																	

上述常规图表利用Excel即可实现，此外，线性进程图、泳道图、地铁图、系统树图可以借助PPT或者Visio实现，力导布局图、弦图等可以通过ECharts等相关工具实现。

技能训练10-1

构建图表故事板时，可以从发展趋势、技术发展路线、主要市场主体、主要发明人、技术功效图几个维度考虑。

训练要求 以小组为单位，以“弹簧减震鞋”为例，参照给出的组合图表制作一个图表故事板。

任务26 常规图表制图规范

一、图表设计原则

优秀的专利分析图表并不是选择正确的图表模板这样简单，而要在选择正确图表的基础上利用专业的视角以及一种更加有助于理解和引导的方式去设计图表表达信息，尽可能减少用户获取信息的成本。本任务中主要介绍对比和简约两个基本原则。

（一）对比

对比是为页面增加视觉效果的有效途径之一，能在不同元素之间建立一种有组织的层级结构关系。对比的基本思想是要避免画面上的元素过于相似，通过页面上元素（字体、颜色、大小、线宽、形状、空间等）的不同，形成对比，从而突出想要表达的重点信息，图 10-18 中用颜色突出技术分支 1 所占的比例。

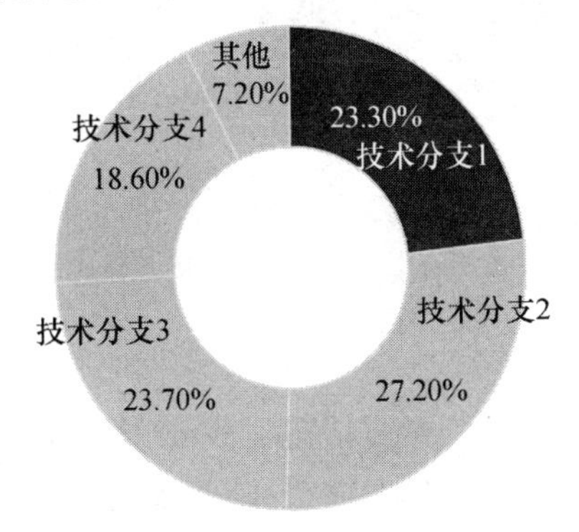

图 10-18　某领域各技术分支申请量占比

（二）简约

按照最大数据墨水比原则[①]（含义是一幅图表的绝大部分笔墨应该用于展示数据信息，数据墨水比 = 图表中用于数据的墨水量/总墨水量）。一幅图表中曲线、柱形、条形、扇区等代表数据信息，而网格线、坐标轴、填充色等属于非数据信息，在表达含义清楚的情况下可以去除掉。

案例展示 10-1

分析某领域从 1986 年至 2012 年申请量，以三年为时间段进行申请量变化趋势。

本例中对不同段内的申请量变化加以分析，突出各段之间数量的比较，并表现整体的变化趋势，因此选择柱形图，在图表绘制时以简约为基本原则，去掉图中的无用信息，仅保留柱形图和数据标签（如图 10-19 所示）。

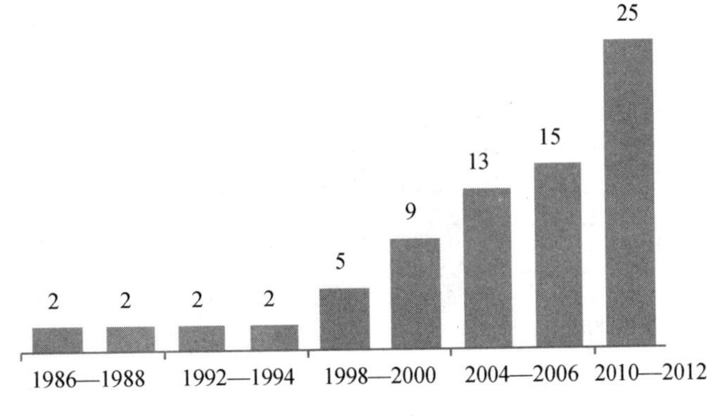

图 10-19　某领域专利申请量发展趋势

① 刘万祥 . Excel 图表之道［M］，北京：电子工业出版社，2012.

二、常规图表制图规范

（一）基本规范

（1）选对图表类型。

（2）简洁易读。

（3）信息完整。

专利分析图表应当完整清晰地表达信息，一般基本要素包括：标题、图例、坐标轴、单位。标题应当完整、撰写规范，通常由“技术领域 +（时间）+地区/申请人+分析内容”元素构成，如图 10-20 所示，视具体情况某些元素可省略。

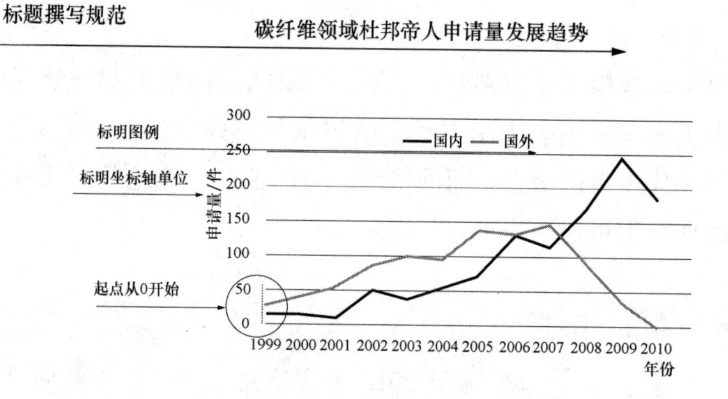

图 10-20　碳纤维领域杜邦帝人申请量发展趋势

（二）柱形图和条形图制图规范

（1）标签不倾斜，同一数据序列用相同颜色（如图 10-21 所示）。

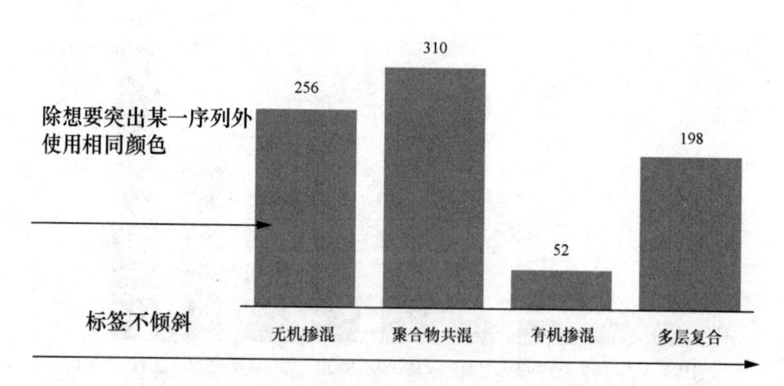

图 10-21　高性能纤维技术分支申请量分布

（2）坐标轴从零开始（如图 10-22 所示）。

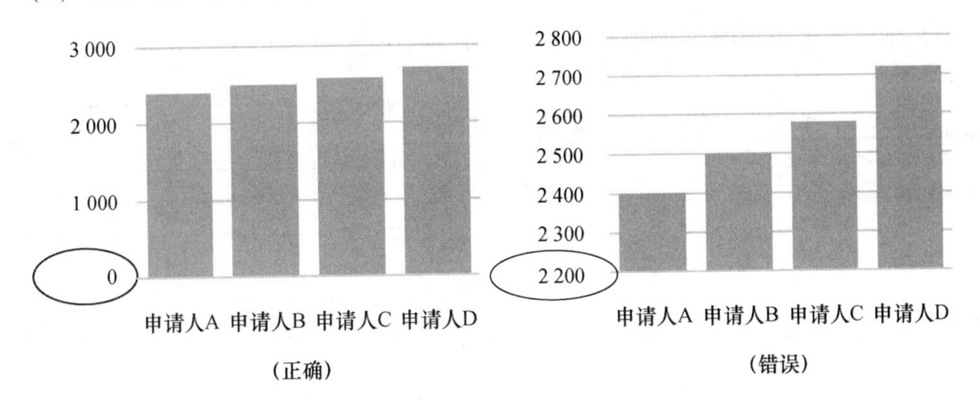

图 10-22 某领域主要申请人申请量比较分析（一）

（3）柱形或条形的宽度要大于柱或条之间的间距（如图 10-23 所示）。

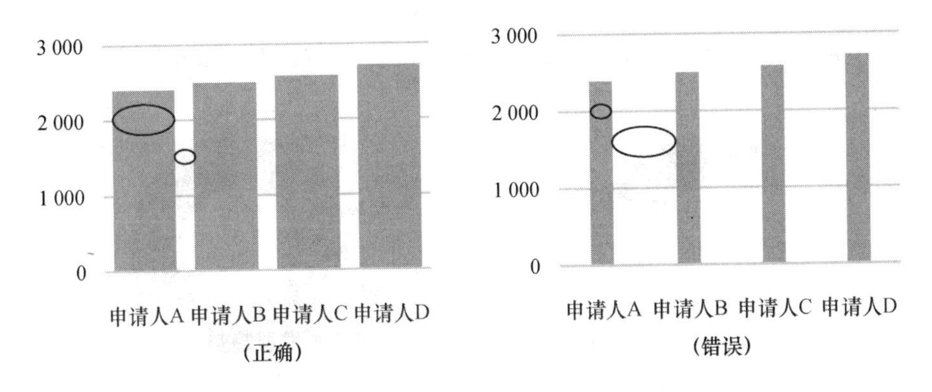

图 10-23 某领域主要申请人申请量比较分析（二）

（4）数据较大时最大数据截断显示（如图 10-24 所示）。

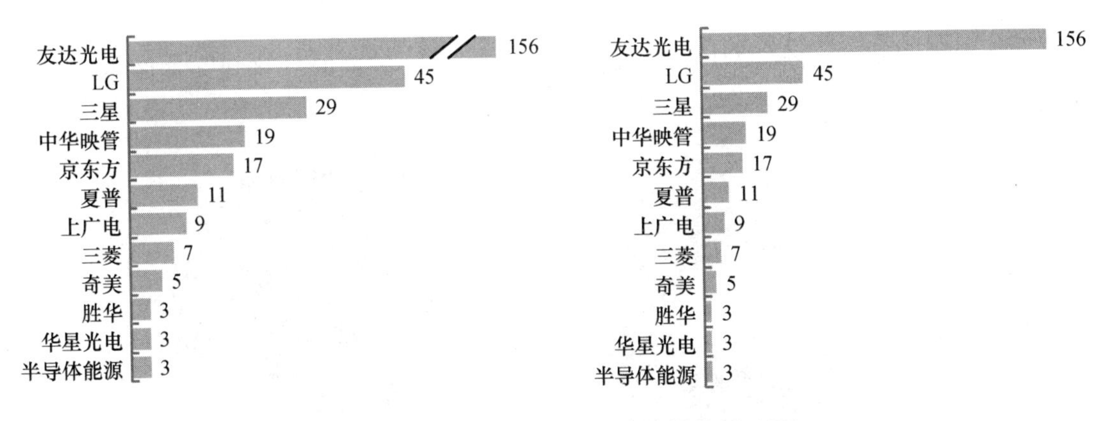

图 10-24 某领域主要申请人申请量分析（三）

（三）折线图规范

折线条数5条以上时，采用系列组图（如图10-25所示）。

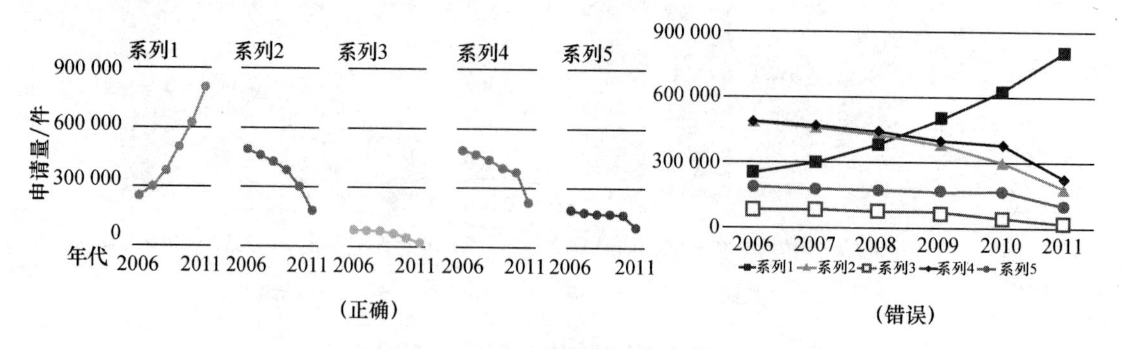

图10-25　某领域不同系列申请量发展趋势（四）

（四）饼/环图规范

（1）分类多于6个时，用“其他”汇总6个以上的类别（如图10-26所示）。

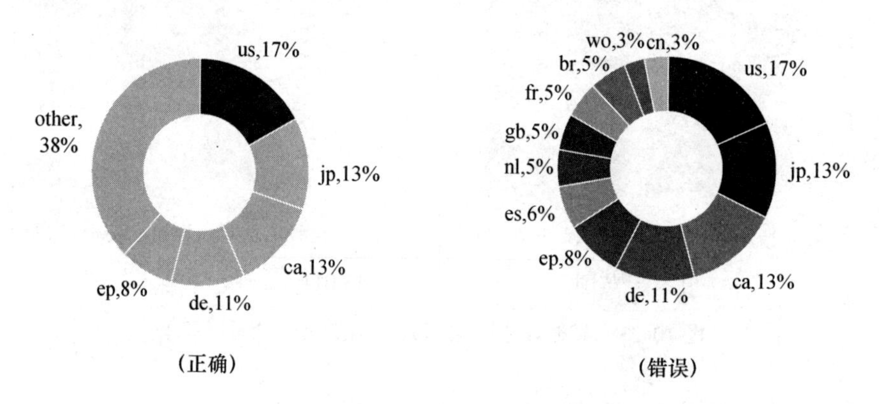

图10-26　某领域不同国家/区域申请量占比

（2）各类别百分比按照从大到小的顺序从12点位置顺时针排列（如图10-27所示）。

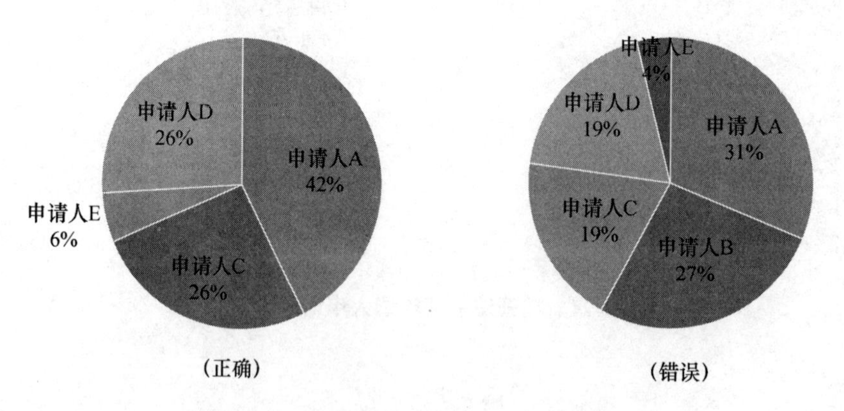

图10-27　某领域主要申请人申请量占比

(3) 不使用爆炸饼图，突出重点时最多分离一个列别（如图 10-28 所示）。

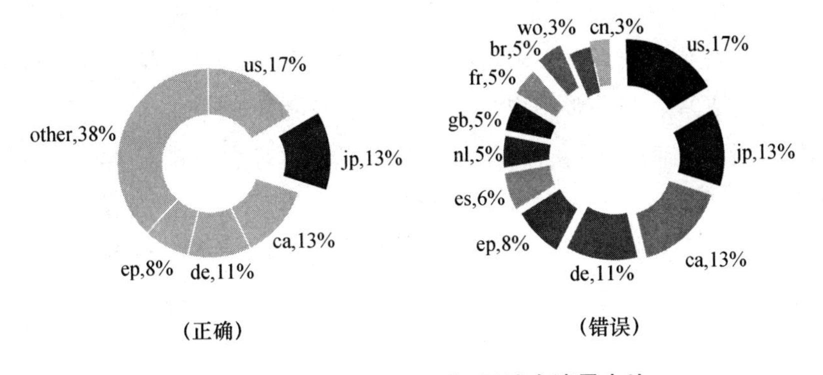

图 10-28　某领域不同国家/区域申请量占比

案例展示 10-2

某领域首次申请国分析

经过处理之后所得到的数据是在某领域各个国家的申请量情况，数据列表如下：

国别	申请量
美国	37 000
英国	13 011
德国	14 707
法国	11 940
俄罗斯	8 237
日本	8 880
巴西	4 453
阿根廷	1 767
南非	197
印度	3 003
中国	1 063
澳大利亚	3 783
其他	4 568

为了比较各个国家申请量的多少，最容易想到的是采用数据统计类的图表：条形图、饼状图来表示。采用条形图能够将所有的国家排列在条形图的类别里面，学习者可以从条形图中看到哪几个国家的申请量较多，需要时也能看到具体的申请量数值。采用饼状图来展现数据，学习者不仅能够看到哪些国家申请量较多，还能从饼状图的面积中看出各国申请量占总申请量的比例情况。也就是说，条形图和饼状图能够展现我们需要展现的前两项数据，即主要的申请国家或地区、各个国家或地区的具体申请量数据（如图 10-29 所示）。

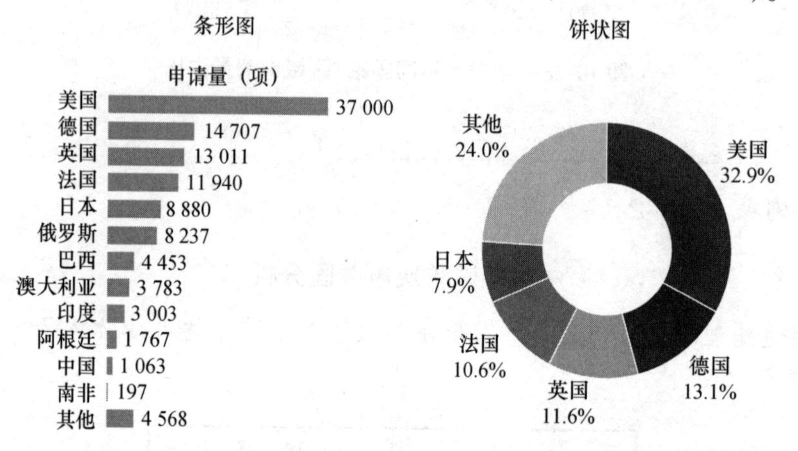

图 10-29　某领域主要国家申请量统计和主要国家申请量占比

案例展示 10-3

某领域专利申请流向情况

在研究某领域的区域分析的时候，分析了主要的技术输出国和主要的目标市场的情况，得到如下表所示数据。

技术输出国	受理局				
	中国国家知识产权局	美国专利商标局	欧洲知识产权局	日本特许厅	韩国知识产权局
中国籍	576	8	5	8	0
美国籍	363	2106	1075	721	249
欧洲籍	210	608	1272	482	146
日本籍	143	248	241	2154	118
韩国籍	35	50	37	42	366

上表可以清楚地表示出数据流向，但是要想使数据更加直观，还可以借助于气泡图，气泡的大小更加直观地表示出申请量的比较。

气泡图的制图方法如下。

(1) 构建坐标系。

由于技术功效数据表格中没有横纵坐标，因此需要人为建立横纵坐标系，如图 10-30 第一列的横轴坐标均为 1，第二列均为 2，依次类推。纵轴坐标均为“12345”。

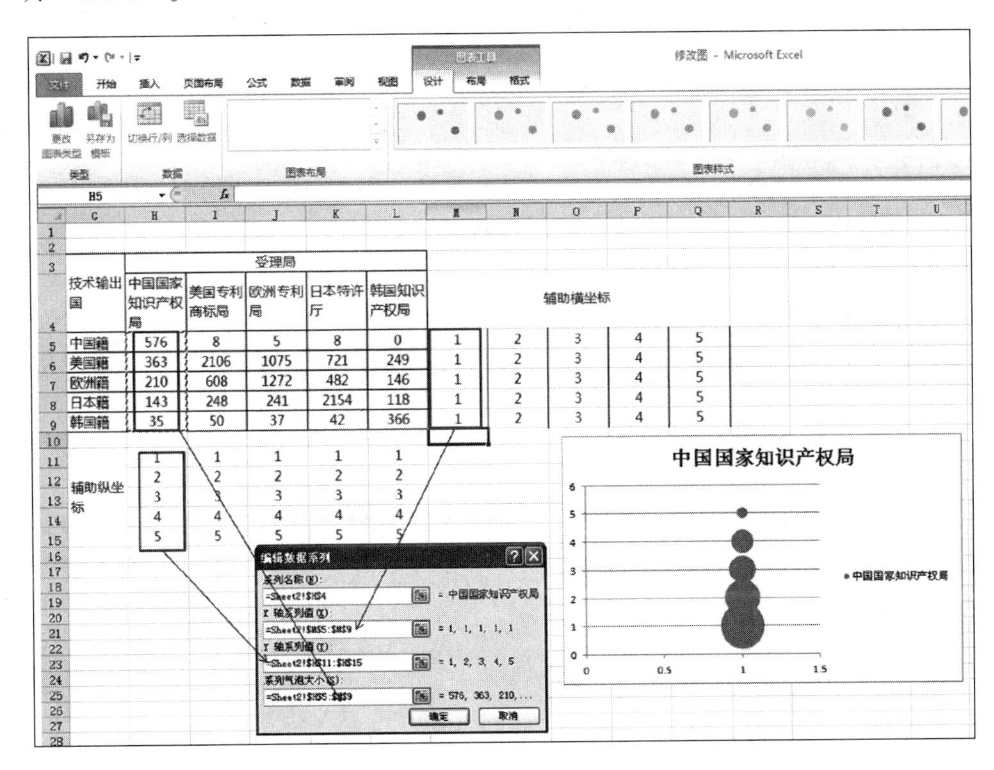

技术输出国	受理局 中国国家知识产权局	美国专利商标局	欧洲专利局	日本特许厅	韩国知识产权局	辅助横坐标				
中国籍	576	8	5	8	0	1	2	3	4	5
美国籍	363	2106	1075	721	249	1	2	3	4	5
欧洲籍	210	608	1272	482	146	1	2	3	4	5
日本籍	143	248	241	2154	118	1	2	3	4	5
韩国籍	35	50	37	42	366	1	2	3	4	5
辅助纵坐标	1	1	1	1	1					
	2	2	2	2	2					
	3	3	3	3	3					
	4	4	4	4	4					
	5	5	5	5	5					

图 10-30　构建坐标系

(2) 插入系列。

插入气泡图，选择数据，添加系列 1，x 轴坐标系选择五个 1 所在单元格，y 轴坐标系选择 12345 所在单元格，气泡大小选择表内第一列数值，单击“确定”生成该系列气泡。

(3) 设置坐标系。

更改 x 轴坐标系，使其最大值为数据表格中的列数，主要刻度单位设置为 1，如图 10-31 所示。

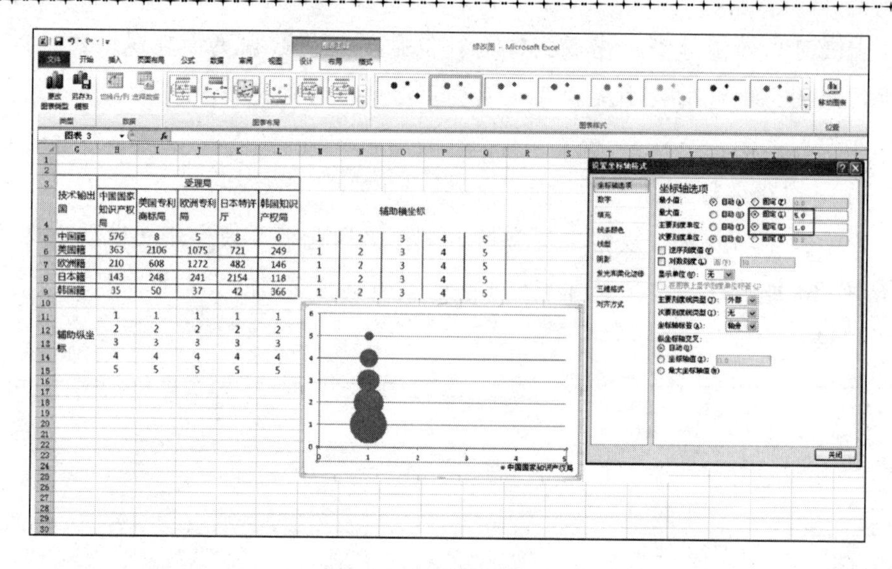

图 10-31　设置坐标系

（4）添加技术分支和技术功效。

删除气泡图的横纵坐标值，然后利用插入文本框的形式插入各个技术分支和技术功效，添加数据标签，设置数据标签值为气泡大小，最后根据配色方案设置气泡颜色，完成气泡图的制作。

还可以利用气泡图对坐标的识别特性，构建如图 10-32 所示的坐标，插入气泡图，在“选择数据”下切换行列，直接生成气泡图（系统默认生成多种颜色的气泡）。

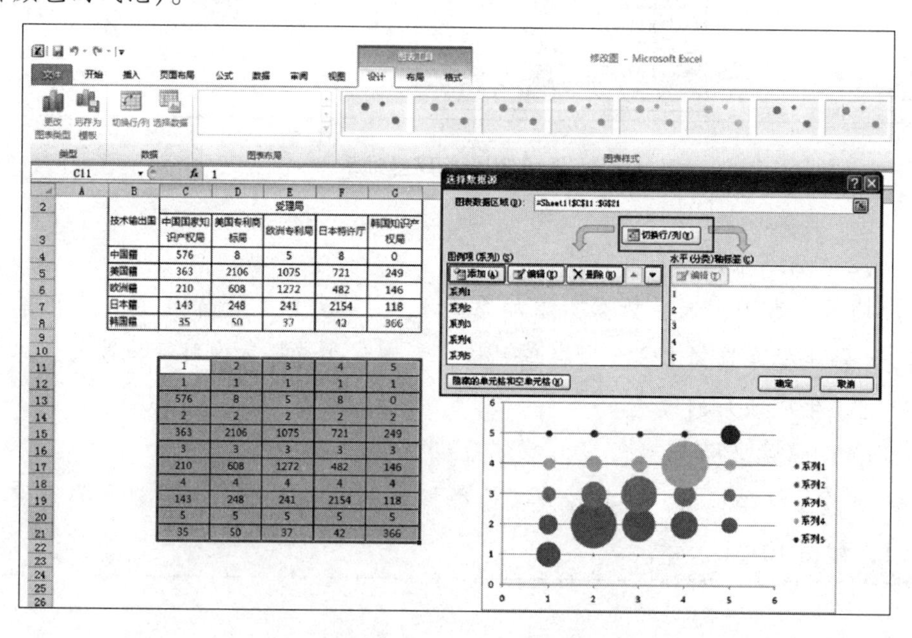

图 10-32　添加技术分支和技术功效

技能训练 10-2

智能电视领域申请总量以及四个技术分支的申请量如下表所示。

总量	19 991
芯片	6 002
操作系统	4 126
人机交互	6 992
应用	2 871

该领域内主要申请人各技术分支的申请量如下表所示。

主要申请人	操作系统	芯片	人机交互	应用
索尼	304	636	448	87
松下	165	772	347	49
三星	192	117	223	45
LG	174	108	218	60
微软	180	14	125	95

训练要求　以小组为单位，按照上表中的数据，分析该领域内主要申请人的技术布局。考虑分析过程中如何设计表现图形。

知识训练

一、选择题（不定项选择）

1. 数据趋势类分析图表展现形式可以是（　　）。

   A. 柱形图　B. 条形图　C. 气泡图　D. 折线图

2. 表示数据构成关系时，例如不同级别的技术分解，可以采用（　　）展示。

   A. 表格　B. 多重环形图　C. 系统树图　D. 鱼骨图

3. 技术分支和技术功效可以通过（　　）图表进行分析。

   A. 二维数据表格　B. 气泡图　C. 矩形树图　D. 条形图

4. 进行申请人申请量统计时，需要（　　）数据展现形式。

   A. 柱形图　B. 条形图　C. 饼图　D. 散点图

5. 进行区域排名统计时，需要（　　）数据展现形式。

   A. 柱形图　B. 条形图　C. 地图　D. 散点图

6. 技术生命周期图，一般选用（　　）展现形式。

A. 曲线图 B. 散点图 C. 折线图 D. 气泡图

7. 进行两个主要申请主体技术分布分析时，可以采用（ ）展现形式。

A. 比较条形图 B. 堆积柱形图 C. 气泡图 D. 饼图

8. 进行发明人研发生命线的展示时，可以采用（ ）展现形式。

A. 条形图 B. 柱形图 C. 滑珠图 D. 饼图

9. 进行研发团队研发合作关系展示时，可以采用（ ）展现形式。

A. 力导布局图 B. 和弦图 C. 气泡图 D. 柱图

10. 侵权诉讼关系图可以用（ ）来表现。

A. 线性进程图 B. 地铁图 C. 和弦图 D. 力导布局图

二、判断题

1. 为了图表展现美观，可以用多种色彩美化，无须考虑简洁。（ ）
2. 进行分析报告撰写时，尽量用三维图表，看起来更漂亮。（ ）
3. 为了突出数量级，柱形图纵轴可以从非零处开始显示。（ ）
4. 当数据很多时，横坐标轴的坐标可以倾斜或者垂直显示。（ ）
5. 柱形或条形的宽度要大于柱或条之间的间距。（ ）
6. 折线条数 5 条以上时，建议采用系列组图的形式。（ ）
7. 饼图/环图中的份额超过 6 个时，最好用“其他”表示小份额的汇总。（ ）

三、简答题

1. 故事板即组合图表适合于分析什么内容？
2. 什么情况下适用于小而多的系列组图？
3. 研发团队分析可以用哪些图表来实现？
4. 用地图表达区域专利申请分布时有哪些实现形式？

综合实训

由于世界工业经济发展、人口剧增等原因，世界气候面临越来越严重的问题。世界各国开始提倡节能、环保、绿色、低碳的生活理念。低辐射镀膜玻璃因其具有良好的阻隔辐射透过的作用，近年来被广泛运用于建筑领域与汽车领域，可以实现冬暖夏凉的功能，大大减少空调的使用，称为绿色、节能、环保玻璃。

低辐射镀膜玻璃是一种对波长 4.5～25 μm 的红外线有较高反射比的镀膜玻璃。低辐射膜本质上是一种透明导电膜，对可见光有良好的透光性，对中远红外线有很高的反射性。

实训操作

1. 实训目的

通过实战练习帮助学习者熟练掌握数据统计项的提取、数据统计项汇总操作，能够熟练高效地利用Excel进行专利数据分析。

2. 实训要求

将学习者分为5～8人一组，每组选出一名组长，负责组织协调本组学习者各项工作。在实战的过程中，教师要给予建议和指导，并检查各组实战工作的进展和完成情况。(本模块实训与模块9实训内容具有延续性。)

3. 实训方法

(1) 回顾模块4关于专利技术分解的方法，构建低辐射镀膜玻璃技术的技术分解表。

(2) 对模块8实训得到的数据进行技术分支和功能效果标引。

(3) 制定初步框架，根据分析目的的不同完成图表制作。

模块 11　分析图表解读

教学目标

知识目标

- 了解不同类型分析图表的解读差异

实训目标

- 熟悉图表信息的深度挖掘

技能目标

- 掌握多层次解读图表的能力

模块概述

本模块主要介绍趋势类图表、技术类图表和关系类图表三类图表的解读方法。其中，趋势类图表解读侧重于表征某种分布、趋势、比例构成等信息，以获悉所关心对象的分布、发展趋势、主要参与者等重要信息。技术类图表解读聚焦于技术本身及其发展，有利于快速了解专利技术的发展历史、重点专利技术、技术关联关系等。关系类图表解读重点在于获悉研究对象之间的"相互关系"，关系类图表往往是综合性图表，其传达的信息通常都比较丰富。通过解读分析图表，能够更好地呈现专利分析中的增值信息，更高效地展现专利分析成果。

任务 27　趋势类图表解读

趋势类图表是专利分析图表中最为常见的类型之一，通过趋势类图表，用户可以快速把握所关心目标对象的整体情况。

> **案例展示 11-1**
>
> 图 11-1 是一个典型的趋势类图表，其展示的是汽车碰撞安全专利技术在全球和中国的发展情况，对检索获得的相关专利数据进行分析，并绘制得到其整体态势分布图。

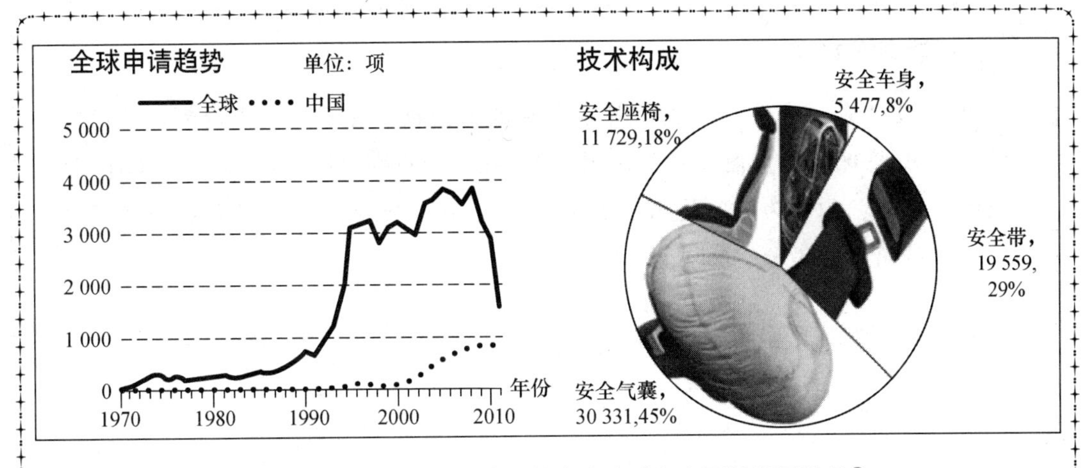

图 11-1 汽车碰撞安全专利技术在全球和中国的发展情况①

分析提示：

对该图的解读显然不能够仅止于几个增长节点的发现，还应该结合相应于节点所处时间段的技术、社会和企业发展背景等信息，深入挖掘其增减的背后原因。例如，对于汽车碰撞安全技术，大致分为图中所示的三个阶段：1970 年以前阶段、1971—1994 年阶段和 1995 年至今的阶段。

通过分析发现，在第一个发展阶段，由于汽车碰撞安全技术尚未引起足够重视，因此这一时期有关汽车碰撞安全的专利申请相对较少。而实际上，尽管汽车已经出现了一百多年，但直到 1951 年才出现奔驰公司第一项涉及汽车碰撞安全的开创性专利（专利公告号：DE854157C），专利申请数量之后虽然增长，但增速很慢，1964 年的申请量仅为个位数，到 20 世纪 70 年代申请量也才几十项。

按照类似的逻辑分析，可以发现，在第二个阶段（1971—1994 年），随着汽车技术快速发展，各国的碰撞法规日趋完善，人们对汽车碰撞安全越来越重视，各个汽车公司投入人力和财力去研发新的安全技术，提供更好的汽车安全性，汽车碰撞安全的专利申请稳步增加。等到了第三个阶段（1995 年至今，平稳发展期），人们对汽车碰撞安全的认识已经非常充分，汽车碰撞安全在技术上也趋于成熟。发达国家（主要是美国、欧洲和日本）的汽车消费市场已经达到相对稳定的状态，专利申请数量呈现缓慢增加状态。但同时期，随着中国改革开放的推进和市场经济的迅猛发展，中国作为巨大汽车消费市场已经逐渐显现，世界许多汽车企业把工厂和研发机构转移到中国，导致中国的专利申请量不断增加。这个趋势在图中也得到了充分反映。

---

① 杨铁军．产业专利分析报告［M］．第 9 册．北京：知识产权出版社，2013.

技能训练 11-1

图 11-2 是一个典型的关于某市发明专利授权、发明专利申请和相应时间段内 GDP 情况的趋势图。对于该图，其要传达的核心信息是，该市的 GDP 增长极为迅猛，但作为表征技术创新能力的发明专利授权和发明专利申请量并没有保持同步的增长。

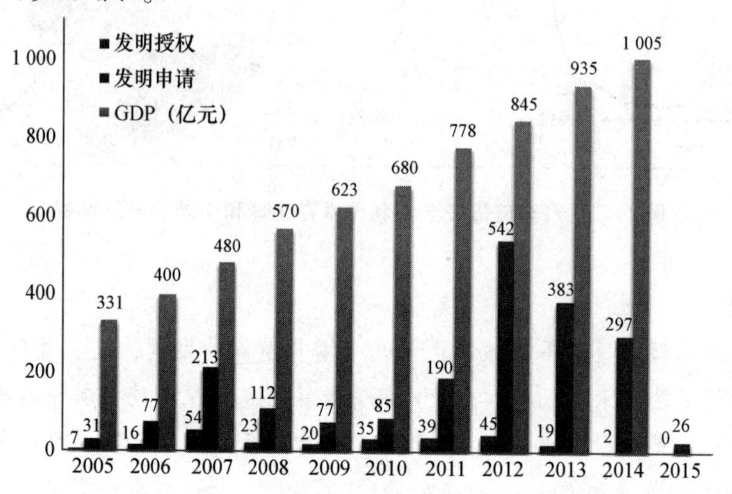

图 11-2　某市发明专利授权、发明专利申请和相应时间段内 GDP 情况的趋势图

训练要求　以小组为单位，按照图中的数据进行解读，需要更多地从这一现象发生的原因入手，找出“症状”的源头。

任务 28　技术类图表解读

技术类图表主要用于展示和技术及其发展路线有关的信息，代表性的有技术路线图、技术构成与分布图、技术引证关系图等。

案例展示 11-2

汽车车身是决定汽车碰撞安全性能的主要因素之一，通过检索和分析有关汽车安全车身的专利技术，绘制得到汽车安全车身技术发展路线图，如图 11-3 所示。下面我们来看看，对于这样的一个技术发展路线图，我们一般应该怎样解读。

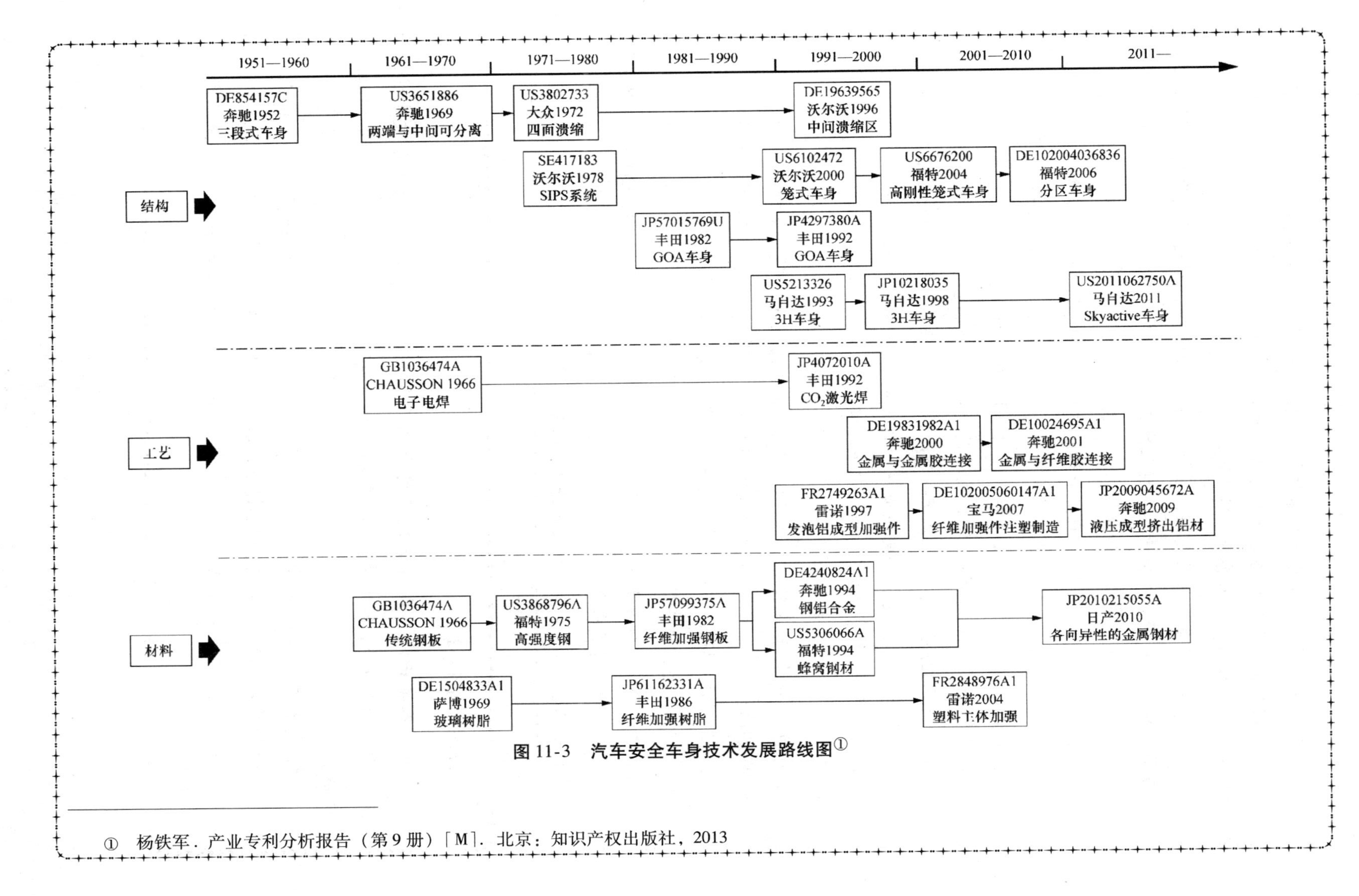

图 11-3　汽车安全车身技术发展路线图①

① 杨铁军. 产业专利分析报告（第 9 册）[M]. 北京：知识产权出版社，2013

显然，对于汽车安全车身技术路线图的解读，不能只是简单地罗列影响安全车身性能的结构、工艺和材料三条主线的代表性专利，还应该从技术衍生、企业之间相互学习和借鉴技术等角度进行挖掘。

例如，以车身结构主线为例，奔驰公司于1951年提出的专利申请（授权公告号DE854157C）中首次披露了具有三段式车身结构（车身两端为吸能溃缩区、中部为刚性保护区）的安全车身技术。从图11-3中可以获悉，在随后的几十年里，基于该技术衍生出了更多的安全车身结构，包括各个主流汽车企业也都对三段式车身技术进行了持续改进并形成了自己的专利保护，例如，1969年奔驰公司进一步提出三段式可分离式安全车身理念（US3651886A），1971年大众在奔驰公司三段式安全车身（DE854157C）的基础上提出具有四面吸能溃缩结构的安全车身结构（US3802733A），几乎是同一个时期，瑞典著名汽车企业沃尔沃提出了应用于安全车身并旨在提高侧面碰撞保护效果的SIPS系统（Side Impact Protection System，侧面碰撞保护系统），有效提高了侧面碰撞保护效果。再往后到1980—2000年，为了进一步提高对于碰撞法规的符合性，全球主要汽车公司接连推出了各具特色的安全车身技术，例如，丰田提出的GOA车身（相关专利申请JP4297380A），马自达公司则在US5213326A中公开了代表性的3H车身结构，沃尔沃则在US6102472A中提供了一种笼式车身结构。进入21世纪，安全车身技术得到进一步发展，福特在沃尔沃笼式车身的基础上提出了一种更为先进的高强度笼式车身（授权公告号US6676200B1），沃尔沃则在专利文献DE102004036836A中公开了一种分区式车身，马自达在其公开号为US2011062750A1的专利申请中提出了一种基于3H车身的后续改进型SkyActive车身技术。

技能训练11-2

对日本丰田汽车在汽车碰撞安全正面偏置碰撞技术领域的各个技术分支进行分析，获得其重点专利技术并绘制技术发展路线图，如图11-4所示。

训练要求 以小组为单位，按照上图中的数据进行解读，从下面几个方向着手：纵梁、横梁和吸能部件技术分支、A柱结构加强技术分支、提高车门防撞性技术分支、地板、前围板结构设计技术分支、车身结构优化等。

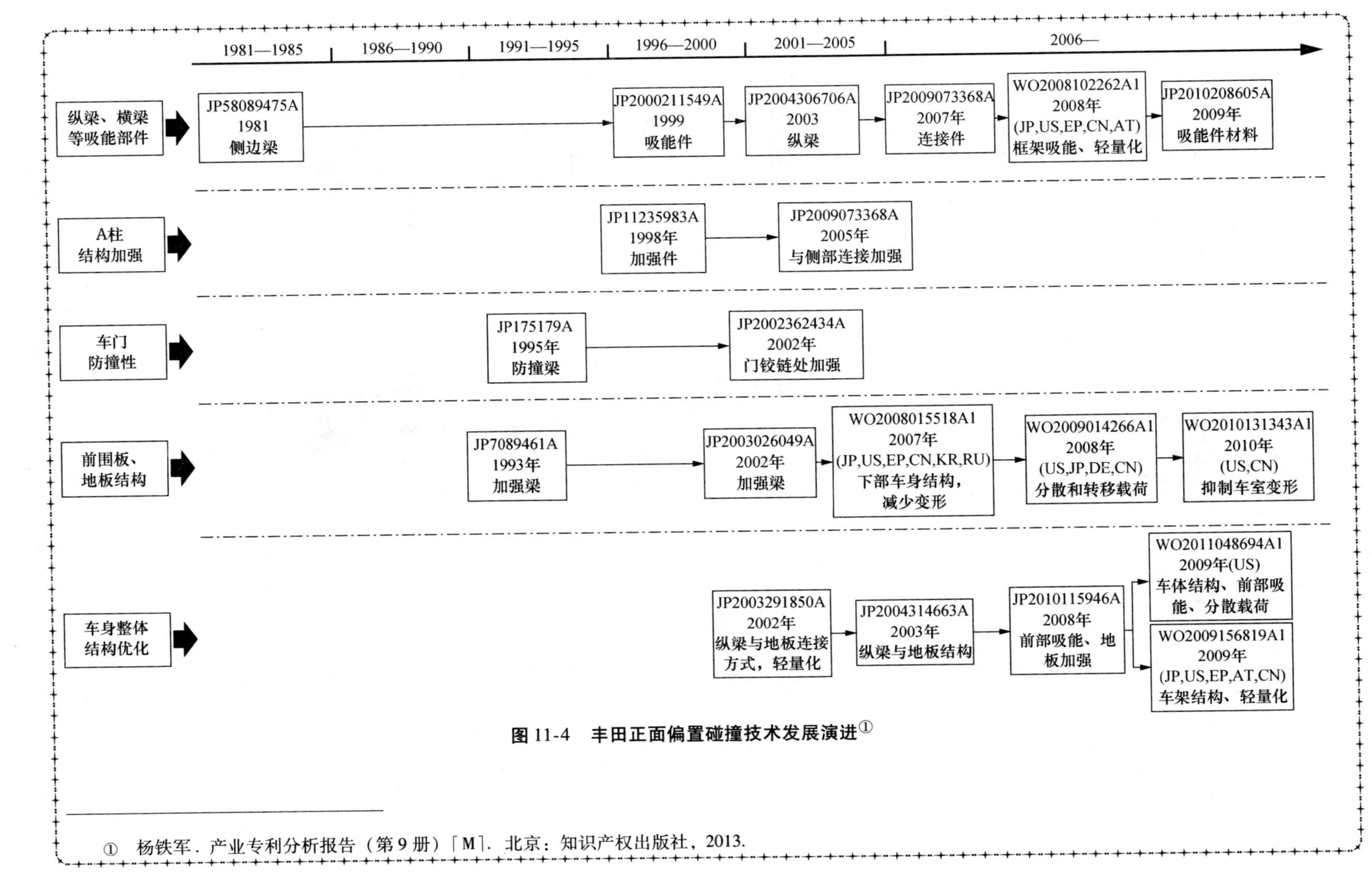

图 11-4 丰田正面偏置碰撞技术发展演进①

① 杨铁军. 产业专利分析报告（第9册）［M］. 北京：知识产权出版社，2013.

任务29　关系类图表解读

关系类图表属于重要的综合性图表类型之一，需要注意的是，有时候观察角度不同，关系类图表可能会与之前提到的图表类型重合，例如，专利引证图，如果关注的焦点是专利之间的相互引证关系（即谁引证谁、谁被谁引证），则属于关系类图表，但如果关注的是专利技术的发展路径（例如，从时间角度看技术的发展历程），则属于技术类图表。

案例展示11-3

图11-5展示了汽车行业中一个顶级企业奥托立夫（Autoliv）的专利技术研发合作情况，其中传达的是一种典型的“关系信息”。

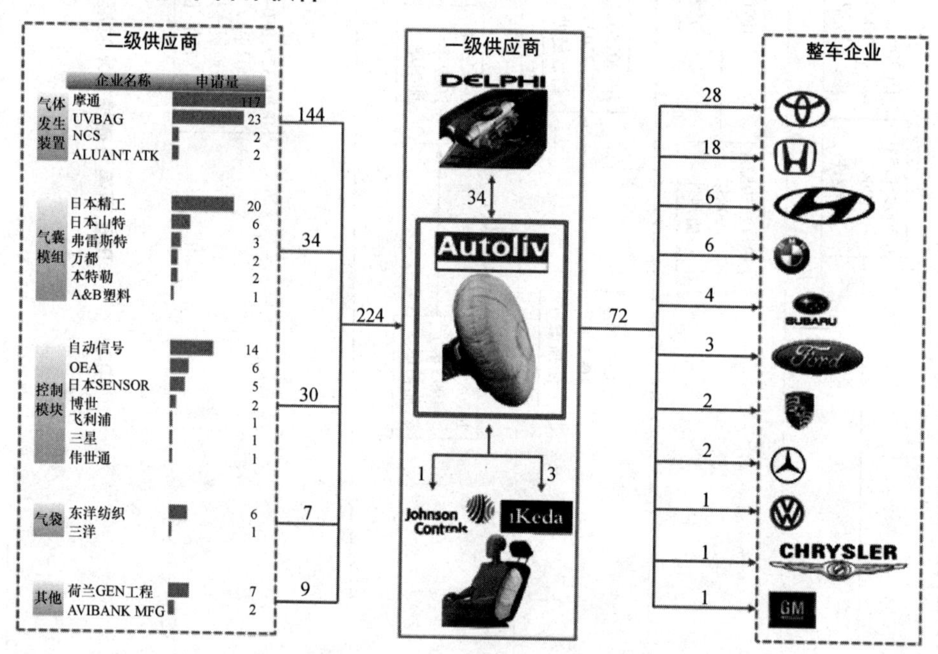

图11-5　奥托立夫（Autoliv）的专利技术研发合作情况①

① 杨铁军．产业专利分析报告［M］．第9册．北京：知识产权出版社，2013.

分析提示

对于图 **11-5**，如果仅从直观内容表述层次，可能更多地只会关注到数量情况，即奥托立夫这家企业与图中列出的其他企业之间开展了合作研发。但实际上，图中对于其他汽车零部件企业极具参考价值的信息是奥托立夫的合作研发链条，它不仅和它的上游供应商有合作研发关系、与下游整车企业同样合作紧密，以及令人“意外”的是它和竞争对手之间也存在合作研发关系。可见，为了获得更先进的技术、制造更符合发展趋势的产品，奥托立夫并没有对自己的合作研发对象有所限制，而是持非常开放的态度与所有可以合作的方面合作，这在科技日益发达的今天，往往是最佳的选择，因为这样可以取各家之所长。

技能训练 11-3

图 11-6 是一个典型的关系类图表，包含了丰富的人力资源信息。图中以汽车碰撞安全技术领域中奔驰公司第一件汽车碰撞安全专利 DE854157C 技术的发明人 Béla Barényi 为基础，获得以 Béla Barényi 为起点的发明人合作与技术传承情况。

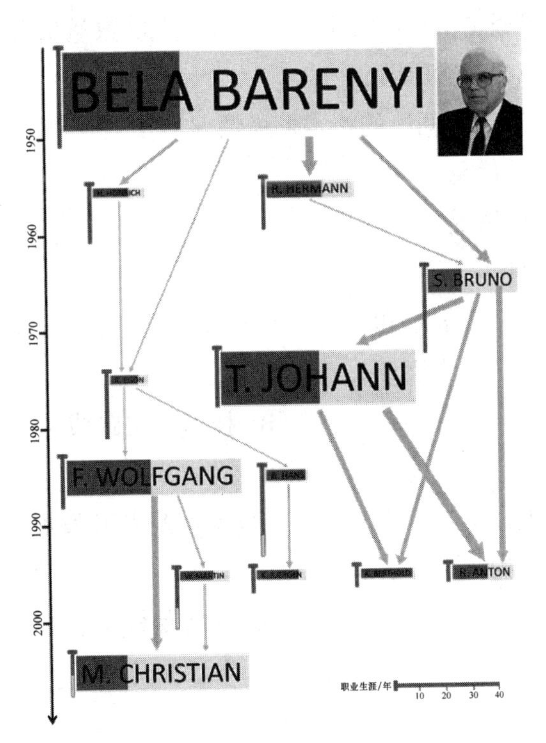

图 11-6　奔驰车身专利“发明人树”①

① 杨铁军. 产业专利分析报告［M］. 第 9 册. 北京：知识产权出版社，2013.

训练要求 以小组为单位，按照图 11-6 中的数据进行解读，从下面几个方向着手：奔驰公司在安全车身技术领域的研发、技术发展的路线、每个时期的技术领头人、技术流派的主导地位、技术流派的代表人物合作关系。

知识训练

一、选择题（不定项选择）

1. 趋势类图表是专利分析图表中最为常见的类型之一，其主要用于表征某种（　　）等信息。

   A. 分布　　B. 趋势

   C. 比例构成　　D. 排名

2. 通过趋势类图表，学习者可以迅速地获悉关注对象的（　　）等重要信息，对于整体把握目标对象的情况有很大的帮助。

   A. 分布　　B. 发展趋势

   C. 主要参与者　　D. 份额

3. 趋势图表解读过程中不仅仅关注图表本身节点的数量信息，还需要结合（　　）深入挖掘其增减的背后原因。

   A. 相应于节点所处时间段的技术发展情况

   B. 社会发展背景信息

   C. 主要企业发展情况

   D. 行业重要事件

4. 技术类图表主要用于展示和（　　）有关的信息，代表性的有技术路线图、技术构成与分布图、技术引证关系图等。

   A. 技术　　B. 技术发展路线

   C. 发展趋势　　D. 构成

5. 通过技术类图表，学习者主要聚焦于技术本身及其发展，有利于帮助学习者快速了解专利技术的（　　）等。

   A. 发展历史　　B. 重点专利技术

   C. 技术关联关系　　D. 发展趋势

二、简答题

1. 技术类图表解读需要考虑哪些方面？
2. 趋势类图表解读需要参考哪些信息？
3. 关系类图表如何解读？

综合实训

为了打造更具竞争力的产品，美国福特汽车公司曾经参股马自达、收购沃尔沃这两家著名汽车企业。图 11-7 根据福特、马自达、沃尔沃三个汽车企业的安全车身专利情况与其他几个指标绘制而成。

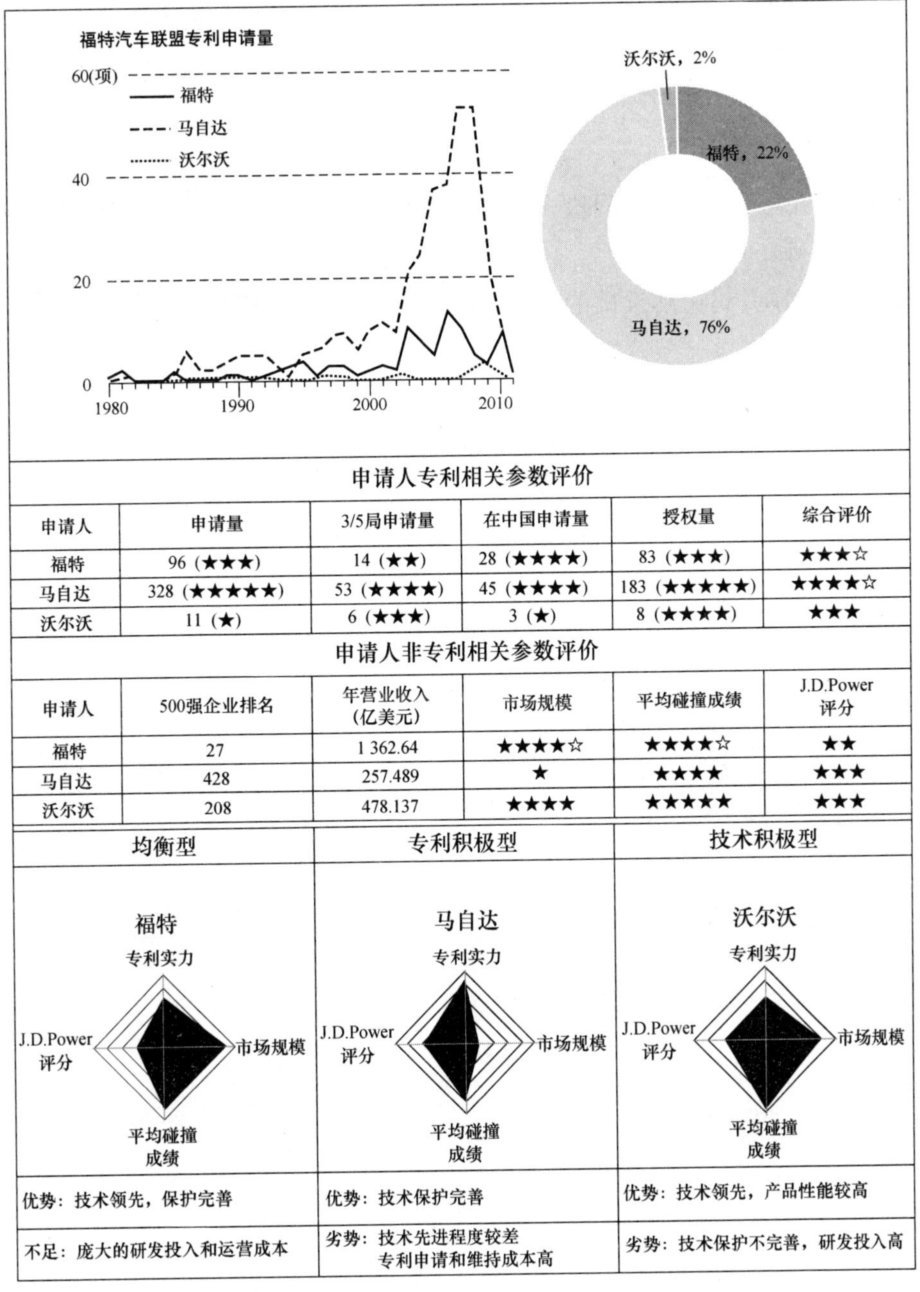

申请人专利相关参数评价

申请人	申请量	3/5局申请量	在中国申请量	授权量	综合评价
福特	96 (★★★)	14 (★★)	28 (★★★★)	83 (★★★)	★★★☆
马自达	328 (★★★★★)	53 (★★★★)	45 (★★★★)	183 (★★★★★)	★★★★☆
沃尔沃	11 (★)	6 (★★★)	3 (★)	8 (★★★★)	★★★

申请人非专利相关参数评价

申请人	500强企业排名	年营业收入（亿美元）	市场规模	平均碰撞成绩	J.D.Power评分
福特	27	1 362.64	★★★★☆	★★★★☆	★★
马自达	428	257.489	★	★★★★	★★★
沃尔沃	208	478.137	★★★★	★★★★★	★★★

均衡型	专利积极型	技术积极型
福特	马自达	沃尔沃
优势：技术领先，保护完善	优势：技术保护完善	优势：技术领先，产品性能较高
不足：庞大的研发投入和运营成本	劣势：技术先进程度较差 专利申请和维持成本高	劣势：技术保护不完善，研发投入高

图 11-7　安全车身主要车厂综合实力对比[1]

① 杨铁军．产业专利分析报告［M］．第 9 册．北京：知识产权出版社，2013.

实训操作

1. 实训目的

通过实战练习帮助学习者能够结合专利信息、商业信息、新闻等素材进行综合全面的图表解读。

2. 实训要求

将学习者按照领域分为5～8人一组，每组选出一名组长，负责组织协调本组学习者各项工作。在实战的过程中，教师要给予建议和指导，并检查各组实战工作的进展和完成情况。

3. 实训方法

（1）阅读图名，借助互联网检索工具对图中的相关信息进行检索和理解，每名学习者尝试独立对该图进行解读。

（2）组内分享并讨论解读出的观点，以组为单位独立撰写图表解读意见。

分析方法篇

模块 12　行业态势分析

知识目标

- 掌握趋势分析的作用
- 掌握构成分析的作用
- 掌握排名分析的作用

实训目标

- 熟悉数据趋势分析的流程
- 熟悉构成分析的分析流程
- 熟悉排名分析的分析流程

技能目标

- 具备独立完成趋势分析的能力
- 具备独立完成构成分析的能力
- 具备独立完成排名分析的能力

本模块主要介绍趋势分析、构成分析和排名分析三个任务。趋势分析是通过分析专利数据随时间的变化规律，揭示其发展轨迹，从而对未来发展情况进行预测。构成分析是在专利数量统计的基础上，研究数量、比例及其他分析指标的构成情况，提出具有总揽全局及预测功能的专利情报信息从而为企业的技术、产品及服务开发中的决策提供参考。排名分析是在对专利数据统计排序的基础上，了解分析对象的申请人、申请区域、技术分支和发明人等情报信息，明晰专利布局和竞争现状。[①] 通常，包含上述三个任务的态势分析是专利分析的基础，态势分析的结果还有助于挖掘其他特色分析。

① 马天旗等．专利分析方法、图表解读与情报挖掘［M］．北京：知识产权出版社，2015.

任务30 趋势分析

一、趋势分析的对象和分析目的

趋势分析的分析对象是"技术""人""区域"相关的专利数据。其中"技术"是指根据分析的需要选取的特定范围的技术领域、某一产品、行业或者产业；"人"是指专利产生及专利权生效过程中涉及的申请人、发明人团队、发明人、专利权人、专利代理机构等自然人或组织机构；"区域"指特定地理区域或范围，如全球范围、某个国家等。根据分析的切入点不同可以将趋势分析划分为以技术领域为切入点的趋势分析和以申请人为切入点的趋势分析。

（一）以技术领域为切入点的趋势分析

以技术领域作为切入点的趋势分析，对象可以是某技术领域的全球专利数据，也可以是该技术领域与申请人（专利权人）、区域等组合的专利数据。主要有下面几类。

（1）技术或该技术下不同分支的全球专利申请趋势。了解技术的发展历程、技术生命周期的具体阶段、展示行业发展可能有的"拐点"、揭示产生"拐点"的根源、寻求技术发展的规律，以及预测未来一段时间的技术发展趋势、研发的热点方向等。

（2）技术生命周期。统计某一技术的申请量与申请人数量随时间变化趋势，绘制技术生命周期图。了解技术生命周期有助于企业判断某一技术或产品处于生命周期的哪一阶段，推测今后发展的趋势，正确把握产品的市场寿命，并根据不同阶段的特点，采取相应的策略，增强企业竞争力。

（3）技术在不同区域的专利申请趋势。反映该领域在不同地区的关注程度，通常而言对于市场开发潜力大的区域，申请人会选择在该区域的专利布局。

（4）技术在首次申请国（优先权的国别）的专利申请趋势。一定程度上反映该区域技术创新能力和活跃程度。

（5）技术领域内不同申请人的专利申请趋势。一定程度上反映出申请人对技术关注程度，预测技术领域未来的市场竞争格局，帮助企业发现潜在的竞争对手或者合作伙伴。

（二）以申请人为切入点的趋势分析

以申请人作为分析切入点的趋势分析，对象可以是申请人某技术领域的专利数据，也可以是申请人某区域的专利数据。通过对不同申请人的专利申请趋势分析，可以得到以下信息。

（1）申请人全球或者各区域专利申请趋势。一定程度上反映该申请人不同时期的专利布局策略和技术发展动向，申请人对不同区域市场的关注程度，预测未来市场发展动向。还可以对多个申请人同时进行分析，反映出不同申请人的技术实力强弱和专利布局策略差异，帮助企业发现潜在的竞争对手或者合作伙伴。

（2）申请人中核心发明人的全球专利申请趋势。一定程度上反映申请人技术研发动向。

二、趋势分析的分析过程

技术发展趋势的分析过程可分为获取数据、图表制作、查阅技术资料以及综合分析四个步骤。

（一）获取数据

趋势分析的数据来源于某一主题检索并经过数据处理后的全球或中国的专利数据，在该数据的基础上提取申请日以及和“技术”“人”或“区域”相关的信息。

（二）图表制作

以时间为横轴，以分析趋势的主题为纵轴选择折线图或者柱形图（有时也可以用气泡图）绘制发展趋势，通常包括如下几类。

（1）某技术/技术分支在某一区域内（全球、中国、中国某一省份、各个国家和地区）申请量随时间变化的图表。

（2）某一申请人申请量/授权量/多边申请量/发明申请量/实用新型申请量随时间变化的图表。

（3）申请人数量随时间变化的图表。

制作图表时需要注意：时间的选择可以是首次出现专利申请到检索截止日；也可以是某一段时间；或者可以是根据时间段（例如，每 5 年作为一个时间段）来进行统计。具体的选择根据分析的实际需要，只要能体现出该行业的技术发展趋势即可。

（三）查阅技术资料

在得到图表之后，对行业的总体申请量趋势有了较全面的把握，对各阶段的技术和申请人情况有了一定的了解，为了更好地分析技术发展趋势，需要对技术资料进行查阅。

这一步查阅的技术资料可以是在前期收集到的产业技术发展趋势方面的资料和产业现状方面的资料；也可以是在制作完图表后，针对整体或者各阶段的更为细致的资料收集。查阅技术资料的目的主要是为了了解某时间段申请量的变化原因、技术发展情况和重大事件以及代表性申请人的情况。查阅技术资料的种类有很多，包括非专利综述类文献、专利文献的背景技术部分的介绍、相关技术或申请人的新闻以及申请人的网站或年报等。

（四）综合分析

在得到图表和相关技术资料之后，可以结合相关技术资料对相关的图表进行解读，从而得到综合的分析结果，得出行业的技术发展趋势。

综合分析的描述大致可以包括以下几个方面。

（1）发展阶段的划分。在发展趋势图中找到数量变化的拐点，利用拐点结合行业发展历程划分技术发展阶段，通常分为萌芽期、发展期、成熟期和衰退期。其中发展期根据发展的具体情况还可进一步划分为缓慢发展期、快速发展期等。

（2）各阶段的申请总量（或趋势）、平均增长量（或平均增长率）。

（3）各阶段申请人数量的变化。

（4）各阶段的主要申请国家和地区、代表性申请人；需要注意的是代表性申请人并不一定是申请量排名前几位的申请人，也可以是在行业中具有重要影响力和/或拟重点研究的申请人，例如，占据最大市场份额但申请量不是很大的申请人。

（5）各阶段的主要技术及其发展、代表性专利；需要注意的是代表性专利可以是在行业中有重大影响的专利和/或拟重点研究申请人的代表性专利；代表性专利至少应当阅读摘要，与各阶段的技术能够密切关联；主要技术最好是在技术分解表中提到的技术，从而与后续技术分析前后呼应。

（6）各阶段产业和政策的发展情况。

（7）对技术发展趋势的总结和预期。

（8）多元化趋势分析。同时进行几个发展趋势的组合分析或比较分析。对于相同主体，可以进行不同类别的趋势组合分析，例如，对于同一申请人可以进行申请量、多边申请量、授权量的发展趋势分析。对于不同主体，可以进行相同类别的趋势比较分析。例如，比较不同技术分支下的专利数量变化趋势、不同区域下的专利数量变化趋势等。

根据分析技术的不同，可以选择其中的几项进行描述，也可以加入有行业特色的描述。

案例展示 12-1

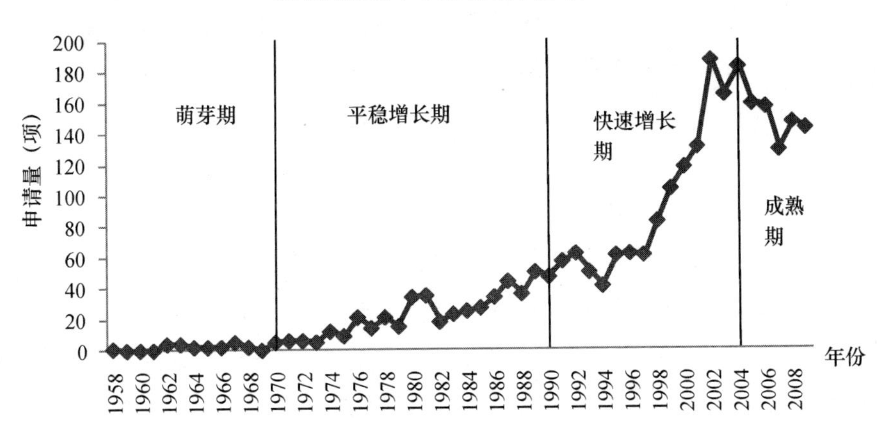

图 12-1 肝素的全球专利技术发展趋势

图 12-1 列出了肝素的技术发展趋势，大致经历了以下四个时期（各时期划分以申请量增长率的变化为标准）。

（1）萌芽期（1970 年之前）。

这一时期，每年全球专利数量只有几项，且这些专利集中于美国和欧洲，此时肝素处于技术摸索阶段，并且技术起源于欧美。这个时期的专利主要涉及肝素的分离提纯工艺，例如：1958 年德国 Roussel 申请的 DE1228241B 等，另外还涉及部分组织材料，例如，1969 年美国麻省理工申请的 DE1936387A 等。

（2）平稳增长期（1971—1990）。

这一时期的专利申请量平稳增长，日本专利申请量在此阶段增长迅速，日本在这一阶段专利量的增长主要来自组织材料领域的申请量贡献，从 1970 年开始日本多家公司开始在组织材料方面申请多项专利，例如，东丽株式会社于 1971 年申请的 JP48055946A 等。除在组织材料领域出现大量申请外，日本在这一时期也出现很多关于肝素制备提纯的专利。

在 20 世纪 80 年代左右，肝素领域迎来了一次技术上的革新，人们发现将肝素降解后形成的低分子肝素在保持抗凝血疗效的同时带来的副作用远远低于未降解的普通肝素，从 20 世纪 80 年代开始陆续有一些技术先进的大型药业公司在该领域涉足，1979 年法国赛诺菲和乔伊公司（后被赛诺菲合并）

① 杨铁军. 产业专利分析报告：生物医用天然多糖［M］. 第 6 册. 北京：知识产权出版社，2011.

联合申请的FR2440376A等涉及低分子肝素的制备及分离，日本的东亚荣养株式会社于1985年申请的JP62004703A涉及用过氧化物降解肝素等。

肝素技术在这段时期已经逐渐成形，且已经广泛分布于美、日、欧等技术发达地区。低分子肝素制备分离技术在这一阶段也已经产生，但技术还不完善，得到的低分子肝素产品医疗效果不很理想，且只有少数企业掌握这种技术。

（3）快速增长期（1991—2004）。

1991年起，肝素领域申请量进入快速增长阶段，从20世纪80年代出现低分子肝素技术历经十几年发展到20世纪90年代，该技术已基本完善，大量的公司进入该领域，开发了大量的低分子肝素化合物及其医疗用途。赛诺菲-安万特就是在这一时期开发了其拳头产品依诺肝素，于1991年申请了相关专利（US5389618A），并用类似的降解方法申请了一系列低分子肝素专利。

这一时期是全球医药卫生事业快速发展的时期，肝素作为成熟的抗凝血药与医疗条件、医疗技术息息相关，这一时期外科手术技术的提高为肝素的应用带来了广阔的市场，肝素专利领域出现了大量的制剂专利以及涉及肝素的器官植入材料的申请，使得这一时期的专利申请量最高年增长率达到40%，肝素专利申请在这一阶段进入快速增长期。

（4）成熟期（2004年至今）。

2004年开始，多方面原因造成肝素领域申请量出现下滑。首先，肝素在临床方面的应用已经处于成熟阶段，医学上普遍将肝素列为抗凝血药物，在各国医学指南中均有记载，肝素在临床使用方面的功效和作用已基本研究成熟。专利申请量出现峰值之后下降的趋势意味着该领域技术已进入成熟阶段，这正好与医药行业的实际情况相吻合；其次，经过学术界长期不懈研究终于确定肝素大分子链中具有抗凝血疗效的五糖结构片段，欧美等先进药业公司开始采用人工合成的手段生产分子结构类似于肝素的低聚糖药物，其中申请的很大一批专利涉及肝素类似物，大型公司转战肝素类似物的研发使得肝素领域的研发热度降低；最后，2008年美国出现“百特事件”，使得美国欧洲等国都重新修订了肝素产品标准，使得肝素的生产和使用标准进一步提高，肝素领域准入门槛提高也降低了大量小型企业的活跃度。

分析提示

该案例将某一行业的发展按照专利申请的增长率并结合行业信息分成若干阶段，每一阶段进行综合分析，对技术、产业、申请人和主要产品进行了深入的分析，得出了技术发展的基本方向。这样的分析有助于行业技术人员从整体上把握该行业的技术发展趋势。

技能训练 12-1

下表给出切削加工刀具 1991 年至 2010 年间中国专利申请量数据（单位：件）（数据选自 2011 年专利分析普及推广项目《切削加工刀具专利分析报告》），并进一步将其划分为国内申请人在华申请量以及国外申请人在华申请量。数据统计了该行业内中国专利申请量、国外申请人在中国的专利申请量以及中国申请人在中国的专利申请量随时间的变化。

申请日	1991	1992	1993	1994	1995	1996	1997	1998	1999	2000	2001	2002	2003	2004	2005	2006	2007	2008	2009	2010
国内	12	20	10	11	13	5	13	14	15	16	11	52	40	58	73	131	1114	169	244	184
国外	6	19	19	40	35	34	30	30	29	41	55	87	101	97	138	133	147	94	38	2
合计	18	39	29	51	48	39	42	44	44	57	66	139	141	155	211	264	261	263	282	186

训练要求　以小组为单位，根据上面介绍的趋势分析方法，对上表中的内容进行发展趋势的分析。可以从中国专利趋势与全球专利趋势进行对比的角度，结合市场、技术、申请人、政策等各层面的信息，对中国市场该行业技术发展趋势进行分析。

任务 31　构成分析

专利分析中构成分析主要从技术、申请人（专利权人）、发明人团队、申请区域、专利类型、法律状态等为切入点研究数量、比例及其他分析指标的构成情况。通过构成分析从全局把握“技术”“权利人”“区域”的结构布局情况，从而为企业的技术、产品、市场等的决策提供参考。

一、技术构成分析

（一）“技术”构成分析对象及分析目的

技术构成分析对象主要是技术分支，以及和“人”或“区域”结合的技术分支。通过对不同的对象进行分析，可以达到如下分析目的。

（1）了解技术整体构成情况、研发热点及目前存在的可能空白点。

（2）了解不同市场主体技术分支布局、研发重点，从技术的角度判断行业领先者或竞争对手的研发动向。

（二）“技术”构成分析的过程

“技术”构成的分析过程可分为获取数据、图表制作、查阅技术资料、综合分析以及结果验证四个步骤。

（1）获取数据。“技术”构成分析的数据来源于针对某一主题检索并经过数据标引后的全球或中国的专利数据，从中提取标引的技术分支、申请人、区域信息。

（2）图表制作。技术分布的图表表现形式很多，可以利用技术分支数据生成饼图/环图或者瀑布图用以表达整体技术分布情况，还可以利用气泡图表示某些重要分析对象的技术分布情况等。

（3）查阅技术资料。查阅前期收集到的产业发展情况、技术发展情况、市场状况、商业情报、产业政策等信息。

（4）综合分析。在得到图表和相关资料之后，可以结合相关资料对相关的图表进行解读，从而得到综合的分析结果。

案例展示 12-2

智能电视行业重要申请人全球专利技术分布情况分析①

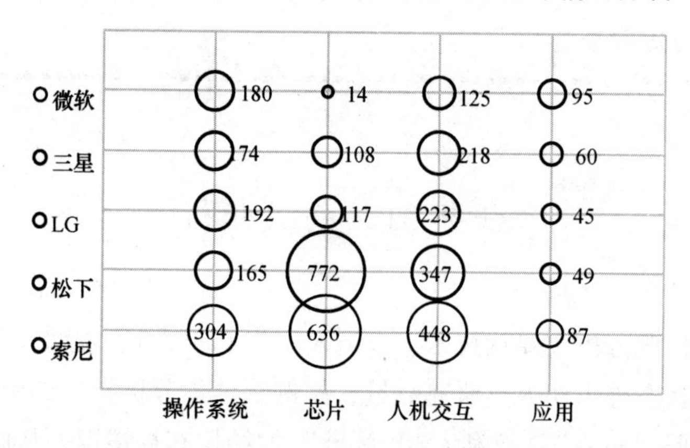

图 12-2　智能电视全球重要申请人技术分布

图 12-2 列出了智能电视技术重要申请人技术分布情况，分析步骤如下。

第一步：数据整体分析。

智能电视技术主要分为操作系统、芯片、人机交互和应用四个二级技术分支，该领域内主要申请人是索尼、松下、LG、三星和微软。

第二步：找出数据差异点。

由不同申请人申请量的差异可看出，索尼在全球智能电视领域的专利话

---

① 改编自：杨铁军. 产业专利分析报告：智能电视［M］. 第 13 册. 北京：知识产权出版社，2013.

语权是毋庸置疑的。松下也占据一定的专利优势，进一步分析可知，索尼和松下的领先优势得益于其在芯片技术上的专利数量，芯片和人机交互是两大专利大户关注的重点，但他们在芯片领域投入的申请力度明显强于人机交互。相比而言，LG和三星在四个二级分支的专利申请表现了更为均衡的布局。而微软在操作系统方面的专利实力具有一定震慑力。

第三步：补充其他信息，分析差异原因。

据市场研究机构IHS iSuppli估计，全球电视芯片市场总体规模在2006年不超过15亿美元，2010年尽管面临电视整机销量疲软以及芯片价格下行，电视芯片市场仍然达到21.9亿美元。故两个主要申请人紧跟市场趋势在芯片领域的专利申请量领先。微软在操作系统方面一直具有雄厚实力，直接体现在其专利技术布局上。

第四步：得出分析结论。

芯片和操作系统属于智能电视的基础技术，国内企业要加强在这方面的专利积累。同时，人机交互技术是需要关注的重点，提醒国内企业迎合智能电视人机交互技术的发展步伐，推出具备自身特点的技术。

二、“权利人”构成分析

（一）“权利人”构成分析对象及分析目的

“权利人”构成分析对象可以是申请人或发明人团队。主要分析“权利”人的构成类型、所属区域。通过对“权利人”分析可以明确创新主体的类型分布、寻找创新主体；了解创新主体内的主要研发团队，便于企业挖掘技术研发人员。

（二）“权利人”构成分析的过程

“权利人”构成分析过程可以分为获取数据、图表制作、查阅技术资料、综合分析四个步骤。

（1）获取数据。“权利人”构成分析的数据来源于针对某一主题检索并经过数据处理后的全球或中国的专利数据，从中提取申请人、发明人、区域和申请类型数据信息。

（2）图表制作。利用申请人类型或区域数据生成饼图/环图。

（3）查阅技术资料。查阅前期收集到的产业发展情况、技术发展情况、市场状况、商业情报、产业政策等信息。

（4）综合分析。在得到图表和相关资料之后，可以结合相关资料对相关的图表进行解读，从而得到综合的分析结果。

案例展示 12-3

金属氧化物 TFT 领域国内外申请人构成比较分析①

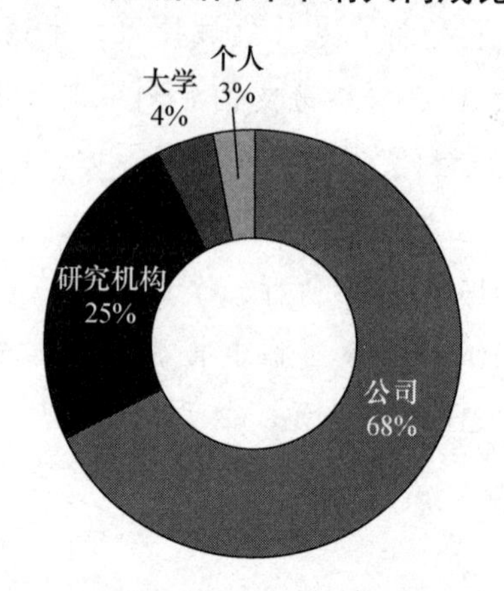

图 12-3　金属氧化物 TFT 申请人类型占比

结合图 12-3 金属氧化物 TFT 全球专利申请人类型占比图分析如下。

第一步：找出数据差异点。

在全球金属氧化物 TFT 的 1 281 项专利申请中，公司申请最多，占 68%，研究机构和大学分别占据 25% 和 4%，个人申请仅为 3%。

第二步：补充其他调研信息和数据信息，分析原因。

金属氧化物 TFT 技术水平和产业化要求较高，个人很难进入这一领域，所以申请主要集中在公司和科研机构。结合金属氧化物 TFT 技术全球申请人前二十名的排名可看出，该技术已经形成了一定的产业基础，出现了半导体能源、三星和佳能等知名公司，公司之间的竞争也较为激烈。另外，这一领域的研发需要大量的资金支持，一般的个人和学校很难开展研发，出现在全球前二十的是韩国电子通信研究院、日本高知县产业振兴中心、日本工业技术研究院等研发实力雄厚的科研机构。

第三步：得出分析结论。

由于金属氧化物 TFT 技术作为平板显示的一项前沿技术，产业化的同时技术研发并行。因此，公司在该技术创新中占据主导地位，同时具有一定研发实力的科研机构也在关注该技术。因此，要关注公司和科研机构的技术创新动态从而了解该技术整体发展情况。

① 改编自：杨铁军. 产业专利分析报告：液晶显示［M］. 第 12 册. 北京：知识产权出版社，2013.

案例展示12-4

苹果公司重要研发团队及成员构成分析

结合表12-1对苹果公司重要研发团队及成员分析如下。①

第一步：找出团队研发重点。

通过合作申请及标引的技术分支数据获取研发团队概况，由表12-1可知，立体界面、电视GUI界面、3D遥控是苹果公司自行研发的重点。未来苹果智能电视技术很有可能用到表内团队研发的技术，而团队成员的研发特长，也将影响苹果智能电视的性能。

表12-1　苹果公司重要研发团队构成

团队	核心成员	其他成员
立体界面研发团队	Imran A. Chaudhri、John O. Louch	Christorpher Hynes、Timothy Wayne Bumgarner、Eric Steven Peyton
GUI研发团队	Rainer Brodersen、Jeffery Ma、Rachel Clare Goledeen、Thomas Michael Madden	Mihnea Calin Pacurariu、Eric Taylor Seymour、Jeff Robbin、Steven Jobs
3D遥控器研发团队	Duncan Robert Kerr、Steven Portoer Hotelling	Nicholas Vicent King、Wing Kong Low

第二步：补充其他数据信息，分析团队成员研发方向。

以立体界面研发团队为例，结合该团队专利信息可知苹果公司有7件与智能电视相关的多维界面专利申请，其中6件来自该团队，团队成员之间的关系如图12-4所示，箭头所指方向的发明人为第一发明人，双向箭头表示两个发明人在不同申请中合作过并分别作为第一发明人，每个圈的大小表示该发明人的申请数量，两个发明人的距离显示了他们共同申请的数量，共同申请越多两个发明人距离越近。可看出苹果公司的立体界面核心成员为Imran A. Ghaudhri和John O. Louch，分别拥有4件、2件作为第一发明人的专利申请。而其他人作为辅助成员参与团队工作。

第三步：得出分析结论。

苹果公司发明人主要是以团队的形式参与创新，主要的领军人物指导团

① 改编自：杨铁军．产业专利分析报告：智能电视［M］．第13册．北京：知识产权出版社，2013.

队的研发工作。苹果公司主要涉及立体界面显示的研发团队中，Imran A. Chaudhri 侧重研究对象的虚拟化表示，例如，如何选择模型实现系统对象到虚拟化表示的转换，而 John O. Louch 则侧重于研究控件的空间布局，例如，在立体化的空间布局中如何放置控制元件。

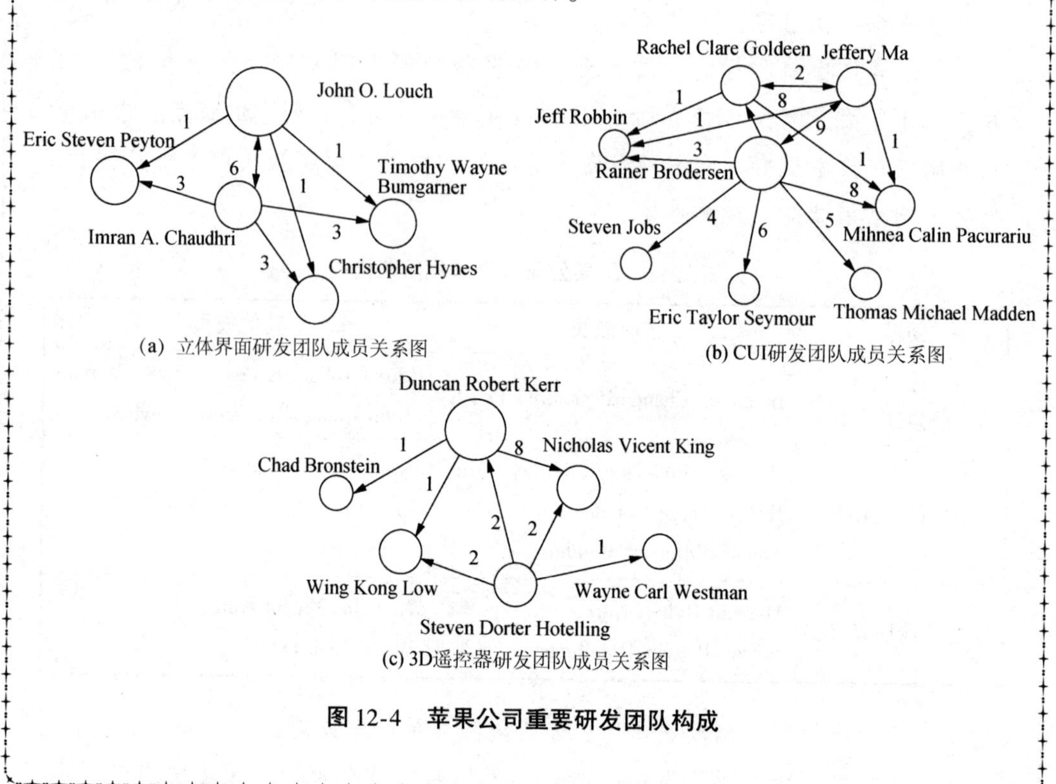

(a) 立体界面研发团队成员关系图

(b) CUI研发团队成员关系图

(c) 3D遥控器研发团队成员关系图

图 12-4　苹果公司重要研发团队构成

技能训练 12-2

结合专利信息分析团队主要研发人员的技术侧重方向，由团队关系图分析出团队的核心主体。

训练要求　以小组为单位，针对图 12-4 结合 GUI 研发团队和 3D 遥控器研发团队的专利申请，对两个团队成员构成进行分析。

三、“区域”构成分析

（一）“区域”构成分析对象及分析目的

“区域”构成分析通常情况下是分析对象区域内的技术、专利类型、法律状态等信息。通过对“区域”构成分析有如下目的：

了解区域技术优势和技术创新情况，了解目标市场的专利布局情况，了解区域间技术实力比对。

（二）“区域”构成分析的过程

“区域”构成分析的过程可以分为获取数据、图表制作、查阅技术资料、综合分析四个步骤。

（1）获取数据。

“区域”构成分析的数据来源于针对某一主题检索并经过数据标引后的全球或中国的专利数据，从中提取优先权区域、公开区域、申请人地址信息以及对应的申请类型、法律状态和技术分支标引信息。

（2）图表制作。

“区域”构成中单个区域的构成分析时常用饼图/环图，当表示对比关系时可用系统树图或气泡图。

（3）查阅技术资料。

查阅前期收集到的产业发展情况、技术发展情况、市场状况、商业情报、产业政策等信息。

（4）综合分析。

在得到图表和相关资料之后，可以结合相关资料对相关的图表进行解读，从而得到综合的分析结果。

案例展示 12-5

金属氧化物 TFT 技术领域专利来源国与目标国分析①

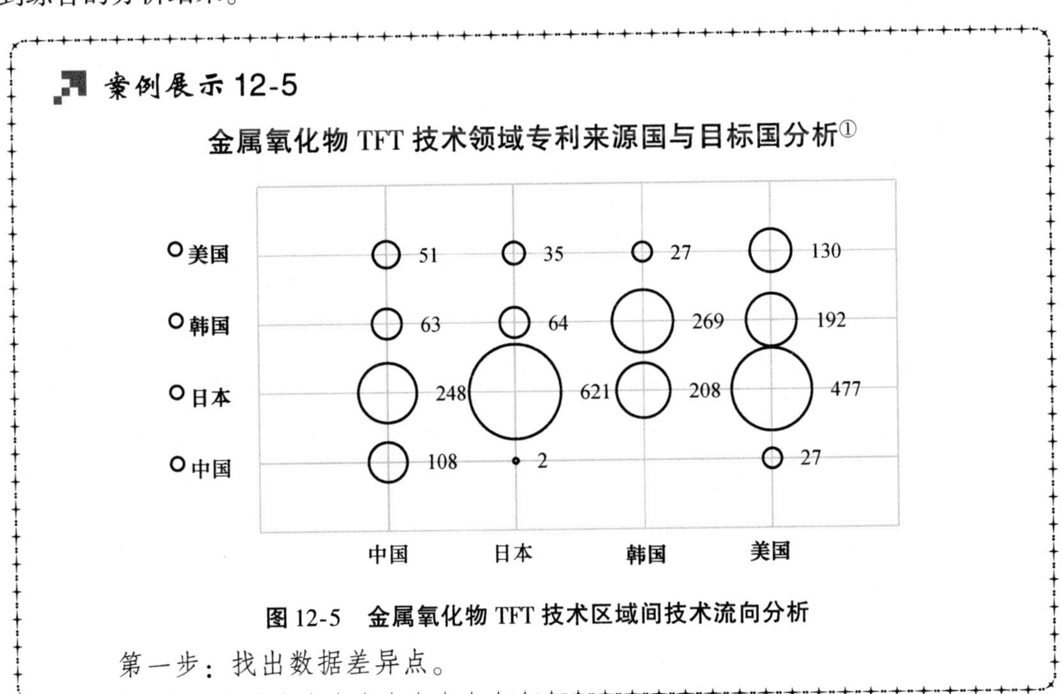

图 12-5　金属氧化物 TFT 技术区域间技术流向分析

第一步：找出数据差异点。

① 改编自：杨铁军．产业专利分析报告：液晶显示［M］．第 12 册．北京：知识产权出版社，2013.

日本籍申请人在本国和海外的申请量（除韩国外）均最大，是技术的最大输出国。

美国是技术的最大输入国，美国是每个技术输出国除本国外最大的技术输出国。

韩国在美国的申请最多，中国和日本相当。

中国籍申请人绝大部分申请在本国，在美国仅有少量申请，在日本只有2件，在韩国没有申请。

第二步：补充其他信息，分析差异点出现的原因。

日本企业在金属氧化物TFT领域的技术研发较多，并且有重视专利申请的传统，故日本籍申请人在本国和海外的申请量均较大，而其他国籍申请人可能考虑到进入日本市场难度较大，在日本的专利布局相对较少。

美国市场较大，历来是各国籍申请人关注的重要产品市场，所以技术输入最多。

第三步：得出分析结论。

在金属氧化物TFT领域，日本是最大的技术来源国，整体技术实力和专利布局密度明显强于其他国家或地区，对于国内企业而言，需要重点关注日本申请人的技术发展及专利申请动态。

中国籍技术创新主体目前除对美国市场较为看重外，还未展开全球专利布局，必须考虑尽快进行国外市场专利布局，避免日后遭遇专利侵权纠纷。

任务32　排名分析

专利分析中排名分析主要以申请人（专利权人）、发明人、区域、技术等为切入点，对专利数据进行排序。通过排序分析了解分析对象的申请人、发明人、区域、技术分支等情报信息，明晰专利布局和竞争现状。本部分主要介绍申请人排序分析和区域排序分析。

一、申请人排序分析

（一）申请人排序分析对象及分析目的

申请人排序分析的分析对象可以是某一技术领域或某一区域申请人专利数量，申请人排序分析可以作为筛选重要申请人的参考依据，通过申请人排序分析获得主要申请主体，可以进一步对申请主体进行数据趋势和数据构成分析。例如，可以通过统计主要申请主体在各技术分支上的申请量来确定市场主体的优势领域，从而比较不同市场主体间的技术布局重点和研发方向的异同，并由此判断各市场主体之间的竞争态势和合作可能性。

（二）申请人排序分析的过程

申请人排序分析过程包括数据获取，图表制作，查阅技术资料，综合分析四个步骤。

（1）数据获取。

申请人排序分析的数据来源于针对某一主题检索并经过数据标引后的全球或中国的专利数据，从中提取申请人、公开区域、申请人地址信息以及对应的申请类型、法律状态和技术分支标引信息。值得注意的是一件/项专利申请的申请人可能不止一个，进行数据处理时需要将申请人拆分，计算每位申请人的专利数量。但如果统计合作申请时则不需要做申请人的拆分。

（2）图表制作。

申请人排序分析常用条形图或柱形图的图表表现形式，适用条形图时应该采用数量由多到少进行表示。

（3）查阅技术资料。

查阅前期收集到的产业发展情况、技术发展情况、市场状况、商业情报、产业政策等信息。

（4）综合分析。

在得到图表和相关资料之后，可以结合相关资料对相关的图表进行解读，从而得到综合的分析结果。

案例展示 12-6

LCD 技术中国申请人排序分析①

根据表 12-2 所示 LCD 全球专利申请人排名，做如下分析。

第一步：数据差异点分析。

从申请量的维度考虑，三星占据绝对优势，技术实力突出，LG、友达光电、精工爱普生和夏普紧随其后。值得注意的是友达光电超越日本老牌申请人精工爱普生和夏普公司的申请量而位居第 3 位。

从技术活跃度（2009 年至今申请量占比）的维度考虑，中国内地企业华星光电最为活跃，2009 年以后的申请量占总申请量的 91.65%；京东方以 52.83% 的技术活跃度位居其次。

第二步：补充其他数据信息，分析差异。

① 改编自：杨铁军. 产业专利分析报告：液晶显示［M］. 第 12 册. 北京：知识产权出版社，2013.

LCD产业目前呈现三国四地的发展局面，韩国三星和LG公司在经济危机期间采取“流血竞争”策略，目前仍然占据市场主要地位。2010年11月，三星、LG公司分别在苏州和广州投资设厂，力求进一步抢占中国内地市场，而且从专利数据可看出这两家公司已经提前在中国做好专利布局。日本主要公司即使在2008年之后受全球经济危机影响较大，而且面临韩国三星和LG公司“流血竞争”的挤压，仍然能够在中国申请量排名中占据优势地位。中国的手机、彩电、电脑等下游市场对液晶显示屏需求的进一步扩大，为TFT-LCD技术在中国的新一轮发展提供了难得的机遇，也为中国液晶显示领域重要申请人京东方、华星光电等公司的快速发展提供了保障。

第三步：得出分析结论。

LCD的关键技术仍然在日韩台的主要申请人手中，大陆企业目前已经形成良好的申请策略，申请活跃度增强，在保持申请活力的同时注意研究重点技术，注意外围专利的布局。

表12-2　LCD全球专利申请人排名

排名	申请人	国家/地区	申请量	未决	有效	无效	2009年至今申请量	2009年至今申请量占总申请量百分比/(%)
1	三星	韩国	3833	936	1974	923	548	14.30
2	LG	韩国	2660	685	1706	269	594	22.33
3	友达光电	中国台湾	2557	537	1780	240	804	31.44
4	精工爱普生	日本	2392	280	1701	411	207	8.65
5	夏普	日本	2338	908	1321	109	549	23.48
6	奇美	中国台湾	1761	419	1054	288	193	10.96
7	半导体能源	日本	1723	504	1179	40	213	12.36
8	京东方	中国大陆	1524	382	1054	88	891	58.46
9	索尼	日本	1388	503	729	156	509	36.67
10	日立	日本	1073	179	743	151	168	15.66
11	NEC	日本	1040	190	583	119	131	12.60
12	中华映管	中国台湾	892	115	235	519	417	46.75
13	飞利浦	荷兰	869	106	351	274	31	3.57
14	松下	日本	731	255	616	169	106	14.50
15	华星光电	中国大陆	659	499	146	14	624	94.69
16	富士	日本	550	212	263	75	128	23.27
17	鸿富锦	中国台湾	537	90	302	145	57	10.61

续表

排名	申请人	国家/地区	申请量	未决	有效	无效	2009年至今申请量	2009年至今申请量占总申请量百分比/(%)
18	日东电工	日本	499	128	228	143	92	18.44
19	三菱	日本	462	49	269	144	28	6.06
20	东芝	日本	458	48	214	196	49	10.70
21	上广电	中国大陆	430	16	125	289	50	11.63
22	住友化学	日本	406	218	114	74	156	38.42
23	IBM	美国	371	30	279	62	18	4.85
24	3M	美国	360	92	117	151	53	14.72
24	三洋	日本	360	40	196	124	38	10.56
26	卡西欧	日本	297	73	190	34	60	20.20
27	佳能	日本	265	49	181	35	56	21.13
28	富士通	日本	220	28	151	41	11	5.00
29	奇景光电	中国台湾	192	38	134	20	45	23.44
30	瀚宇彩晶	中国台湾	187	61	109	17	58	31.02

二、区域排序分析

（一）区域排序分析对象及分析目的

区域排序分析的分析对象是某项技术所在区域的专利数量。通过区域分析获知针对某项技术一个国家或地区的技术研发实力，技术发展趋势，专利布局，主要的申请主体，还可以获知主要研究主体对各区域的关注程度，在该区域内的专利布局情况。区域分析可以作为了解某项技术流向（技术输出国家或地区和技术进入国家或地区）的参考依据，分析结论可以为国家或地区间的技术竞争以及全球范围内的专利布局提供参考依据。

（二）区域排序分析过程

区域排序分析包括数据获取，图表制作，综合分析，综合分析几个步骤。

（1）数据获取。

区域排序分析的数据来源于针对某一主题检索并经过数据标引后的全球或中国的专利数据。数据提取来源于两方面，一方面提取优先权中的国别信息，反映技术输出地的排序情况。另一方面提取专利公开号中的国别信息，反映技术输入地区的排序情况。从中提取发明人、公开区域、申请人地址信息以及对应的申请类型、法律状态和技术分支标引信息。

（2）图表制作。

区域排序分析常用条形图/柱形图、饼图/环图以及地图的图表表现形式，使用条形图时应该采用数量由多到少进行表示。

（3）查阅技术资料。

查阅前期收集到的产业发展情况、技术发展情况、市场状况、商业情报、产业政策等信息。

（4）综合分析。

在得到图表和相关资料之后，可以结合相关资料对相关的图表进行解读，从而得到综合的分析结果。

案例展示 12-7

LCD 全球专利主要技术输出国家/地区分布分析①

图 12-6 所示为 LCD 全球专利主要技术输出国家/地区分布情况。

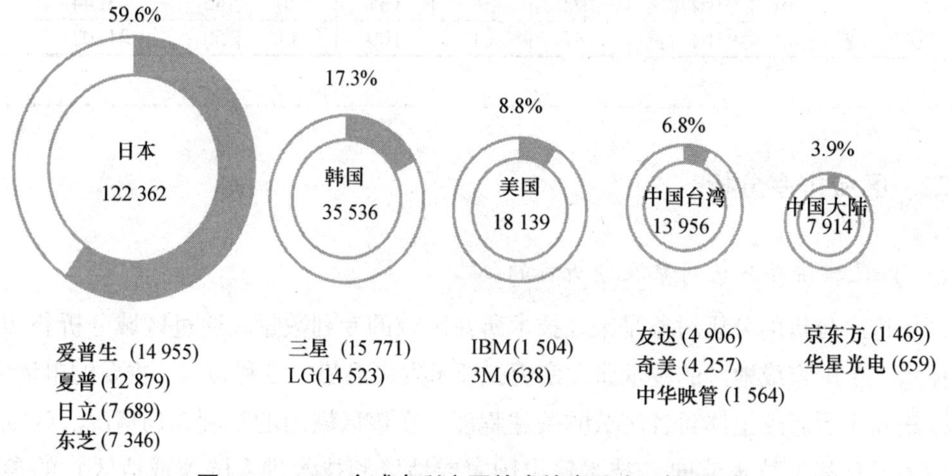

图 12-6　LCD 全球专利主要技术输出国家/地区分布

根据图 12-6 做如下分析。

第一步：找出数据差异点。

LCD 全球专利技术输出国家/地区排名前五位的是日本、韩国、美国、中国台湾和中国大陆，日本占据绝对优势，占总量的一半以上。

第二步：补充其他数据信息，分析差异点出现的原因。

日本，从事液晶显示产业的企业众多，自二十世纪八九十年代以来，这些日本企业就非常重视技术研发和专利布局，专利申请量在业内占据绝对优势。其中日本精工爱普生、夏普、日立、东芝等公司专利申请量位居前列。

① 改编自：杨铁军．产业专利分析报告：智能电视［M］．第 13 册．北京：知识产权出版社，2013.

韩国的技术创新主体非常集中，专利申请量主要来自于三星和 LG 两家企业，并且三星和 LG 的专利申请量分别位居全球第 1 位和第 3 位。美国作为 LCD 显示技术的起源地，具有一定的申请量占比。1997 年亚洲金融风暴，日韩转移技术获取资金摆脱困境，使得 LCD 技术向中国台湾地区转移，截至目前中国台湾地区申请量仍位居第 4 位。进入二十一世纪后，日本、韩国、中国台湾地区纷纷向中国大陆转移技术和产能，并且呈现加速态势，申请量位居世界第 5 位。

第三步：得出分析结论。

国内企业应关注日韩技术，一定程度上加强技术引进带动技术研发，注重专利外围布局。

知识训练

一、选择题（多项选择）

1. 趋势类分析根据分析的切入点不同可以包含（　　）等方面。

   A. 技术领域为切入点的趋势分析　　B. 人为切入点的趋势分析

   C. 区域为切入点的趋势分析　　D. 技术构成为切入点的趋势分析

2. 技术生命周期图有助于企业（　　），并根据不同阶段的特点，采取相应的策略，增强企业竞争力。

   A. 判断某一技术或产品处于生命周期的哪一阶段

   B. 推测今后发展的趋势

   C. 正确把握产品的市场寿命

   D. 了解主要申请主体

3. 专利申请趋势的分析过程可以分为（　　）步骤。

   A. 获取数据　　B. 图表制作　　C. 查阅技术资料　　D. 综合分析

4. 专利分析中构成分析主要从（　　）等为切入点研究数量、比例及其他分析指标的构成情况。

   A. 技术、申请人（专利权人）　　B. 发明人团队

   C. 申请区域　　D. 专利类型　　E. 法律状态

5. “区域”构成分析通常情况下是分析对象区域内的技术、专利类型、法律状态等信息。通过对“区域”构成分析有（　　）的目的。

   A. 了解区域技术优势和技术创新情况

   B. 了解目标市场的专利布局情况

   C. 了解区域间技术实力比对

   D. 了解申请人技术优势和技术创新情况

二、简答题

1. 申请人排序分析的作用有哪些?

2. 发明人团队分析的作用有哪些?

3. 专利申请趋势分析可以分析哪些内容?

综合实训

青蒿素是从植物黄花蒿茎叶中提取的有过氧基团的倍半萜内酯药物。是继乙氨嘧啶、氯喹、伯氨喹之后最有效的抗疟特效药，尤其是对于脑型疟疾和抗氯喹疟疾，具有速效和低毒的特点，曾被世界卫生组织称作是“世界上唯一有效的疟疾治疗药物”。其抗疟疾作用机理主要在于在治疗疟疾的过程中通过青蒿素活化产生自由基，自由基与疟原蛋白结合，作用于疟原虫的膜系结构，使其液泡膜、核膜以及质膜均遭到破坏，线粒体肿胀，内外膜脱落，从而对疟原虫的细胞结构及其功能造成破坏。

根据世界卫生组织的统计数据，自2000年起，撒哈拉以南非洲地区约2.4亿人口受益于青蒿素联合疗法，约150万人因该疗法避免了疟疾导致的死亡。因此，很多非洲民众尊称其为“东方神药”。

2015年中国屠呦呦获得2015年诺贝尔奖生理学或医学奖。

实训操作

1. 实训目的

通过实战练习帮助学习者熟悉专利申请态势分析方法和相关的图表展示分析方法，其中应包括趋势分析、排名分析和构成分析。

2. 实训要求

将学习者按照领域分为5～8人一组，每组选出一名组长，负责组织协调本组学习者各项工作。在实战的过程中，教师要给予建议和指导，并检查各组实战工作的进展和完成情况。

3. 实训方法

(1) 回顾模块6关于技术主题检索的方法，对青蒿素进行检索，查全率和查准率均要超过80%。

(2) 对检索得到的数据进行采集、清理和提取数据统计项。制作态势统计图表，并形成专利分析报告。报告应包括以下部分:

① 进行全球申请量发展趋势分析，判断目前该项技术所处的发展阶段;

② 分析该技术在不同地区的专利布局情况;

③ 分析不同区域内该技术的创新能力和活跃程度;

④ 分析该技术的主要专利申请主体;

⑤ 分析该技术的申请人类型构成情况。

模块 13　关键技术分析

教学目标

知识目标

- 了解技术路线图的作用
- 了解技术功效矩阵的作用
- 了解重要专利的作用

实训目标

- 熟悉技术路线图的分析流程
- 熟悉技术功效矩阵的分析流程
- 了解重要专利筛选和分析流程

技能目标

- 具备合作完成特定技术领域技术路线图分析能力
- 具备合作完成特定技术领域技术功效矩阵分析能力
- 具有根据具体需求筛选和分析重要专利的能力

模块概述

本模块主要介绍专利技术路线图分析、专利技术功效矩阵分析、重要专利分析和专利挖掘四个任务。专利技术路线图分析是指应用简洁的图形、表格、文字等形式描述技术变化的步骤或技术相关环节之间的逻辑关系，并对其进行分析以获得有价值情报的过程。专利技术功效矩阵分析是指通过绘制反映专利文献中的技术主题内容和技术功能效果之间的图表并对其进行分析研究，揭示技术主题和技术效果之间的相互关系的过程。重要专利分析是指按照某种关于重要专利的定义，在检索获得的专利结果中筛选出对于用户具有重要作用的专利的过程。专利挖掘则是指如何基于企业研发需求和检索获得的专利结果，利用一定的指导工具挖掘创新专利方案的过程。关键技术分析是专利分析成果中对于技术研发和布局具有重要参考价值的内容。

任务33　专利技术路线图分析

一、概念和意义

技术路线图是指应用简洁的图形、表格、文字等形式描述技术变化的步骤或技术相关环节之间的逻辑关系。最早的技术路线图始于美国汽车行业，在二十世纪七八十年代为摩托罗拉和康宁用于公司管理，二十世纪九十年代末开始用于政府规划。可以认为技术路线图是一种过程工具，用途在于识别行业/部门/公司未来成功所需的关键的技术，以及获得执行和发展的这些技术所需的项目或步骤。技术路线图能够帮助使用者明确该领域的发展方向和实现目标所需的关键技术，理清产品和技术之间的关系，用于描述最终的结果和制定的过程。常见的技术路线图包括行业层面的技术路线图（如图13-1所示）和企业层面的技术路线图（如图13-2所示）。

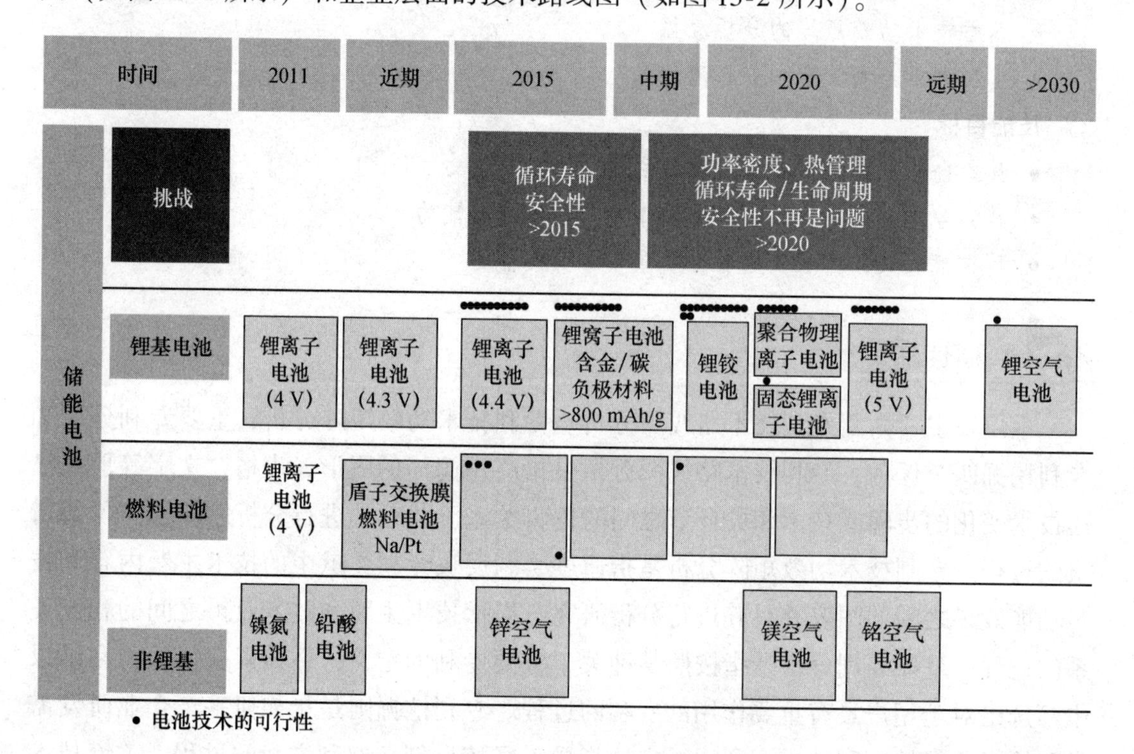

图13-1　行业层面的技术路线图①

① Fraunhofer ISI. 北极星智能电网．德国ESS/xEV储能电池技术路线图［EB/OL］．（2017-03-17）［2013-12-24］．http：//info. electric. hc360. com/2013/12/240940601305. shtml.

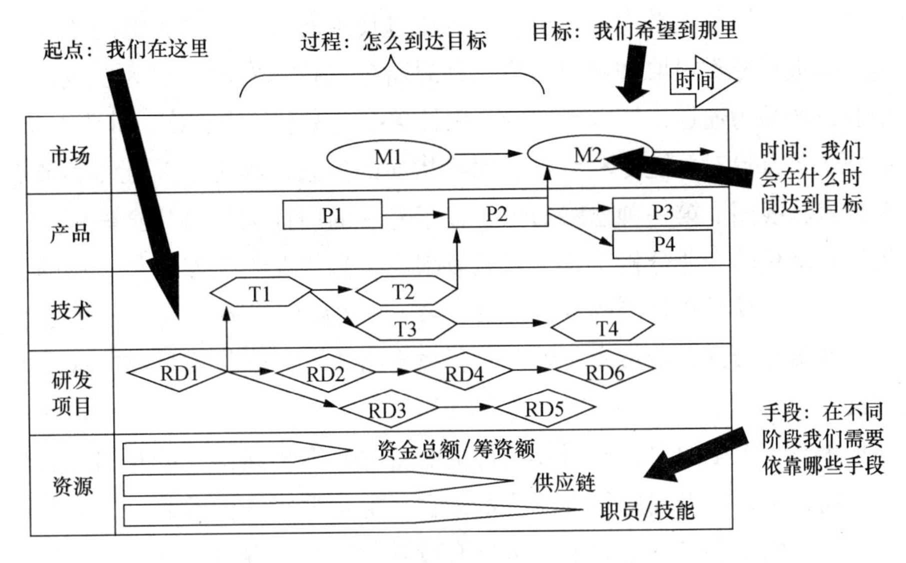

图 13-2　企业层面的技术路线图①

专利技术路线图属于技术路线图的组成部分，它代表了技术路线图研究的最新趋势。最早使用专利文献信息绘制技术路线图的是日本专利特许厅②，主要研究基础是利用专利文献信息披露的技术主题和技术细节来描绘特定领域的技术发展路径和主要关键节点。

研究专利技术路线图主要有以下用途。

（1）理清技术发展主流。

梳理专利技术路线图的过程，也是创新主体对所处行业回顾摸底的过程。通过将技术发展进程中的多条发展路径以及各路径中的关键节点进行形象化地展示，有助于认清创新主体在全盘中的相对位置，进而优化研发资源配置，以迅速迈入技术发展快车道。

（2）获取有效竞争情报。

专利技术路线图更像一份“作战地图”，图中标明了行业主要参与者的技术方向和技术基础。创新主体可以据此了解竞争对手的技术特色，甚至是专利储备筹码，判断与各竞争对手的合纵连横格局，进而制定适合自身发展的发展策略。

（3）明确技术布局方向。

技术路线图中最具现实指导意义的部分在于对现状及趋势的展示，通过对技术发展趋势的把握，可以指引创新主体优化技术研发方向，突出专利挖掘重点，进而达到技术结合专利布局的双重效果。

二、专利技术路线图的制作

专利技术路线图的制作一般有两种常见思路：第一种思路是利用专利的引证关系

---

① http：//auto. 163. com/09/1225/17/5RD5LN740008427D. html

② 马天旗等．专利分析方法、图表解读与情报挖掘［M］．北京：知识产权出版社，2015.

梳理出专利技术发展的全部内在逻辑，然后通过技术所要解决的关键问题或者产业发展的关键产品进行分类提取和修剪；第二种思路是以技术发展需求为主线，以各技术分支、企业或产品为通道，综合考虑专利引证关系、专利被引频次、非专利文献信息、行业公认技术节点等对关键专利节点有明确指向的信息，筛选出关键专利节点，进而梳理专利技术路线图。第一种思路的优势在于专利的引证关系得到全面汇总，并且由于可以利用自动化的专业分析工具，完成效率高，劣势在于关键专利节点的考量因素比较单一，有时容易导致片面的分析结果；第二种思路的优势在于考虑角度全面深入，但需要人工搜集和阅读大量技术文献，专利技术路线图的制作质量和完成效率更加依赖人的因素。

专利技术路线图中的关键专利节点与重要专利并不相同，关键专利节点是为了表示技术发展路径中首次出现的代表性技术，它一定是重要的技术节点，但并不说明它是重要的专利；而重要专利是为了表示具有较强的阻却、诉讼、许可、交易价值的专利，重要专利必须处于权利有效的状态，且往往对应于重要的技术。在实践操作中，筛选专利技术路线图的关键专利节点时，有时会借鉴重要专利的选取指标，但要注意从中挑选并且补充重要专利不能表达的那些关键专利节点。

案例展示 13-1

氧化物 TFT 专利技术发展路线分析

氧化物 TFT 是平板显示产业近年非常热门的一项技术，它主要用于开启/关闭施加于液晶单元的电压，以控制显示像素是否点亮。在绘制氧化物 TFT 专利技术发展路线的过程中，由于氧化物 TFT 相关专利近千项无法从人工阅读入手，项目团队首先对全球专利数据样本的引证绝对频次和相对频次进行统计排序，将专利阅读范围缩小在 200 项左右后进行逐篇阅读并标注发明点。此后，项目团队广泛收集行业重要论文，并听取行业技术专家意见，在结合产业发展实际状况的基础上对上述 200 余项专利进行比较和遴选，最终确定出氧化物 TFT 发展历程中具有代表性的 24 篇专利，梳理出氧化物 TFT 技术发展路线图①，见图 13-3。由于技术发展路线图所要表达的含义是技术首次问世并不断发展的过程，因此图中专利文献所选用的时间节点均为专利文献的申请日。

项目团队将氧化物 TFT 的整个发展历程划分为三个阶段：即萌芽期、理论突破期和产业促进期。以下为对该技术发展路线图的解读。

① 杨铁军．产业专利分析报告［M］．第 12 册．北京：知识产权出版社，2013.

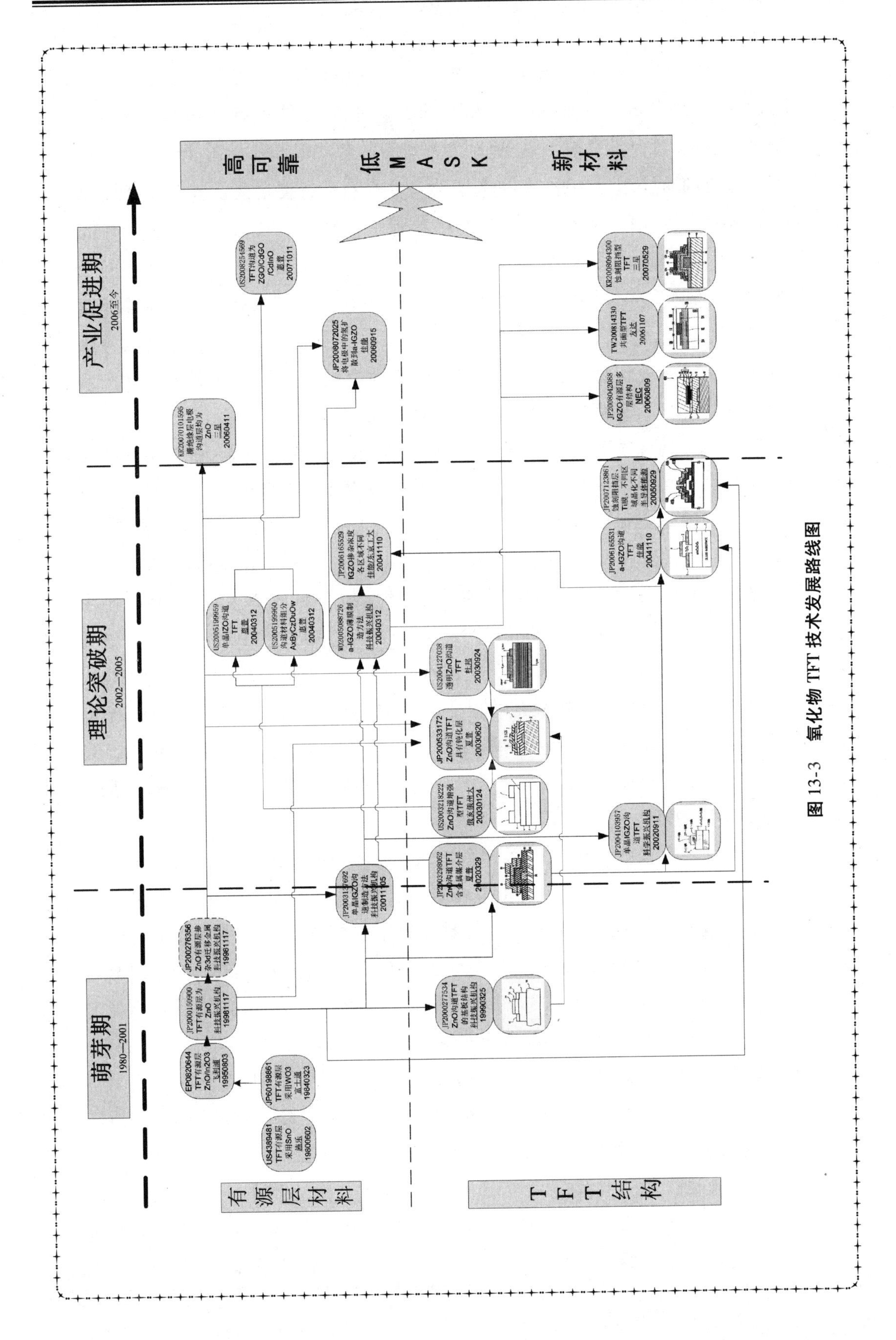

图 13-3　氧化物 TFT 技术发展路线图

萌芽期：早在1980年就出现了第一件有关用于驱动液晶显示装置的氧化物TFT的专利申请，申请人是施乐公司，其中沟道层材料为SnO。随后在1984年，富士通公司申请了以WO_3为沟道层材料的液晶显示用TFT，首次提出了透明TFT的概念。1995年飞利浦公司的专利申请提出液晶显示用TFT的沟道材料可采用ZnO或In_2O_3。在2000年前后，日本科技振兴机构相继申请公开了多篇有关ZnO沟道TFT的专利申请，其中最具影响力的专利是JP20000150900，该专利公开了TFT具有由ZnO组成透明沟道层、由掺杂第Ⅲ组元素的ZnO导电膜作为透明电极、由掺杂一价元素或第V组元素的绝缘ZnO膜作为透明绝缘物质，并且基板是透明的玻璃、宝石或者塑料。该专利首次系统地提出了透明TFT和透明显示的概念。

理论突破期：以专利JP20000150900为基础，夏普公司于2002年申请公开了一件关于ZnO TFT结构的专利，公开号为JP2003298062，该专利后来被大名鼎鼎的科学家细野秀雄多次引用，被认为是后来IGZO TFT的研究基础。对应于Hoffman团队和Carcia团队在2003年分别于Applied Physics杂志上同期发表的两篇里程碑式的论文，与论文相对应的专利申请也均于2003年申请，专利公开号分别为US2003218222和US2004127038。在这一时期，细野秀雄团队有关单晶IGZO薄膜、单晶IGZO TFT、非晶IGZO薄膜、非晶IGZO TFT的专利也相继公布，特别是关于非晶IGZO薄膜的专利WO2005088726有力推动了氧化物TFT从理论突破期向产业促进期的转变。在理论突破期，惠普公司和Hoffman团队还公开了关于单晶IGZO沟道的专利，专利公开号为US20051999959。

产业促进期：随着细野秀雄团队有关IGZO TFT的一系列专利相继被公开，氧化物TFT逐步走向产业化。在这一阶段，具有代表性的有关TFT结构的专利均采用非晶IGZO为沟道材料，其中包括株式会社半导体能源研究所的专利JP2007123861、友达光电的专利US200857631、三星公司的专利KR2008094300。根据与已公布的产业资料对比发现，株式会社半导体能源研究所、友达光电、三星公司所公开展示的显示器产品采用了上述专利描述的TFT结构。在这段时间里，Hoffman团队和佳能公司一直没有停止对沟道层材料的探索，在2008年公开的专利中提出沟道层材料采用ZGO、Cd-GO或CdInO，这些材料的效果和应用前景还需要产业的验证。

总体来说，氧化物TFT目前正朝着三个方向快速发展。一是提高TFT的可靠性，其中包括TFT性能对时间、温度、环境气体、光等因素的可靠性，还包括制造过程的可控性；二是减小生产工艺上Mask的次数，从而降低生产成本；三是发掘效果更佳的沟道层材料或调整已知材料配比，从而进一步提高 TFT 迁移率和开关特性。

专利技术路线图有很多种展现方式，不同的行业具有不同的关注焦点。例如，化学医药行业可以采用化学结构式的变化来表达技术演进，机械制造领域可以采取产品结构直观地展示技术发展路径，围绕核心技术可以通过描述各创新主体的技术改进历程的方式展现，围绕技术需求可以通过复合技术和产品发展双路径的方式展现。总之，专利技术路线图的展现形式不拘一格，针对不同分析目标可以有更优的选择，图 13-4、图 13-5 给出两种常见展现形式。

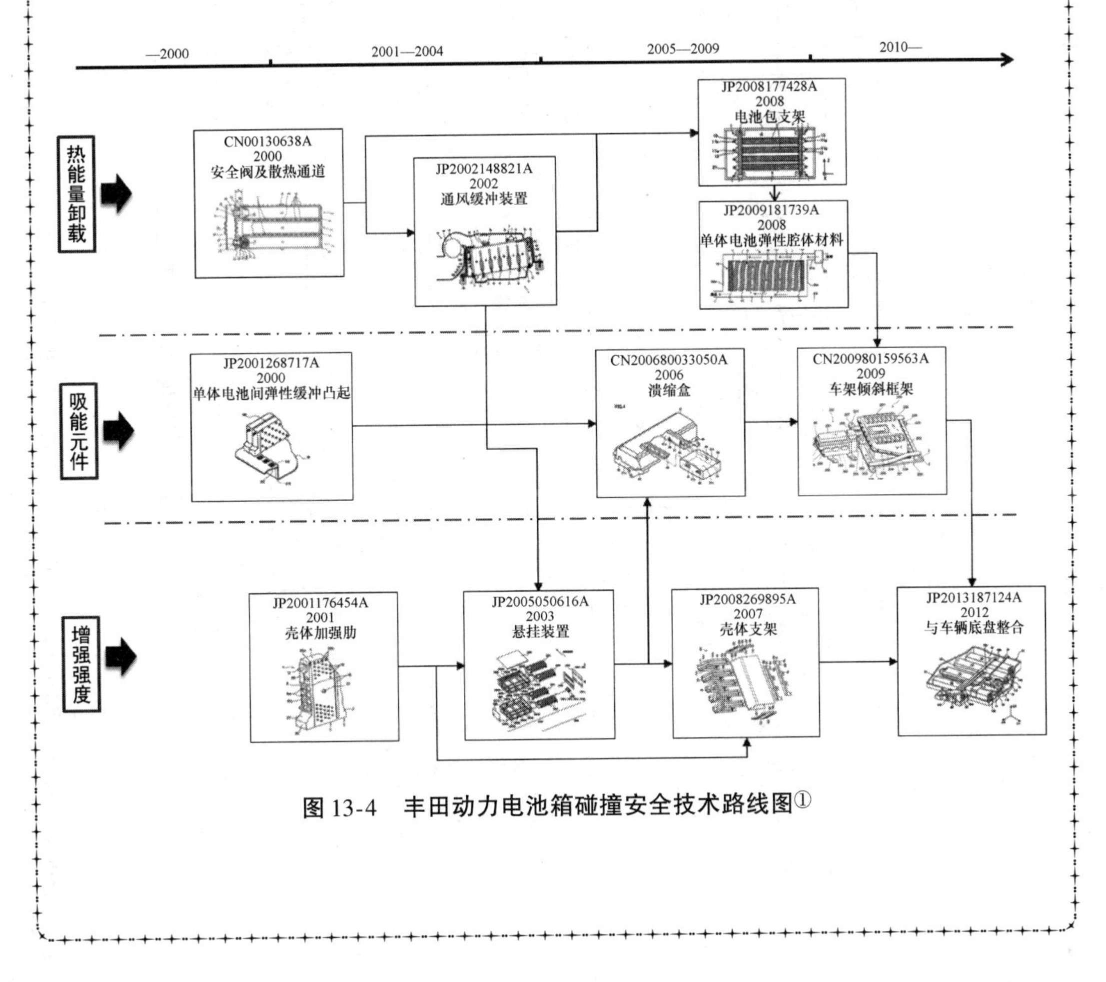

图 13-4　丰田动力电池箱碰撞安全技术路线图①

① 杨铁军. 产业专利分析：新能源汽车［M］. 第 38 册. 北京：知识产权出版社，2015.

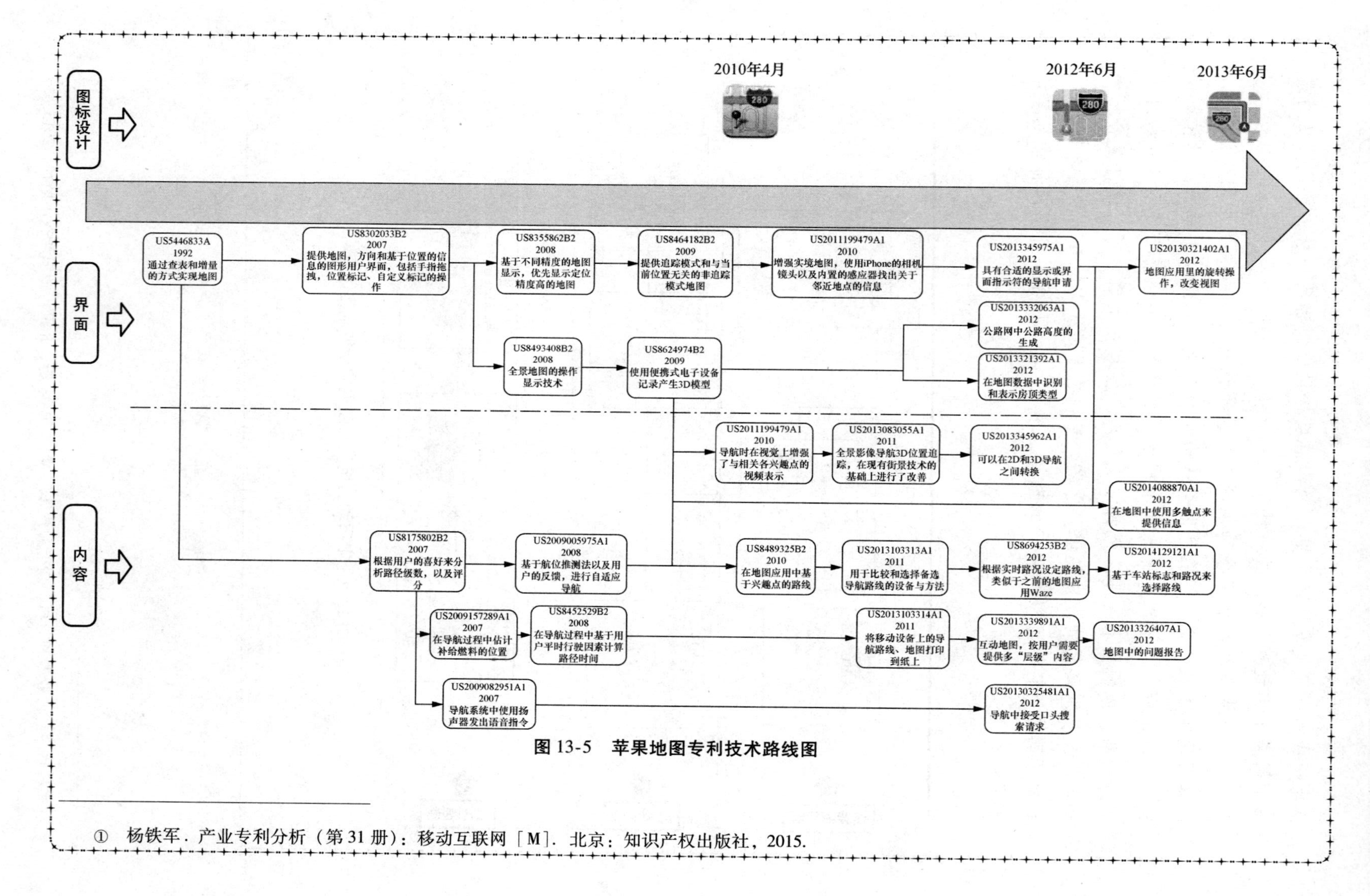

图 13-5　苹果地图专利技术路线图

① 杨铁军．产业专利分析（第 31 册）：移动互联网［M］．北京：知识产权出版社，2015.

技能训练 13-1

在人员流动频繁和网络信息化迅速发展的当今社会里，如何准确快速地鉴定个人身份、保证信息安全已成为一个亟待解决的社会问题。传统身份认证方法的局限为生物特征识别技术的发展提供了巨大的研究潜力和市场空间。虹膜位于晶状体和角膜之间，呈扁圆盘状，人眼的角膜是透明的，因此虹膜是外部可见的。目前中远距离虹膜识别技术具有很强的市场应用需求（人眼距离虹膜摄像头 0.2～1 米的距离为中距，1～3 米的距离为远距）。

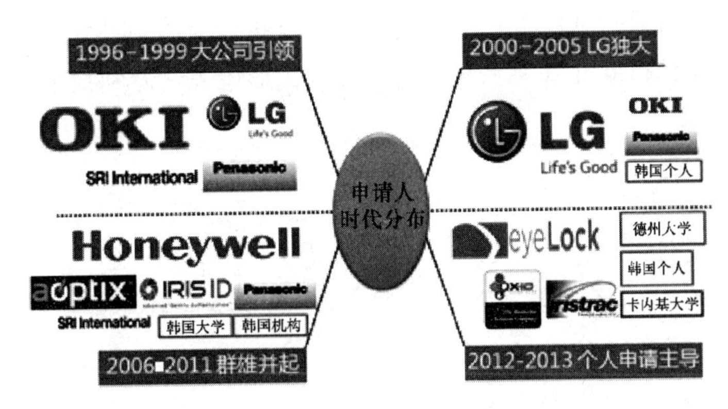

图 13-6　中远距离虹膜识别技术申请人时代分布①

训练要求　以小组为单位，针对图 13-6 中企业的中远距离虹膜技术进行专利文献和非专利文献检索，通过阅读专利对所检索文献进行技术手段标引，结合非专利文献披露的技术信息形成技术发展路线图，并撰写图表解读材料。

任务 34　专利技术功效矩阵分析

一、概念和意义

专利技术功效矩阵分析属于专利定性分析的一种，其通过对专利文献反映的技术

① 改编自：杨铁军．产业专利分析：智能识别技术［M］．第 33 册．北京：知识产权出版社，2015.

主题内容和技术功能效果之间的特征研究，揭示它们之间的相互关系。① 专利技术功效矩阵分析通常的展现手段是气泡图或综合性表格，从技术功效矩阵中可以看出专利申请在各技术分支上的不同技术需求的集中度差异，较为集中的可确定为技术重点，如结合时间维度分析，还可确定技术热点，而申请量较少甚至为零的，可以认为是技术空白点。技术人员通过专利技术功效矩阵分析，便于掌握专利集群布局情况，用于寻找专利挖掘点和技术突破点。

专利技术功效矩阵，必然要包括至少两个维度的专利信息，即技术主题内容和技术功能效果，参见图 13-7 和图 13-8。技术主题内容信息和技术功能效果信息并不是专利文献自带的著录项目，需要经过技术人员阅读专利文献后人工标引才能获得。专利技术功效矩阵所要揭示的对象主要是专利数量，既可以是专利申请数量也可以是专利授权数量，当然有时候也可以用罗列专利号的方式形象表达专利数量。

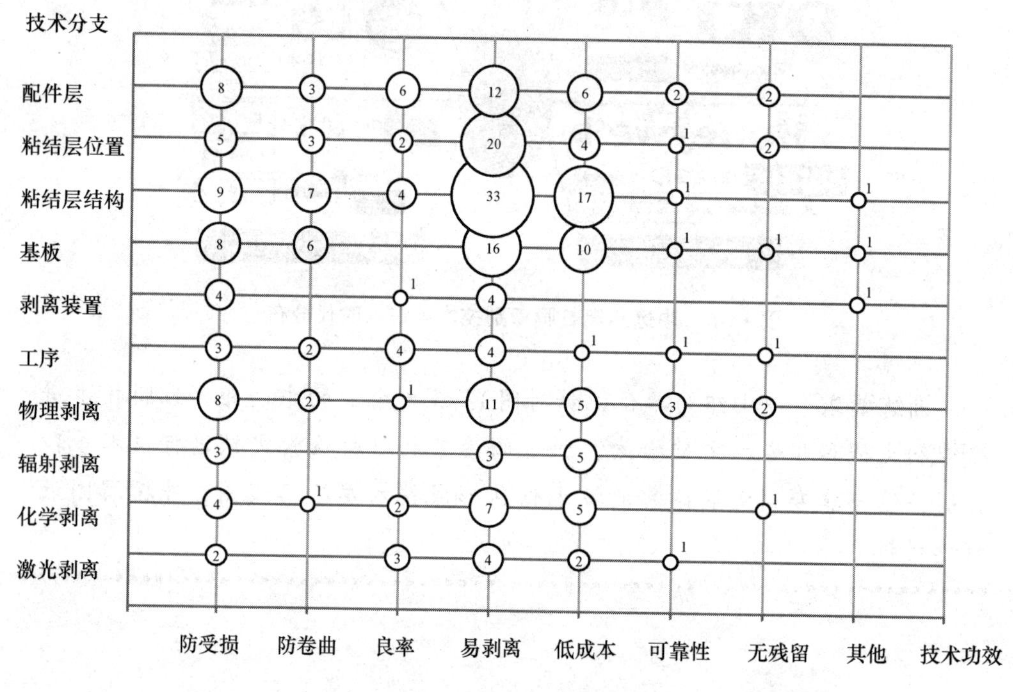

图 13-7 柔性显示技术的基板剥离技术专利技术功效矩阵②

根据对技术主题内容和技术功能效果的选取标准不同，专利技术功效矩阵分析可以分为宏观分析层次、中观分析层析、微观分析层次以及多维度分析层次。③

宏观分析层次是指所选用的技术主题词可用于任何技术主题的专利分析，而功能效果词来源于TRIZ 理论中的矛盾矩阵。例如，技术主题词可以包括：处理、结构、材

① 陈燕，方建国．专利信息分析方法与流程［J］．中国发明与专利，2005（12）：58.
② 杨铁军．产业专利分析：新型显示技术［M］．第 32 册．北京：知识产权出版社，2015.
③ 马天旗，等．专利分析方法、图表与情报挖掘［M］．北京：知识产权出版社，2015.

料、原理、动力、产品等；功能效果词可以包括支撑简化、操作方便、结构优化、成本降低、性能提高、节省能源、用途、节省时间等。中观分析层次是指所选用的技术主题词和功能效果词是从专利产品构成角度入手，可以明确划分出表达技术主题内容的各层次组件，并且可以推导出常规功能效果。微观分析层次是指所选用的技术主题词和功能效果词具有特定技术领域的特点，涉及非常具体的技术结构和发明目的，此前展示的“柔性显示技术的基板剥离技术专利技术功效矩阵”就是典型的微观分析层次案例。多维度分析层次是指在常规技术主题内容和技术功能效果两个分析维度的基础上，增加时间、申请人、区域等其他维度，使其变成三维以上的综合性分析。

案例展示 13-2

小原是世界上最大的焊钳供应商之一，其专利申请能在一定程度上反映焊钳供应商的研究的热点和重点，本田作为机器人点焊钳申请量最大的整车厂商。通过比较这家代表性企业的专利技术功效状况，可以探讨这两种类型的厂商在技术手段和技术需求上的异同。

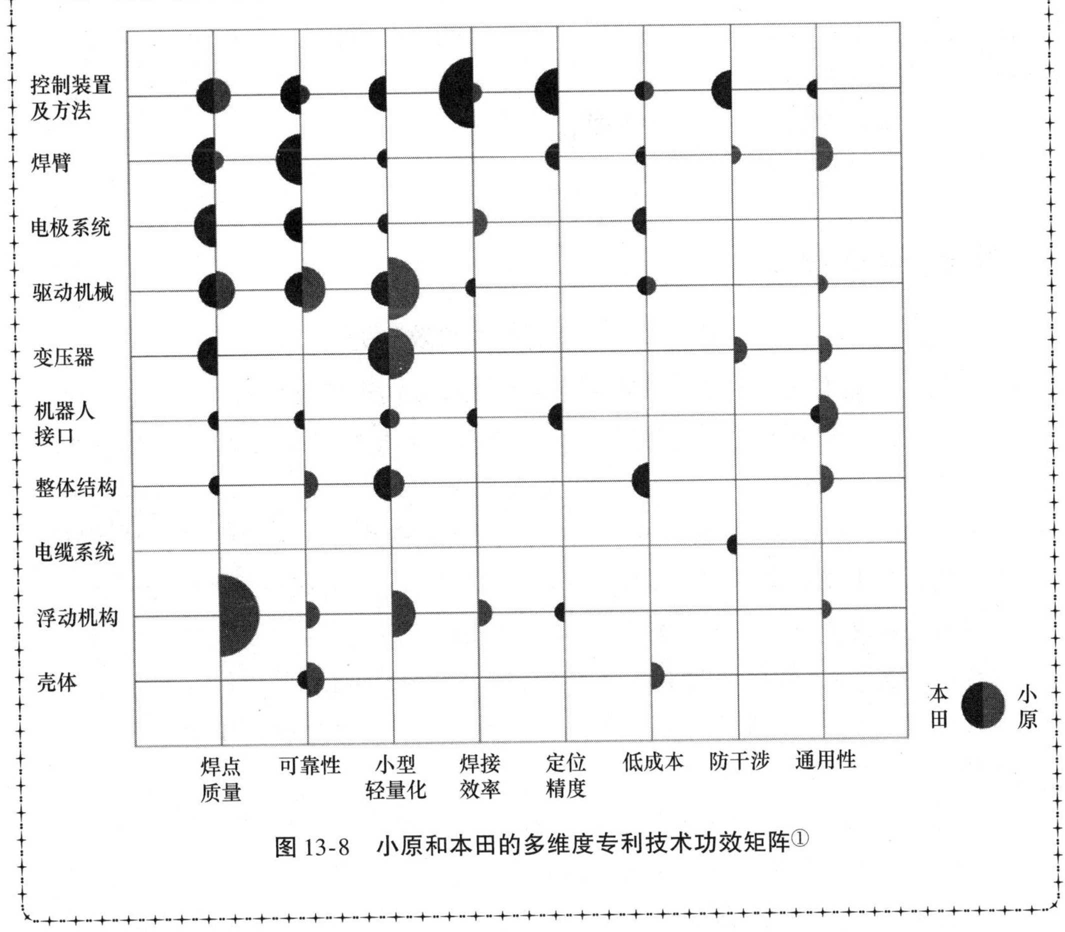

图 13-8 小原和本田的多维度专利技术功效矩阵①

① 杨铁军. 产业专利分析：工业机器人［M］. 第 19 册. 北京：知识产权出版社，2014.

二、专利技术功效矩阵的制作

制作专利技术功效矩阵的过程主要包括三步，核心在于第一步。

第一步，确定技术主题内容和技术功能效果的分类架构。

虽然有自动化的文本聚类工具可以辅助确定技术主题内容和技术功能效果，但碍于工具使用成本和领域条件限制，人工确定分类架构是目前主流的实施手段。人工确定技术主题内容和技术功能效果分类架构，就是根据特定领域专利文献披露特点，充分考虑行业技术专家意见，人为选定可用来标引技术主题内容和技术功能效果的词汇体系。确定的过程可以是经过几次迭代完成的，即：先初步确定分类架构，然后对少量专利文献按分类架构进行标引，根据标引反馈情况修正分类架构，如此往复，直至按上述分类架构的标引可以覆盖特定领域的全部专利文献。

第二步，专利文献阅读并进行分类标引。

此步骤就是为专利文献与技术主题内容、技术功能效果的分类架构建立一一对应的映射关系。在对专利文献进行标引的过程中，当目标分析数量较少时可以依靠人工标引的方式，当目标分析数量较多时应当依靠批量标引结合人工标引的方式，具体内容请参见本书模块8。

第三步，制作专利技术功效矩阵图表。

图表制作方法请参见本书模块10。

案例展示13-3

氧化物TFT专利技术功效分析

氧化物TFT是指半导体沟道层（又称有源层）采用金属氧化物制备的薄膜晶体管，又称金属氧化物TFT或Oxide TFT。氧化物TFT是2003年以后才逐渐热门起来的一项用作平板显示器件驱动开关的新技术，是目前AMOLED和LCD阵列基板制造研发的前沿技术。由于迁移率高、均匀性好、制程简单，氧化物TFT在制备3D、透明和高精细度显示屏方面有广阔市场前景。根据国家发展改革委办公厅《关于2010年继续组织实施彩电产业战略转型产业化专项的通知》，氧化物TFT成为国内企业突破AMOLED等新一代显示技术核心关键技术、逐步形成产业化能力的重点，国家对氧化物TFT平板显示器件产业化的投入进一步加大。

氧化物TFT是一种场效应半导体器件，包括衬底、沟道层、栅绝缘层、栅电极和源漏电极等几个重要组成部分。研究团队在充分考虑行业技术专家意见的基础上，根据技术研发侧重的不同，将攻克氧化物TFT技术手段划分为沟道材料、沟道工艺、沟道保护、绝缘层、电极、整体等六个方向。各技术手段的含义如表 13-1 所示。

表 13-1　氧化物 TFT 技术手段

技术手段	含　义
沟道材料	TFT 沟道层所采用的材料及其组分
沟道工艺	TFT 沟道层的形成方法和沟道结构
沟道保护	沟道层的保护层，例如，蚀刻阻挡层、缓冲层
绝缘层	栅绝缘层和钝化层
电极	TFT 电极所采用的材料及其结构，还包括电极与沟道层之间的接触膜
整体	TFT 的整体结构和整体形成方法，其发明点未强调上述其他技术分支

不同的制造工艺或 TFT 结构会导致氧化物 TFT 具有不同的技术效果，研究团队首先初步确定了功能效果分类；然后利用初步功效分类对 50 篇专利文献进行标引，在此过程中逐渐发现部分功效分支可以合并，以及发现需要补充新的功效分支；在修订功效分类后再次对 50 篇专利文献进行标引，最终经过 3 个循环的试错和反馈得以确定如表 13-2 所示的功能效果词汇体系。

表 13-2　氧化物 TFT 功能效果

功能效果	含　义
低成本	降低制造设备需要的成本
低阻抗	降低 TFT 的阻抗特性
低温	降低生产过程的工作温度
均匀性	产品各部分特性的均一性
可靠性	减小时间、温度、环境气体、光等因素对 TFT 性能的影响，还包括制造过程的可控性
开关比	提升 TFT 的开关特性，还包括栅极不施加电压时降低漏极电流
迁移率	提高电子迁移率，提升 TFT 切换速度
生产效率	简化制造工艺、提高生产效率、提升产量
透明	提高 TFT 的透明特性，包括提升开口率
其他功效	包括良率、寄生电容小、低功耗、柔性、集成度

研究团队利用最终确定的技术手段和功能效果词汇体系，对涉及氧化物TFT的所有专利文献进行了阅读和标引，最终绘制了如图13-9所示的技术申请功效图。以下是具体图表解读内容。

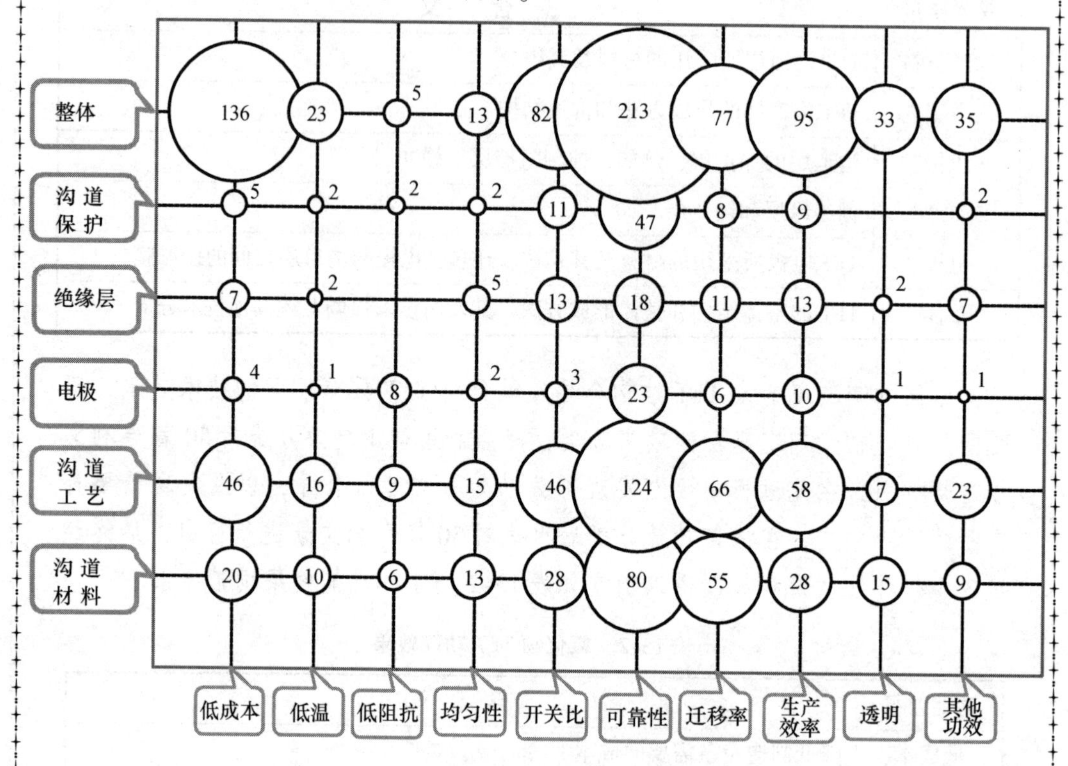

图13-9　全球氧化物TFT专利技术申请功效图①

如图13-9所示，整体、沟道保护、绝缘层、电极、沟道工艺和沟道材料技术分支都可以带来可靠性、低成本、低温、均匀性、开关比、迁移率、生产效率、透明的技术功效。图中气泡越大代表申请越集中，该技术分支的改进是带来该技术功效的主要技术手段。

总体上讲，提高可靠性和降低成本是目前氧化物TFT技术研发的两大热点，专利布局较为密集。由于整体技术分支涵盖了氧化物半导体的沟道工艺、绝缘层和沟道保护等多个方面，因此其对各个技术功效都有作用，其中带来效果最大的依次是可靠性、低成本、生产效率、开关比和迁移率。金属氧化物半导体层的沟道工艺和沟道材料对于氧化物TFT的可靠性、迁移率、均匀性、低成本影响较大。电极、绝缘层和沟道保护对于除稳定性之外的功效影

① 杨铁军．产业专利分析：液晶显示［M］．第12册．北京：知识产权出版社，2015.

响不大。

从图 13-9 可以看出，利用改进沟道保护提升透明效果以及改进绝缘层降低阻抗是氧化物 TFT 技术研发的两个空白点。虽然对于沟道保护技术分支来说透明功效处是一个空白点，但实际上并不是研究的方向，因为沟道保护是指形成于有源层表面或有源层和各接触电极之间的各种保护层及其形成工艺，主要用于防止生产过程中对氧化物半导体层的蚀刻，以提高稳定性，解决的相应技术需要主要不在透明度上。从图 13-9 中可看出，迁移率、可靠性、开关比和生产效率的研究已经较为深入，专利申请布局相对密集，而各技术分支对于低阻抗、低成本的研究相对较少。

技能训练 13-2

（延续前一技能训练 13-1）在人员流动频繁和网络信息化迅速发展的当今社会，如何准确快速地鉴定个人身份、保证信息安全已成为一个亟待解决的社会问题。传统身份认证方法的局限为生物特征识别技术的发展提供了巨大的研究潜力和市场空间。虹膜位于晶状体和角膜之间，呈扁圆盘状，人眼的角膜是透明的，因此虹膜是外部可见的。目前中远距离虹膜识别技术具有很强的市场应用需求（人眼距离虹膜摄像头 0.2～1 米的距离为中距，1～3 米的距离为远距）。

训练要求　以小组为单位，针对图 13-6 所示企业的中远距离虹膜技术进行专利文献检索，通过阅读专利对所检索文献进行技术手段和功能效果标引，形成专利技术功效矩阵，并撰写图表解读材料。

功能效果的标引标准如表 13-3 所示。

表 13-3　中远距离虹膜识别功效定义表

功能效果	含　义
易用性	采集装置的使用便捷度或图像采集容易程度
鲁棒性	在采集的图像存在缺陷时，识别算法仍然能准确比对
安全性	防伪加密手段提高设备安全性或应用领域的高安全性需要
实时性	数据检索机制使设备快速得到识别结果
降低成本	硬件数量减少或采用成本更低的硬件
增强识别效果	能够获得更好的识别率
应用扩展	针对特殊应用领域进行了软硬件改善

任务35　重要专利分析

本任务主要介绍一种新的、基于数学模型的从专利分析视角出发确定重要专利的方法，学习者可以在实际的专利分析工作中运用该方法，找到关心的重要专利文献。

案例展示13-4

在具体学习本任务介绍的重要专利分析方法所基于的筛选模型之前，先梳理一下通常被认为会影响专利技术重要性的影响因素，并对其与专利技术的重要性关系进行初步的分析。

具体而言，对专利技术重要性构成影响的因素包括：被引频次、引用属性、时间属性、国别属性、同族数量，以下分别进行介绍。

（一）被引频次

定义：被引频次，也称被引项数、引证次数、引证项数、被引频率、被引频次，指的是某个专利文献在首次公开之后，被后续专利文献引用的总次数。例如，一个专利文献 P^* 在2000年首次公开后，截至展开研究时，总计只在2005年、2008年分别被引用了7次、3次，那么该专利文献 P^* 的被引频次为10次（即 $7+3=10$）。

被引频次是用来评价专利重要性时最为常用的指标，以往，为了操作方便，可能会直接以开展研究时的时间点为基础，往前倒推一定时间间隔，相应的设定位于某个时间点之前的被分析专利文献 P^* 的被引频次阈值，并根据该阈值来设定哪些专利能够进入待筛选重要专利之列。举例来说，假定研究时间为2012年，按照以往的做法，直接统一设定1995年这一时间界限之前首次公开的被分析专利文献 P^* 的被引频次阈值（例如，40次），只有当某项专利的被引频次高于40次（即阈值为40次），才可能列入待筛选重要专利之列，类似的，对于1996—2006年之间首次公开的专利只有被引频次在20次以上（即阈值为20次）、对于2007年之后首次公开的专利必须被引频次在5次以上（即阈值为5次），才能够进入待筛选重要专利之列。

但是，对上述方法的分析结果进行了研究和分析，发现现实情况并非如此。有的专利，其技术本身可能很重要，授权年代也很早，但是被引频次并不特别高，如果单纯地以被分析专利的首次公开时间与研究时间的距离为依据来划定被引频次阈值，极可能会截断掉很多实际上技术重要性较高的专利①。为此，不能够单纯地以某个时间点为界限统一设定位于该时间点界限之前的被分析专利文献 P^* 的“专利被引频次”截断阈值，还应该结合考虑被分析专利文献 P^* 的首次公开时间 T_0 及其与后续施引文献的施引时间 T_c 之间的时间差 T_d 的关系②，将这些因素也纳入被引频次截断阈值的设定机制当中。

（二）引用属性

定义：引用属性，主要基于引用的来源进行区分，具体地说，其是基于后续专利文献对被分析专利文献 P^* 的引证是由谁发出来确定的，不同的引用来源，对于被分析专利文献 P^* 的技术重要性具有不同的影响程度。通过对常见的引用数据类型进行分析，提出如下的引用属性。

（1）申请引证（C_{rf}）：即施引文献的申请人发出的引证，申请引证进一步又可以分为自引引证 C_{se}③与他引引证 C_{ot}④，即 $C_{rf} = C_{se} + C_{ot}$。

（2）审查引证（C_{ex}）：即施引专利文献在专利审查机关的审查过程中，由审查员发出的引用被分析专利文献 P^* 的引证⑤。

对应于不同的引用属性，其对于被分析专利文献 P^* 的技术重要性影响亦不相同。一般而言，对于申请引证，发出引证的申请人、发明人特点（比如是申请人、发明人自身引证，还是其他申请人、发明人引证，以及是否是重要申请人/重要发明人）⑥ 等因素，对于被分析专利文献 P^* 的技术重要性具

---

① 即将实际上技术重要性较高的专利排除在待筛选重要专利之外。例如，专利 DE854157C（首次公开时间 1952 年，远在 1995 年这一时间界限之前），该专利后续总被引次数为 18 次，如果以 40 次作为截断阈值，该专利显然就会被排除出待筛选重要专利之列。

② 这种关系由时间属性表征，详细说明见本案例“（三）时间属性”部分的介绍。

③ 施引文献申请人与被分析专利文献 P^* 的申请人相同。

④ 施引文献申请人与被分析专利文献 P^* 的申请人不同。

⑤ 主要包括检索员引证、审查员引证，其他的可能还包括复审阶段、异议阶段的引证，乃至于发生专利纠纷时的法庭诉讼阶段的引证等。考虑到易操作性和相关数据获取的难度，本研究目前仅考虑了检索员引证和审查员引证。

⑥ 关于申请人、发明人是否是重要的申请人、发明人，影响因素也较多，除了专利方面的因素，也包括专利之外的因素，例如，申请人或发明人所属企业的规模、技术实力等。专利方面的因素，同样有不同的指标表示，例如，申请量、授权量等，以及另外一个很重要的专利指标，就是被引证情况，即：施引文献的申请人、发明人是否是经常被他人引用的申请人、发明人，此时就涉及“二级引证”的情况，即施引文献的被引用情况。本案例展示中的重要专利筛选模型中，为不使模型过于复杂，未将二级引证纳入。不过如果后续能够进一步将该因素考虑进来，应该能够使评价模型得到进一步的完善，以获得更为高效、合理的结果。

有正相关的影响，容易设想，如果申请引证由重要的申请人、发明人发出，那么被分析专利文献 P^* 的技术重要性相对越高。遗憾的是，与前面提到的被引频次因素不同，这类影响因素难以直接量化。较为合理和可行的方式是通过赋予申请人、发明人属性一定的权重，借此对引用被分析专利文献 P^* 的引用频次进行加权，由此获得加权后的引证频次数值，并以该加权计算后的值作为进一步筛选的依据。更进一步的，在具体选择权重时，可能需要进行相应的差异化设计，例如，同样是申请引证，申请人自引引证的价值权重一般而言要低于其他申请人引证的价值权重①，而重要申请人引证的权重相对的应该比非重要申请人的权重更高。

此外，对于审查引证，同样也应当有所区分。例如，被分析专利文献 P^* 被用作了审查引证，并且成功地缩限了其他专利申请②的保护范围或者直接否定了后续专利申请的专利性，那么该施引文献的引证价值权重应该相对更高。

总之，对于引证数据，除了要考虑原始的被引频次数据，还应当兼顾引用的属性，通过对引用属性的细化分类，赋予不同的引证价值权重，使基于引证数据的专利技术重要性判断更趋合理。

（三）时间属性

定义：时间属性，涉及被分析专利文献 P^*、施引文献两类文献的时间属性，更具体地说，是指被分析专利文献 P^* 的首次公开时间 T_0、施引文献的申请时间 T_c（即对被分析专利文献 P^* 发出引证的时间）以及两者之间的时间差 T_d。

前面已经提到，应该结合考虑被分析专利文献 P^* 的首次公开时间 T_0 及其与后续施引文献的施引时间 T_c 之间的时间差 T_d 的关系，设置被分析专利文献 P^* 的被引频次截断阈值，这种考虑的原因在于被分析专利文献 P^* 首次公开之后，其就可能会被后续的专利文献所引用，但是，被分析专利文献 P^* 在之后的不同年份中，被后续专利引用的频率并非是呈持续的线性增长趋势，而是与施引文献的申请年份（即施引时间年份）T_c 与被分析专利文献 P^* 首次公开年份 T_0 的时间差 T_d 具有曲线的方程关系，因此，同样是 1995 年之前首次公开的专利文献，1980 年首次公开的专利文献 $P1^*$ 与 1985 年首次公开的

① 考虑到某些领域可能存在某些申请人在某个技术领域具有非常强的技术优势，这类申请人可能仅会进行自引证，这种情况下自引权重并非总是低于他引权重。

② 即后续的施引专利文献。

专利P2*两者的被引频次截断阈值[①]应当有所不同，不宜按照以往的做法直接将1995年之前首次公开的专利文献P*的被引频次截断阈值统一设定为一个相同的数值（例如40）[②]，而应该综合考虑T_0、T_c、T_d进行设置。

（四）国别属性

对于被分析专利文献P*被引频次截断阈值的设置，还有一点需要注意，就是被分析专利文献P*的国别属性。经过对全球主要专利审查机构[③]对专利引文信息处理方式的分析发现，美国（USPTO）、欧洲（EPO）、日本（JPO）的审查机构是目前在专利引证信息的规定方面做得较好的几个，其中尤以美国做得最为完善[④]。查看美国的专利文献可知，其扉页上详细记载了申请引证、审查引证信息，并且在相应的专利数据库中对引证信息进行了详细、完善的标引，为后续基于引证信息的检索、统计和分析奠定了良好的基础。

正是由于这种对于引证信息处理机制的差异，导致美国专利文献的被引频率往往较高，欧洲（包括德国、英国和法国等）、日本的专利被引频率相对较低，因此，如果仅仅考虑被引频率，而忽略了被分析专利文献P*的国别属性，那么很容易造成对于专利技术重要性的判断偏差。为此，在基于引证数据进行专利技术重要性判断时，还应当引入被分析专利文献P*的国别属性，在分析过程中，对不同的国别属性给予一定的加权权重，以对这种国别差异进行调整，将这一因素纳入被分析专利文献P*被引频次截断阈值的设置机制当中，使筛选结果更为合理。

（五）同族数量

对于被分析专利文献P*，其是否向多个国家或地区提出申请，与其重要性具有较为密切的关系。一般而言，如果一项专利技术向多个国家或地区提出专利申请，那么其技术重要程度相对而言更高[⑤]。因此，在筛选重要专利时，如果能够在考虑被引频率的基础上，进一步综合考虑专利申请的同族数

---

① 对应于不同的首次公开年份T_0，截断阈值具体设置为多少合适，还应该结合其他因素综合考虑，具体可以依据式（13-1）计算获得的结果进一步设定。

② 当然也可能设置为其他值，但不论具体为什么值，其缺陷都在于没有区分1995年之前的专利文献P*的首次公开年份时间。

③ 主要指EPO、JPO、KIPO、SIPO、USPTO及WIPO。

④ 我国目前正在大力加强专利引文信息的处理，并具体由国家知识产权局（SIPO）下属的专利技术开发公司对我国所有专利文献的引文数据进行专业化处理。相信在不久的将来，我国专利审查机关将提供高质量的专利引文数据信息。

⑤ 当然，这其中也可能会包括市场方面的影响因素，但是技术本身的重要性不能够否定。

量属性，得出的结论应能更为合理，而且由于同族数量的信息易于获取，因此可操作性高，实际中易于应用。

值得说明的是，在考虑被分析专利文献 P* 的同族数量时，也要注意不同国家、地区申请人的特点以及技术领域和市场的特点，比如有的地区的申请人具有较强的向外申请偏好，例如日本申请人；有的由于技术发展的时代和地域特点导致某个阶段的申请可能向外申请较少，比如早期的德国申请人的专利申请，这些同族数量少的专利并不一定是技术重要性不高。因此，应当综合多方面因素考虑，究竟具有多少同族数量的被分析专利文献 P* 应当列入待筛选重要专利之列①，并非同族数量越多，就必然代表技术重要性越高。

因此，为了能够在将同族数量因素纳入筛选模型的同时，尽量抑制由于单纯依靠同族数量而导致不恰当地截断待筛选重要专利的不足，进一步提出“同族平均被引证”概念，即：在综合前述 4 类影响因素获得的被引情况基础上，进一步求取被分析专利文献 P* 的“同族平均被引证”数据，并以此作为判断以被分析专利文献 P* 为代表的专利技术重要性的最终依据。

在综合考虑前述的专利技术重要性影响因素的基础上，提出如下的、以引用特性为基础的重要专利筛选模型，并用式（13-1）表示：

$$C^* = \sum_{k=1}^{m} (\zeta_k(\sum \alpha_i \cdot C_{se \cdot k \cdot i} + \sum \beta_i \cdot C_{ot \cdot k \cdot i} \cdot k \cdot i + \sum \delta_i \cdot C_{ex \cdot k \cdot i}))/m \quad (13\text{-}1)$$

下面对式（13-1）中的各个参数进行简要说明。

（1）下标 i 为表征申请年份的参数，i 的取值为被分析专利文献 P* 的首次公开时间年份到展开研究分析时的历年时间年份②；下标 k 为表征同族的参数，k 的取值为 $1 \sim m$（m 表示被分析专利文献 P* 的同族数量）③。

（2）$C_{se \cdot k \cdot i}$ 表示 i 年份中对于被分析专利文献 P* 的第 k 个同族，其申请人自己引用被分析专利文献 P*④ 的引证次数（即自引引证次数）。$C_{ot \cdot k \cdot i}$ 表示 i 年份中对于被分析专利文献 P* 的第 k 个同族、其他申请人引用被分析专

① 以前的研究大多提出，一项具有重要意义的专利，至少应当具备 2 项以上的同族，但是这种限制性规定并不一定合理，并为此针对同族数量提出进一步的分析模型。

② 例如，专利文献 DE854157C 的首次公开时间年份为 1952 年、若分析时间为 2012 年，i 的取值即为 1952—2012 年之间的历年申请年份（1952，1953，…，2012）。

③ 例如，某项被分析专利文献 P* 具有 5 项同族，那么 k 的取值为（1，2，…，5）。

④ 某些特殊情况下，还包括被分析专利文献 P* 的同族。

利文献 P* [①] 的引证次数（即他引引证次数）。$C_{ex \cdot k \cdot i}$ 表示对于被分析专利文献 P* 的第 k 个同族，审查员在审查申请年份为 i 年份的专利申请时引用被分析专利文献 P* [②] 的引证次数（即审查引证次数）。

（3）α_i、β_i、δ_i 是分别用以加权对应于 i 年（份）的自引引证次数、他引引证次数、审查引证次数的权重系数。

（4）ζ_k 为对应于被分析专利文献 P* 第 k 个同族的国别属性的加权系数。

下面是关于影响 α_i、β_i、δ_i、ζ_k 等加权系数取值的因素及简要分析。

（1）α_i、β_i、δ_i 影响因素。

一般而言，α_i、β_i、δ_i 受以下因素影响。

① 引证文献的申请年份时间 T_c 与被分析专利文献 P* 首次公开时间的时间差 T_d。

一项专利技术首次被公开之后，随着时间的推移，其被后续专利文献引用的被引总次数必然是逐渐增加的[③]，但是在首次公开之后的一定时间之内，被分析专利文献 P* 的被引证次数并不是持续的线性增长，而是会呈现出先增后减的曲线发展态势。而与之相对的，该时间段内的引证文献对被分析专利文献 P* 的技术重要性的影响却呈现先减后增的趋势。这背后的逻辑在于，当一项专利技术被首次公开之后，如果其在短时间之内会被迅速地引用，那么足以表明该技术或者该领域是极为重要的，或者这是一项具有开创性意义的新技术。但不管是哪一种，均足以表明其技术的重要性。而随着被分析专利文献 P* 被公开的时间增长，其所代表的技术愈来愈为该领域中的技术人员所熟知，因此，其被引频次会在一定时期到达较高的水平。有以往的研究[④]表明，平均而言，一项专利在授权公告5年之后会达到被引次数的顶峰。根据该研究，美国、加拿大、欧盟地区和日本的专利 P* 的被引频率与滞后时间差的关系曲线如图13-10所示。

---

①② 以及某些特殊情况下被分析专利文献 P* 的同族。

③ 当然，我们这里指的是被分析专利文献 P* 会被引用的时间段内，如果在某个时间之后被分析专利文献 P*，不再被后续专利文献引用，则被分析专利文献 P* 的被引总次数将保持不变。

④ 平均而言，一项专利会在5年左右达到被引峰值，当然，这还与专利所属的技术领域有关。（ADAM B. JAFFE，MANUEL TRAJTENBERG. Proceedings of the National Academy of Science. Vol. 93，pp. 12671-12677，November 1996）

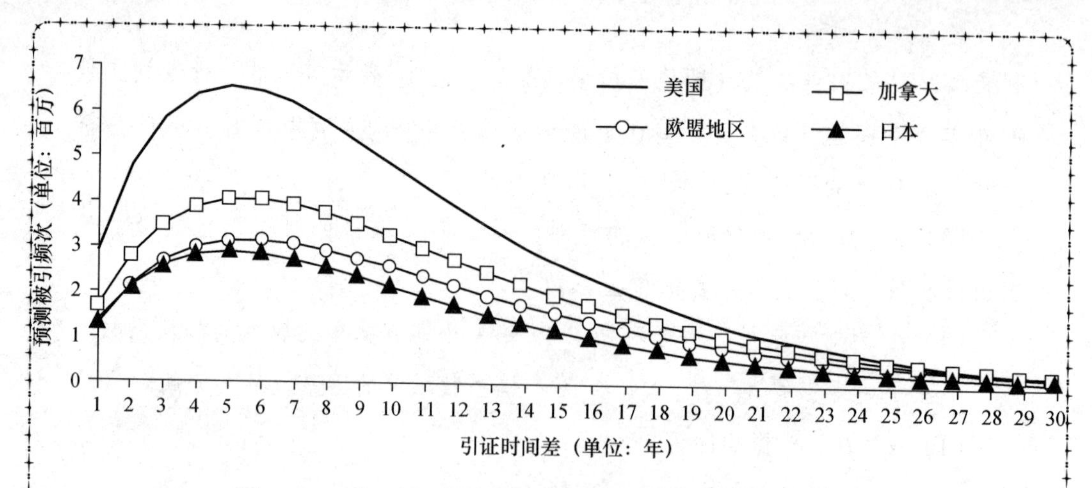

图 13-10 美、加、欧、日专利被引频率与引证时滞的关系

同样是在该研究中，给出了常见技术领域（医药、化工、电子、机械、其他技术领域）的被分析专利文献 P* 的被引证次数与滞后时间差的关系曲线如图 13-11 所示。

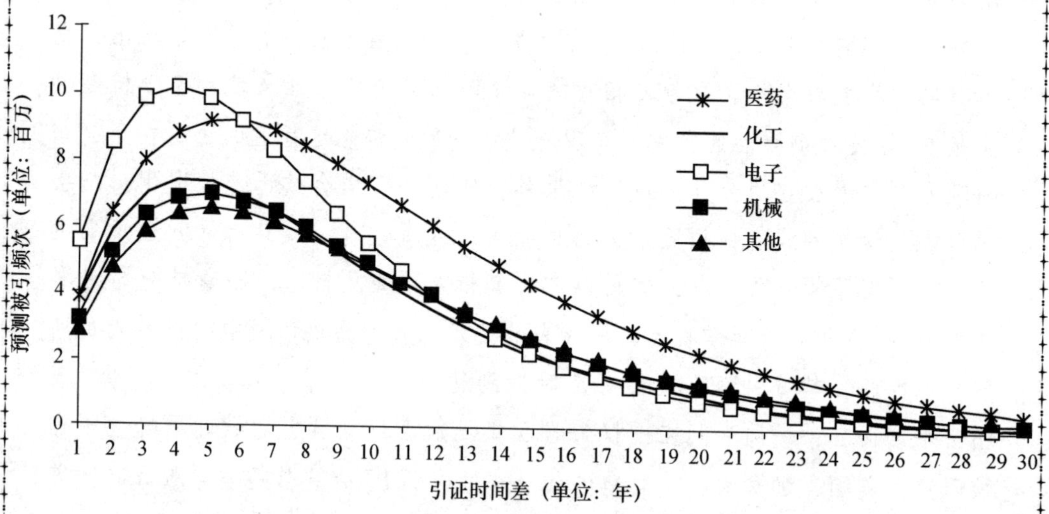

图 13-11 不同技术领域专利被引频率与引证时滞的关系

由上面两个图可知，不论是以国别为基础、还是以专利技术所处的技术领域为基础，一项专利基本上在公告后的 5 年左右达到被引证次数的峰值，并且明显呈现出前期增长速度较快、后期慢速降低的态势。

经分析，虽然被分析专利文献 P* 在对应于引证峰值年份具有最大的被引证次数，但此时的引证对于被分析专利文献 P* 技术重要性的影响并不一定是最高的，反而是最弱的，而在引证高峰过去之后，如果被分析专利文献 P* 仍然能够在之后的很长时间内被后续专利文献引用，反应的是被分析专利文献 P* 的技术影响的持续性。因此，在高峰之后时间差相距越远的引证文献，其对于被分析专利文献 P* 技术重要性的影响逐渐增加。也就是说，对应于不同时间差 T_d 的引证次数，其对于被分析专利文献 P* 的技术重要性的影响并不是相同的、不是恒定不变的，而是呈一定的曲线关系。

在前述逻辑分析基础上，提出 T_d 与 α_i、β_i、δ_i 等加权系数之间的 U 形曲线关系，并用（α_i，β_i，δ_i）$=F$（T_d）表示，其关系示意图如图 13-12 所示。

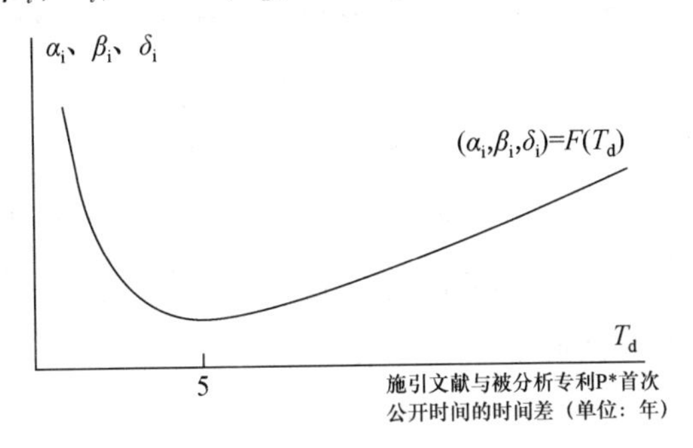

图 13-12　α_i、β_i、δ_i 与 T_d 的曲线关系

② 申请人、发明人特性。

施引文献的申请人、发明人特性，施引文献本身是否被后续专利文献引用，与 α_i、β_i 之间存在正相关关系，即施引文献的申请人、发明人越重要，施引文献本身技术重要性越高①，则 α_i、β_i 越大。

③ 被分析专利文献 P* 的"专利破坏性"。

对于发出审查引证的施引文献而言，如果其权利要求或保护范围由于被分析专利文献 P* 而受到的缩限越明显，则表明被分析专利文献 P* 对该施引文献的"专利破坏性"越强，δ_i 的取值越大。

（2）ζ_k 影响因素。

对于加权系数 ζ_k，其与被分析专利文献 P* 的国别属性相关。一般而言，根据目前不同国别或地区专利管理机构对于引证数据的规定情况和对引证数据的处理程度②的差异，为不同国别的被分析专利文献 P* 赋予不同的 ζ_k 值。

根据初步分析，对于 ζ_k 值的具体取值需要采用循环验证的方式确定一个较为合理的值，但是，对于一些主要的国别而言，ζ_k 的取值至少应该遵循这样的条件，即：$\zeta_{us}<\zeta_{ep}<\zeta_{jp}<\zeta_{kr}<\zeta_{cn}$。

① 例如，经常被后续专利文献引用。

② 包括数据的规范性、易获取性、易处理性等。

总之，在主要基于引证数据这一数据指标查找和确定重要专利时，应当秉持“并非每个引证具有同样重要的作用”的理念，区别对待引证文献，综合考虑被分析专利文献 P^* 本身的属性，对被分析专利文献 P^* 进行引证的引证属性等因素，以更为合理的方式从大量被引专利文献中查找、筛选出潜在的重要专利，并供后续进一步分析①。

技能训练 13-3

训练要求 以3～5个人为一组，以苹果公司创始人之一乔布斯作为发明人，检索获得其全球专利分布，然后参照上文的模型设定相应的加权值，按照重要性高到低的顺序，对乔布斯的专利进行排序，排序时请按照简单同族的方式将不同国家或地区的专利合并为一个记录。

注：如果学习者觉得分析乔布斯的专利技术有困难，可以通过预检索的方式确定感兴趣的技术领域的重要发明人（申请人），并按照上面的要求进行练习。

任务 36 专利挖掘

本任务将结合具体案例，向学习者介绍“专利挖掘 1 + 2”理论方法（即“专利挖掘：专利文献 + 头脑风暴/TRIZ”指导方法），以便学习者能够将其运用到实际工作中。

案例展示 13-5

本案例涉及一种可变温度保温注塑成型模具。以下我们逐步阐述如何在检索获得的专利文献基础上，运用“专利挖掘 1 + 2”理论方法，挖掘出技术方案并形成专利申请文件②。

---

① 例如，基于查找的重要专利，进一步分析特定的发明人、特定的申请人，以及重要专利的技术流向等。

② 虽然实际专利挖掘过程中，申请专利并不是唯一的最终目标（例如，也可能是出于规避设计的目的进行技术方案的挖掘），但对于我国大多数企业而言，如果能够通过专利挖掘获得更多高质量的专利申请，同样是具有多重价值的。

（1）寻找现有技术。

专利挖掘工作的第一步，便是通过检索获得相关的现有技术[①]，并通过快速阅读，获得具有较高参考价值的专利文献作为现有技术基础。对确定的现有技术进行深入阅读与理解，获得现有技术采用的主要技术方案和存在的缺陷。例如，对于本案例，现有技术主要采用的方案和存在的缺陷可以概括如下。

现有技术方案只能够实现模具保温，保温措施大多采用：① 模具外敷保温层；② 通过辐射、感应加热模具表面，采用非接触的加热方式加热；③ 通过在模具外表面加工槽或孔，循环气体或液体等方式来保温。对于温控方面一般采用：① 通过模具上开孔，预埋传感器测温；② 外置测温传感器，通过测量气体或液体温度来监控模具本身温度。

现有技术中存在的主要缺陷是，保温实际上只是做到了模具恒温，这对于模具整体温度要求一致的情况没有问题，但是对于特殊的产品在注塑成型过程时需要不同温度、持续不同时间，则无法实现，从而达不到注塑成型的要求，影响产品质量。此外，现有温控装置对于注塑成型过程时对温度场要求高的产品无法准确监控温度。

（2）技术化语言表达。

在确定现有技术后，初步确定本案例要解决的问题是，如何获得能够适用于特殊产品、能够实现保温和区位控温并进行精准温度检测的模具，从而确保注塑成型产品质量。

但是，这样的问题表述方式对于技术方案提供人员而言，其指向性不够。技术方案提供人员面对保温变温、区位控温、精准测温问题时，面临的选项

① 在此需要提醒注意的是，专利挖掘过程中的检索，与通常提到的FTO侵权检索、专利有效性检索、知识产权局审查员在进行专利申请审查的检索等检索操作的基本手段是相似的，即利用关键词、分类号等检索手段，但目标不同。因此，对于检索过程的控制不同，例如，对于专利审查的检索、FTO侵权检索、专利性检索基本都不需要关心查全率和查准率（至少不用特别在意查全率、查准率），它们仅需要找到感兴趣的目标文献（很多情况下哪怕只找到一篇）即可停止检索。同时，专利挖掘的检索，与通常的专利分析项目中的检索在查全率、查准率的关注方面也不相同，专利分析中对于查全率、查准率要更加关注，因为它涉及最终分析样本的完整性、准确性问题，这对于分析结果的准确度、可信度影响很大；而专利挖掘中，显然不是只找到一篇文献就不再检索了，因为这和专利挖掘本身要做的事情-从诸多专利文献基础上寻找新的技术方案的基本思路不相符，但专利挖掘中的检索又无法像专利分析中的检索一样试图做到“穷尽”，因为这样很可能会浪费太多的精力在检索上而不是技术挖掘上。实际上，还有一个隐含的条件这里希望再提及一下，就是专利挖掘过程中，对于“挖掘出来的技术方案”，需要在该方案一出来时就到专利文献中再次检索，看看类似的（甚至相同的）技术方案是不是已经在现有专利文献中已经记载，这对于后续将挖掘出来的技术方案申请专利的情况尤其重要，否则会导致专利申请的“无用功”。

太多，以至于可能无法做出高效选择，从而失去了技术改进的方向[①]。因此，我们需要用技术化语言来尽可能明确地表达希望技术方案提供人员改进的地方。

例如，对于本案例，可以考虑这样表达：如何使得模具的温度可以变化？如何使得模具不同位置的温度不同？如何对模具不同部位的温度进行精准测控？

通过这样的技术化语言表达[②]，技术方案提供人员能够获得更明确的改进方向指引，从而在检索获得的专利文献基础上有针对性地进行挖掘。

（3）“专利挖掘1+2”理论工具。

现在，我们已经检索获得了待挖掘的现有专利技术，已经明确了要解决的技术问题，接下来就是要运用相应的方法和工具，挖掘出可以解决问题的技术方案。本任务的“专利挖掘1+2”理论工具，可以帮助技术方案提供人员更高效地找到解决方案，该理论工具实际上指的就是专利挖掘过程中最为重要的两个过程。

第一，检索获得专利并阅读理解专利文献，这一步在前面已经基本完成；

第二，两种技术方案寻找方法，即头脑风暴法和发明问题解决理论（TRIZ）方法。

头脑风暴法：头脑风暴法主要源自管理学领域，是为了保证群体决策的创造性，提高决策质量而发展出来的一种改善群体决策的方法。头脑风暴法用通俗的话可以理解为大讨论，就是两个以上的人员[③]就同一个问题共同探讨解决方案，每个人抛出自己的想法，最后综合众人意见，找出相对较好的解决方案。在头脑风暴法过程中，有以下几个原则值得注意并遵循：绝对平等、没有权威；海阔天空、纵容想法；倾情鼓励、互相启发。

TRIZ方法：TRIZ方法或理论由被尊称为TRIZ之父的苏联科学家阿奇舒勒（G. S. Altshuller）创立。Altshuller曾在苏联知识产权局工作，在处理世界各国著名的发明专利过程中，他发现了人们进行发明创造、解决技术难题时，

① 这种问题对于改进选项少的情况可能影响不大，但对于大系统、大设备、多方向的情形则可能影响很大。

② 值得注意的是，“技术化语言表达”在不同情况下，表现的程度也不同，例如，有的情况下，技术化语言表达可以具体到对于某个部件的具体特性的改变（例如，希望对某个部件的材料进行改变，而不是希望该部件的某个物理属性得到改变，因为某种材料的应用就可以直接导致该物理属性的变化），而很多情况下，技术化语言无法具体到这样细致的程度。

③ 当然也可以是自己对自己（这种情况对于这个单个个体要求很高）。

可以遵循的科学方法和法则，从而能迅速地实现新的发明创造或解决技术难题。之后，Altshuller领导的团队分析了数百万份专利，总结出各种技术发展进化遵循的规律模式，以及解决各种技术矛盾和物理矛盾的创新原理和法则，建立了TRIZ理论。其随后在全世界范围内持续发展，至今已经形成了包含40个核心基本原理（参见表13-4）的丰富TRIZ体系。

表13-4　TRIZ理论的40个基本原理

1	分割原理	21	快速原理
2	抽取原理	22	变害为利原理
3	局部质量原理	23	反馈原理
4	非对称原理	24	中介原理
5	组合合并原理	25	自服务原理
6	多元性原理	26	复制原理
7	嵌套原理	27	替代原理
8	重量补偿原理	28	机械系统替代原理
9	预先反作用原理	29	压力原理
10	预先作用原理	30	柔化原理
11	预置防范原理	31	孔化原理
12	等势原理	32	色彩原理
13	反向作用原理	33	同化原理
14	曲线曲面化原理	34	自生自弃原理
15	动态原理	35	性能转换原理
16	部分超越原理	36	相变原理
17	多维动作原理	37	热膨胀原理
18	机械振动原理	38	逐级氧化原理
19	周期性动作原理	39	惰性环境原理
20	有效动作持续原理	40	复合材料原理

TRIZ理论对于专利挖掘过程中针对确定的技术问题寻找技术方向具有很高的参考价值，它的40个原理能够给技术人员以启发，指引技术人员按照某个原理的含义，去寻找符合该原理的具体技术手段。假设我们现在面临的技术问题是如何提高鞋底的防滑性能。运用TRIZ理论，可以从多个角度获得启示，例如，按照基本原理31孔化原理①，通过把鞋底设置为孔化（如图13-13

① a. 把物体做成多孔的或利用附加多孔元件（镶嵌、覆盖等）；b. 如果物体是多孔的，事先用某种物质填充空孔。

左所示)，可以提高鞋底防滑性能。或者按照基本原理24中介原理①，通过在鞋底设置中介部件（如图13-13右所示)，达到提高鞋底防滑性能的效果。还可以参照其他基本原理（例如基本原理3局部质量原理、基本原理40复合材料原理，以及多个原理的组合)，限于篇幅，不再赘述。

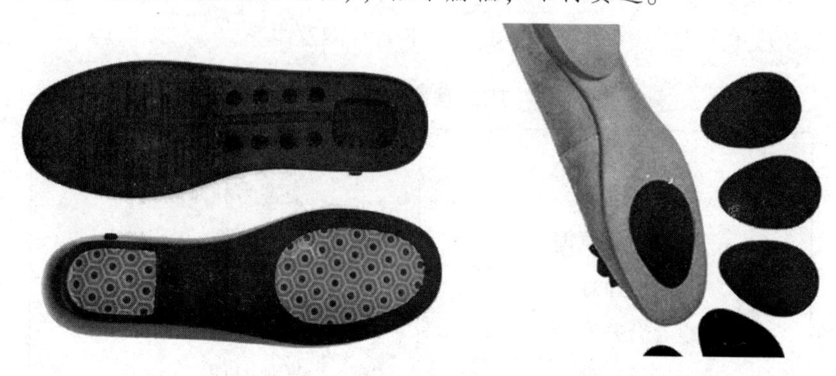

图13-13　鞋底孔化示意图

回到本任务的可变温度保温注塑成型模具案例，通过运用头脑风暴的方法，在现有专利文献的基础上，找到下面的解决方案。

(1）除具有保温措施外，增加加热冷却循环装置，在保温层和模具之间，模具本身增加液体循环系统，在模具外侧增加液体加热冷却装置，通过对液体升温、冷却后注射到模具里来解决变温问题。

(2）在模具本身增加加热棒安装孔安装加热棒，根据产品成型时对温度的要求设计不同功率的加热棒，通过对不同位置、不同功率的加热棒进行分数量、分区域控制，可以根据实际产品使用需要的具体温度需求，对加热棒工作程序控制，解决区位控温的问题。

(3）在保温层和模具之间的加热冷却管道和模具内部增加光纤温度传感装置，通过对实际使用模具的温度场需求，完成不同测温点的温度监控，通过温度数据的监控，控制加热棒工作、外界加热冷却装置的工作，从而智能精确控制模具的温度场，解决精准测温控温的问题。

以上述三个解决方案为基础，按照专利文献的规范，就可以形成相应的专利申请文件。

---

① a. 利用可以迁移或有传送作用的中间物体；b. 把另一个（易分开的）物体暂时附加给某一物体。

技能训练 13-4

液化天然气（Liquefied Natural Gas，LNG）在使用时，一般通过液化天然气储罐进行存储，而在液化天然气储罐的使用过程中，由于液化天然气储罐随着使用时间的延长，会从大气中吸热，从而使得液化天然气汽化为 BOG 气体，从而导致液化天然气储罐内的压力升高，产生安全隐患。因此，面对的主要问题是：如何进行 LNG 储罐的降温稳压？

训练要求　以小组为单位，检索获取有关 LNG 储罐降温稳压技术的中国专利文献，快速阅读检索出的专利文献，确定与要解决的技术问题密切相关的专利文献，并找出现有技术中主要采用的解决方案和存在的问题，并在此基础上，运用头脑风暴法或 TRIZ 理论，挖掘用于解决所面对技术问题的技术方案。

知识训练

一、选择题（多项选择）

1. 关键技术分析可以通过（　　）来进行分析。

   A. 专利技术路线图　B. 技术功效矩阵　C. 重要专利　D. 专利挖掘布局

2. 技术路线图是指应用简洁的图形、表格、文字等形式描述（　　）。

   A. 技术变化的步骤　　B. 技术相关环节之间的逻辑关系

   C. 关键节点上的核心技术　　D. 基础技术

3. 技术功效分析可以获得（　　）信息。

   A. 技术空白点　　B. 研发热点

   C. 不同技术分支的总量　　D. 技术发展趋势

4. 技术人员通过专利技术功效矩阵分析，便于掌握（　　）。

   A. 专利集群布局情况　　B. 用于寻找专利挖掘点

   C. 用来寻找技术突破点　　D. 主要申请主体的技术分布

5. 根据对技术主题内容和技术功能效果的选取标准不同，专利技术功效矩阵分析可以分为（　　）。

   A. 宏观分析层次　　B. 中观分析层析

   C. 微观分析层次　　D. 多维度分析层次

二、简答题

1. 请简述研究专利技术路线图的主要用途。
2. 请简述专利技术路线图如何制作。

3. 重要专利如何获取？

4. 重要专利可以帮助企业研发人员获取哪些信息？

5. 如何进行专利挖掘布局？

综合实训

车载式环保型空气净化器又叫车用空气净化器、汽车空气净化器，是指专用于净化汽车内空气中的PM2.5、异味、有毒有害气体、细菌病毒等车内污染的空气净化设备。它的基本工作原理如下：机器内的微风扇（又称通风机）使车内空气循环流动，污染的空气通过机内的空气过滤器后将各种污染物清除或吸附，然后经过装在出风口的负离子发生器（工作时负离子发生器中的高压产生直流负高压）将空气不断电离，产生大量负离子，被微风扇送出，形成负离子气流，达到清洁、净化空气的目的。

实训操作

1. 实训目的

通过实战练习帮助学习者熟悉技术分析的维度，能够灵活运用技术分析的各种手段，进而可以进行专利挖掘。

2. 实训要求

将学习者按照领域分为5～8 人一组，每组选出一名组长，负责组织协调本组学习者的各项工作。在实战的过程中，教师要给予建议和指导，并检查各组实战工作的进展和完成情况。

3. 实训方法

（1）检索“车载式环保型空气净化装置”这一主题的中国专利文献，查全率、查准率均要超过90%。

（2）梳理该技术主题的中国专利技术路线，确定当前车载空气净化技术的主要发展方向，并分析各发展方向存在的主要问题。

（3）制作“车载式环保型空气净化装置”的技术功效矩阵，撰写分析意见，并给出专利挖掘建议。

模块 14　竞争对手分析

知识目标

- 熟悉区域布局包括的分析维度
- 熟悉产品布局包括的分析维度
- 熟悉研发团队包括的分析维度
- 了解专利风险的来源和分析维度

实训目标

- 掌握竞争对手区域布局规划的分析流程
- 掌握竞争对手产品技术布局规划的分析流程
- 掌握竞争对手发明人团队组成的分析流程

技能目标

- 具备独立完成区域布局分析的能力
- 具备合作完成产品布局分析的能力
- 具备合作完成研发团队分析的能力

本模块主要介绍区域布局分析、研发团队分析和产品技术布局分析三个任务。

区域布局分析是对特定领域或者选定的申请人的专利，在各个国家和地区的分布情况进行分析，并通过对图表的解读得出相关结论的方法。区域布局分析可以反映一个国家或地区的技术研发实力、技术发展趋势、重点发展技术领域、区域领军企业状况等。

研发团队分析是对市场主体中的研发团队（发明人）的分析，一般针对行业内的重要发明人，通常需要先收集发明人的各方面信息，然后对发明人的专利申请特点，研发重点等方面进行分析。分析申请人的核心发明人或发明团队可以反映出申请人的研发管理体制和激励机制等多方面信息。

产品技术布局分析是针对选定或者特定领域的技术或者产品相关的专利，进行按照时间、按照重点技术或者按照分类的分析，反映某一技术的发展趋势、生命周期、演进过程、技术热点/空白点等。对某行业技术发展趋势的分析是为了了解该行业的整体发展态势以及技术发展动向。这有助于该行业的从业人员或研究人员对行业有一个整体认识并适当地调整自身的研发重心。

任务37　区域布局分析

竞争对手通常会在目标市场进行专利布局，以提高自身对目标市场的占有率和竞争力。因此，对这些主要的竞争对手的专利区域布局进行分析，对于了解行业的整体区域分布是非常有必要的。专利的区域布局对了解竞争对手和本领域可以合作的公司有着重要的意义。

区域分布主要分为市场主体的区域分布或国别分布两种情况，一种是体现在优先权中的国别信息，表示该国别或地区为技术输出地，反映出市场主体的国籍、公司总部或研发中心所在地。另一种是体现在专利公开号中的国别信息，表示市场主体希望在该国别或地区获得专利保护，反映出市场主体的专利布局策略。因此分析市场主体专利的区域布局对于展现市场主体的市场布局、发展历史以及技术发展状况有重要意义。对于市场主体的专利区域分布也需要结合多方面信息，包括专利申请的年代分布，技术分支分布以及各区域的市场发展情况等。①

案例展示14-1

汽车碰撞安全领域区域分析②

在研究汽车碰撞安全领域的专利时发现，这个领域主要申请人研发的安全带技术是影响汽车碰撞安全性能的重要技术，因此，决定对这些申请人安全带技术领域的专利进行分析。首先，为了对汽车安全带领域的申请人专利布局情况有所掌握，在专利检索和数据整理的基础上，获得主要申请人安全带专利申请的来源与去向的宏观布局情况。如图14-1所示。

分析提示

下面简要说明获得上述宏观层次专利布局信息的专利信息分析过程。

首先，数据获取。显然，为了进行专利布局分析，需要有相应的数据支持。本案例中，为了获得宏观数据，在技术分解的基础上，利用关键词、分

① 改编自：杨铁军．专利分析实务手册［M］．北京：知识产权出版社，2012.

② 改编自：杨铁军．产业专利分析报告：汽车碰撞安全［M］．第9册．北京：知识产权出版社，2012.

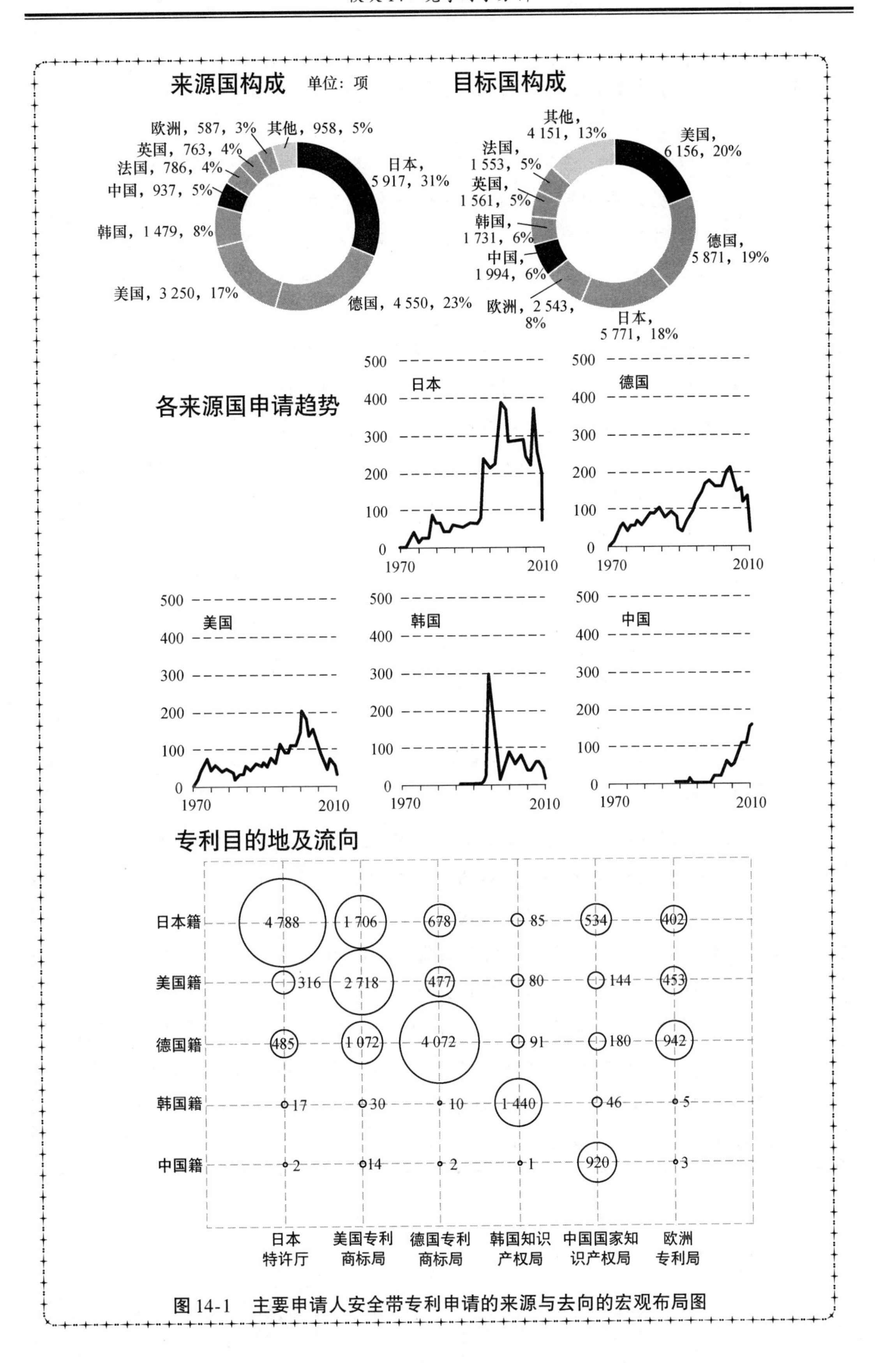

	日本特许厅	美国专利商标局	德国专利商标局	韩国知识产权局	中国国家知识产权局	欧洲专利局
日本籍	4 788	1 706	678	85	534	402
美国籍	316	2 718	477	80	144	453
德国籍	485	1 072	4 072	91	180	942
韩国籍	17	30	10	1 440	46	5
中国籍	2	14	2	1	920	3

图14-1　主要申请人安全带专利申请的来源与去向的宏观布局图

类号、申请人等检索要素进行检索，在满足查全率、查准率的前提下，确定了安全带技术领域的专利文献。

其次，数据处理。在确定了目标文献（本案例中，安全带专利技术文献）之后，根据需要对目标文献展开分析。本案例中，由于需要做的是专利申请的来源国和目标国分析，从而可以掌握是哪个或哪些国家或地区的申请人在布局安全带技术领域的专利，以及是在哪个或哪些国家或地区进行布局。

再次：绘制图表。根据上面分析获得的信息，绘制相应的图表。

最后，对图表进行解读，明确（宏观）专利布局情况。①

对于本案例的宏观层次布局分析，可以获得如下信息。

(1) 来自于日本、德国和美国的专利申请占到了汽车安全带领域申请总量的70%以上，说明这三个国家是该领域的主要专利技术发源地，中、韩两国申请人后发追赶优势明显。

(2) 美、德、日、中、韩是主要专利布局目的地，也是重要的销售市场目的地。

(3) 由于主要的汽车市场（美、日、中、韩、欧洲地区）都具有密度较高的专利布局，对于中国出口汽车企业而言，要做好专利风险评估与排查。

技能训练 14-1

作为一个国际品牌，欧姆龙的名字早已在其诞生地日本家喻户晓。1933年，立石一真在大阪建立了一个名为立石电机制作所的小型工厂。公司在起步阶段除了加工定时器外，曾经一度专门生产保护继电器，这两种产品的制造成为欧姆龙的起点。为了适应时代的发展，1990年开始，公司名称与品牌名称实现了统一，改为“欧姆龙株式会社”。

自1933年5月10日创业至2008年的75年中，欧姆龙集团已经发展成为全球知名的自动化控制及电子设备制造厂商，掌握着世界领先的传感与控制核心技术。截至2007年3月，欧姆龙集团已经拥有员工33 824人，全球营业额近61.38亿美元。产品达几十万种，涉及工业自动化控制系统、电子元器

① 改编自：杨铁军．产业专利分析报告：汽车碰撞安全［M］．第9册．北京：知识产权出版社，2012.

件、汽车电子、社会系统以及健康医疗设备等广泛领域。

人脸识别，特指利用分析比较的计算机技术。人脸识别是一项热门的计算机技术研究领域，人脸追踪侦测，自动调整影像放大，夜间红外侦测，自动调整曝光强度；它属于生物特征识别技术，是对生物体（一般特指人）本身的生物特征来区分生物体个体。欧姆龙公司在人脸识别方面也有比较突出的成绩。

训练要求　以小组为单位，按照检索出的欧姆龙公司关于人脸识别方面的专利，并分析欧姆龙公司人脸识别区域布局，最后根据上述信息形成区域布局图。

任务 38　研发团队分析

在首先挖掘出行业内的重要发明人或发明人团队之后，从基础进行分析，可以从发明人申请的专利量结合申请的时间年代来分析，以便获取发明人的研发技术领域以及目前主要的研发方向。

从深入一些的角度分析时，可以从技术分支和申请时间两个维度结合分析，这样根据主要发明人的研发动向，就可以得到一定的行业技术演变的历史或者行业的技术发展方向，以及目前行业的前沿技术热点。

通过上述分析可以找到竞争对手的一些主要研发人员，竞争对手有代表性技术的研发方向，甚至是可以合作或者聘用的主要研发人员等信息。①

案例展示 14-2

友达光电主要发明人申请技术领域分布

表 14-1　友达光电公司主要专利发明人的技术领域分布

	李重君	李世昊	李倍宏	柯崇文	苏志鸿	李纯怀	黄维邦	吴元均	蔡子健	蔡宗廷
材料	5	9	0	17	0	0	0	0	0	0
结构	18	24	14	5	5	2	8	2	4	2
封装	1	0	2	0	13	1	0	0	0	0
应用	12	7	9	3	6	15	8	11	10	11
工艺和设备	1	0	10	4	7	0	2	1	0	0

① 改编自：杨铁军．专利分析实务手册［M］．北京：知识产权出版社，2012.

分析提示

从表 14-1 中可以看出有机发光二极管行业的友达光电公司主要专利发明人的技术领域分布。各发明人侧重的领域差别较大，李重君在材料、结构、封装、应用、工艺和设备五个领域均有专利申请，但在封装、工艺和设备领域中仅仅有个别申请，申请数量极少，而主要申请领域在结构和应用领域。李世昊在材料、结构和应用三个领域有专利申请，其余两个领域封装、工艺和设备领域中没有申请，其主要申请领域在结构领域。李倍宏在结构、封装、应用、工艺和设备四个领域有专利申请，其主要申请领域在结构、工艺和设备领域。①

案例展示 14-3

氧化物 TFT 技术领军者——细野秀雄团队分析

细野秀雄于2004 年在英国的学术杂志《自然》上发表 IGZO（Indium Gallium Zinc Oxide）TFT 的相关论文，并带领研发团队致力于氧化物 TFT 的研发。

（一）细野秀雄团队的重要专利申请

在这些重要专利申请中，发明人团队比较稳定，这有利于持续、稳定地进行深入研发。

传统以氧化锌（ZnO）作为有源层时，由于 ZnO 以多晶体相的状态形成，导致载流子在多晶体晶格之间的界面上散射从而降低了电子迁移率。此外，ZnO 容易在其中导致氧缺位（Oxygen Defect），从而产生大量的载流子电子，这使得难以降低电导率。因此，即使没有向晶体管施加栅电压，也会在源极端子和漏极端子之间产生很大的电流（漏电流），从而使得不可能实现 TFT 的常断状态和更大的晶体管开关比。虽然现有技术也给出了浓度不低于 $10^{18}/cm^3$ 的电子载流子的材料作为有源层，但并不能得到足够的开关比。因此，传统的氧化物膜无法提供载流子浓度低于 $10^{18}/cm^3$ 的膜。

细野秀雄团队基于 ZnO 作为有源层存在的问题进行了研发，在涉及解决该问题的这些重要发明中，有 6 个申请（JP2005325369、JP2005325365、JP2005325370、JP2005020980、JP2005325371、JP2005325364）的最早申请日都是在同一天，都是 2005 年 11 月 9 日，且主要内容都是基于上面提到的 ZnO 作为有源层存在的问题，从而使用载流子浓度低于 $10^{18}/cm^3$ 的金属氧化物作

① 杨铁军．专利分析实务手册［M］．北京：知识产权出版社，2012.

为有源层材料制造TFT，从材料、制造工艺和制备EL、OLED、LCD各个方面进行了研发。

在这些主要发明中，大部分具有较多的同族专利，并且在多个国家进行了布局。如JP2005020980在10个国家和地区进行了申请，其中公开了使用电子载流子浓度低于$10^{18}/cm^3$的氧化物作为TFT的有源层，重点公开了氧化物可以包含In、Zn、Sn或者包含In、Ga、Zn的氧化物（也即IGZO），并详尽公开了氧化物还可以是电子载流子浓度低于$10^{18}/cm^3$的Li、Na、Mn、Ni、Pd、Cu、Cd、C、N、P、Ti、Zr、V、Ru、Ge、Sn和F中选择的一种元素或多种元素。该申请实际上涵盖了绝大部分用于TFT有源层的金属材料，因此是一篇极其重要的专利。

在这些主要发明中，同族申请时间跨度较大，大部分都在5～6年，因此可以看出细野秀雄团队的研发持续性很强。一方面是研发团队的稳定性强，能够持续进行研发；另一方面，随着大尺寸LCD显示器对扫描频率的需求，常用的TFT的开关速度已经不能满足需求，而氧化物TFT正好能够满足需要，OLED的不断发展对氧化物TFT的需求更是旺盛。

细野秀雄团队专利申请的申请人主要是佳能（CANO）、东京工业大学（TOKD），另外还有日本科学技术振兴机构（JSTA）和霍亚公司（HOYA）。这与细野秀雄团队隶属于东京工业大学、细野秀雄团队与佳能的合作、细野秀雄是日本科学技术振兴机构ERATO项目负责人以及JSTA对细野秀雄团队的大力支持有关。

（二）细野团队的其他相关发明及技术发展路线

从1995年开始，细野秀雄团队就开始倡导TAOS（透明氧化物半导体）的设计，且细野秀雄在1999年成为JST ERATO项目的负责人。

细野秀雄研究团队开发氧化物TFT的相关事件如图14-2所示。

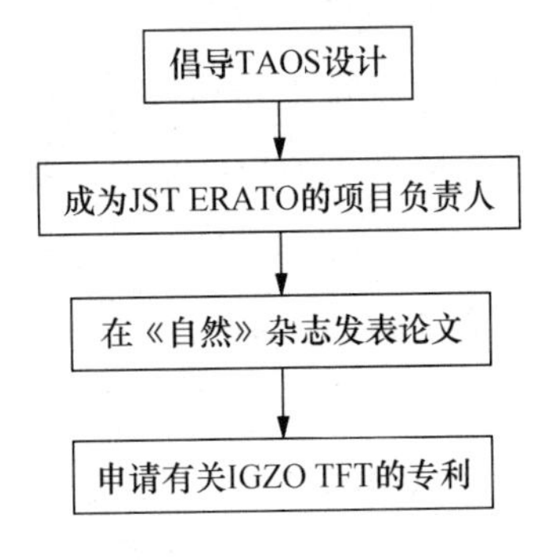

图14-2 细野秀雄研究团队开发氧化物TFT的相关事件

2004年11月，细野秀雄团队在《自然》杂志上发表了一篇名为《室温下利用非晶氧化物半导体制造透明柔性薄膜晶体管》的文章，作者依次为：野村研二、太田裕道、高木彰浩、神谷利夫、平野正浩、细野秀雄。野村研二、太田裕道、平野正浩属于前沿协作研究中心内的JST的ERATO-SORST，高木彰浩属于材料和结构实验室，神谷利夫同时属于上述两个机构，而细野秀雄在同时属于上述两个机构的同时，还属于前沿协作研究中心。从表14-2可以看出，细野秀雄在整个研发团队中的领导作用。

表14-2　细野秀雄团队构成

<table>
<tr><th>团队名称</th><th colspan="3">团队成员</th></tr>
<tr><td>ERATO-SORST</td><td>野村研二、太田裕道、平野正浩</td><td rowspan="2">神谷利夫</td><td rowspan="3">细野秀雄</td></tr>
<tr><td>材料和工程实验室</td><td>高木彰浩</td></tr>
<tr><td>前沿协作研究中心</td><td></td><td></td></tr>
</table>

因为柔性衬底不像传统的硅基衬底那样耐受高温，因此如何在制造温度和显示性能之间平衡成为亟待解决的问题。基于此，细野秀雄团队通过使用新型的半导体材料，也即由In-Ga-Zn-O构成的透明非晶氧化物半导体用于TFT的有源层。在室温下，将IGZO沉积到聚对苯二甲酸乙二醇酯上，获得了超过$10cm^2V^{-1}s^{-1}$的霍尔效应迁移率，在数量级上远大于氢化非晶硅的迁移率。利用这种TFT制造的设备在TFT片弯曲时仍能保持稳定的性能。该篇文章奠定了细野秀雄团队研发的基础，并为未来的研发指定了方向。此外，在2010年，细野秀雄团队还在《自然》杂志上发表了一篇名为《透明非晶氧化物半导体的材料性质和应用》的文章，在该文中，主要描述了一些材料和应用这些材料作为有源层的TFT的进展。

（三）与细野秀雄有关的专利转让事件

细野秀雄于2004年在英国的学术杂志《自然》上发表IGZO TFT的相关论文后，日本大型面板厂商的反应十分迟钝。“看到论文后立即与我们联系的企业是佳能、凸版印刷、韩国LG电子以及三星的研发部门——三星尖端技术研究所（SAIT）”（细野秀雄）。当时，很多日本面板厂商都在氧化锌半导体的实用化方面遭受过挫折。据说这些厂商对成分与氧化锌半导体相似，而且使用稀有金属In的IGZO表明了拒绝态度。另外一个原因是，当时日本国内的很多面板厂商都专注于（LTPS）低温多晶硅技术。细野秀雄首先与佳能积极进行IGZO的联合研究，但佳能缺乏显示器技术。TFT需要在推进开发的同时评估使用这种晶体管的显示器的影像显示能力，以不断提高性能，但佳能的缺点是“无法在开发TFT时进行信息反馈”（细野秀雄）。而拥有显示器技术的韩国厂商通过发挥反馈机制的作用，逐步提高了技术成熟度。两家韩国厂商的开发态度也不相同。“LG没有公开研究成果，对实用化的投资判断也落后于人。而三星对研究成果的讨论采取非常开放的态度，还积极承担了风险”（细野秀雄），也就是说，从基础研究不停走向面板实用化道路的其实只有三星一家公司。而且，三星还不断在各种展会及学会上展出了使用IGZO TFT的液晶面板及有机EL面板，这让“日本国内的面板厂商开始重新考虑IGZO TFT”。另外，凸版印刷走上了开发电子纸的自主路线。

日本科学技术振兴机构（JST）2011年7月与韩国三星电子就使用氧化物半导体的“IGZO（In-Ga-Zn-O）TFT”技术专利签署了专利许可协议。该技术正是基于东京工业大学应用陶瓷研究所教授细野秀雄的研究小组1995年开始开发的“透明氧化物半导体（TAOS）”。此次向三星提供授权的专利技术基于细野秀雄在JST的支持下取得的研发成果。细野秀雄自己的专利以及JST拥有的专利广泛涉及材料成分、设备及制造工艺等，共有数十项。除了在JST的支持下获得的专利之外，东京工业大学与佳能共同取得的专利也有10项左右。此次把这50多项专利打包提供给三星。

这次专利许可涉及一部分在日本政府资助下取得的研究成果，JST宣布向三星提供专利授权之后，引起了不同反响，其中不乏指责之声。细野秀雄对此做出了以下解释：①与三星签署的协议没有排他性，授权大门同样向日本国内企业敞开；②如果没有三星的话，辛苦开发出来的IGZO TFT就有可能无法实用化。

细野秀雄表示，自己没有从三星等公司获得任何研发费用，并且一直与其保持一定距离。还就专利问题与三星乃至韩国专利厅等进行了最大限度的交涉。“如果我们不提供授权的话，三星可能会选择美国惠普（HP）公司正在全球申请专利的竞争技术。”关于细野秀雄在日本获得的IGZO专利，最初韩国并不承认其作为专利技术的新颖性。因此，尽管周围人认为胜算只有10%，细野秀雄仍要求在韩国审理，并亲自站在证人席上陈述了技术的新颖性。2010年11月，其部分观点终于获得认可。细野秀雄的努力可能也对此次授权起到了积极作用。细野秀雄在回顾这几年的“奋斗”时表示，“专利技术得到采用才能体现出开发的意义。如果不向三星提供授权而导致专利被埋没的话，将是一件可怕的事情”。

2012 年 1 月 20 日，夏普同样从 JST 获得了与驱动元件采用氧化物半导体 IGZO 薄膜晶体管的液晶面板相关的专利使用许可，并签订了许可协议，从而证实了细野秀雄所说的“与三星签署的协议没有排他性”，日本企业同样可以参与氧化物 TFT 的研究和生产。夏普与日本半导体能源研究所共同开发出了采用 IGZO 的液晶面板，并于 2012 年 3 月在亀山第二工厂生产该面板，并从 4 月起转入正式量产。

分析提示

从上述案例可以看出，对于发明人团队的分析，不仅仅可以获取重要发明人信息以及相互的合作关系。还可以从发明人团队的重要专利中分析出竞争对手的发明点，甚至是本领域的可能技术创新要点。从发明人团队的技术路线中可以分析出竞争对手或者本领域的技术发展方向和未来可能的研究方向，也可以从技术演进的前后关系中发现该技术的改进方式和机会。同样，从发明人团队的诉讼、转让、许可等专利法律信息中可以研究出竞争对手的关注重点和本领域对于该技术的竞争热点和可能出现的研发机遇。所以，研究发明人团队除了可以发现重要的发明人员外，还可以发现主要的技术点改进方案、研发方向和风险。

任务 39　产品技术布局分析

分析本领域竞争对手时，不但要考虑区域布局和研发团队，更要考虑竞争对手占领市场的主要产品。通常这些产品中都会包含多项该企业的研发重点技术，也能代表该企业的主要研发方向。产品布局主要分为技术路线和重点专利分析。

一、技术路线布局分析

对竞争对手技术发展路线的分析是为了了解该行业的技术整体发展态势以及技术发展动向。这有助于对该企业技术有一个整体认识，并且可以根据这些信息适当地调整自身的研发重心，进行有针对性的布局和计划。技术发展路线是一个从专利技术出发的深层次分析，不但可以了解具体技术的创新点，也可以动态地了解这些技术的演进过程和未来发展趋势。

案例展示 14-4

模具行业主要申请人技术路线分析[①]

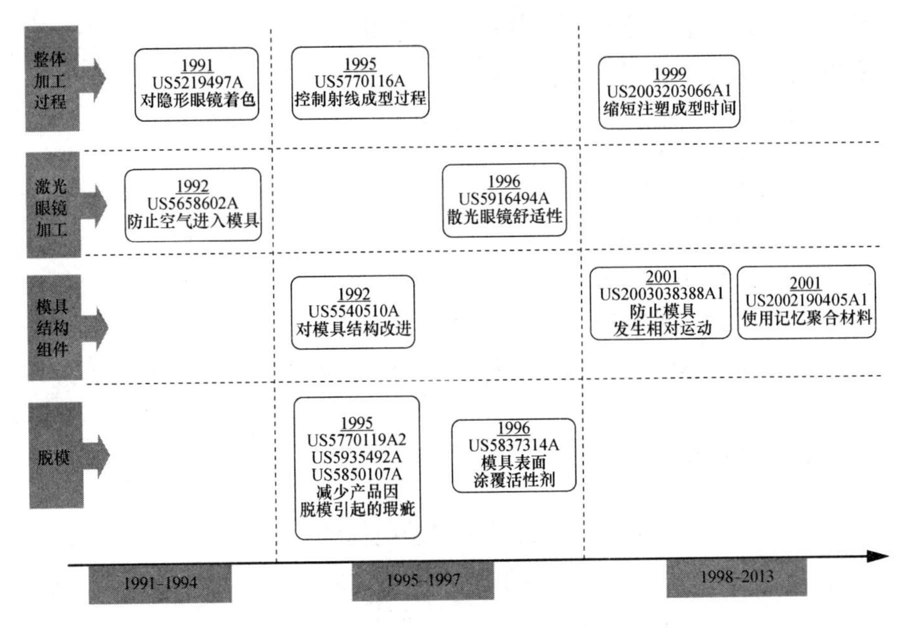

图 14-3　模具行业主要申请人技术路线图

分析提示

图 14-3 显示的是美国强生公司在隐形眼镜模具技术领域的技术发展路线，它实际上就代表了强生公司在该领域进行的专利布局情况。通过分析强生隐形眼镜模具技术路线层次的专利布局，不仅可以较为全面地了解强生隐形眼镜模具的技术发展脉络，更可以明确其专利布局，为相关领域的技术决策提供依据。

二、重点专利布局分析

在针对产品专利文献分析中，如何有效判断关于该产品的专利技术价值，发现领域内重要专利文献，是进一步展开技术发展路线、精确预见技术发展方向的重要前提，也是借鉴和拓宽技术研发思路、开展技术追踪的必要手段。

对于该产品的重点专利布局进行分析，根据分析结果可以得出关于该产品和竞争对手的技术特点和研发风险等信息。

重点专利的布局分析主要包括：重点专利解读和专利布局解析。

① 杨铁军．产业专利分析报告：关键基础零部件［M］．第 35 册．北京：知识产权出版社，2015.

（一）重点专利解读

（1）拆分技术特征，并提取权利要求中的各个技术特征。

（2）分析专利公开信息，整理技术方案和应用范围。

（3）对于技术方案进行分析，得到具体的发明点信息。

（4）根据审查信息增加限制条件。

（5）根据同族专利的保护范围以及审查信息，增加限制条件。

（二）关于重点专利的专利布局分析

（1）分析技术方案，得到发明点。

（2）比较各个发明点，了解专利保护点。

（3）标引该产品的技术特征和技术效果。

（4）根据关于该产品的诉讼策略进行规避设计，并选择最佳研发方案。

案例展示 14-5

掌握多件重点专利组合保护范围的分析方法①

专利布局解析的目的是判断本公司产品是否落入某一竞争对手的多项专利的联合保护范围，以及未来产品设计的规避方向。以′633 号和′770 号两个专利的权利要求 1 为例，采用◎表示专利中具有的技术特征，采用●表示本公司产品覆盖的技术特征。

表 14-3　′633 号和′770 号专利布局解析

技术特征/专利	′633 号	′770 号
图像指针	●	●
图像单元	●	●
主要信息	●	●
状态区域	●	●
表头状态区域	◎	◎
L 形表头状态区域	◎	
内容状态区域群	●	●
重叠	●	●
吸收红外光油墨	◎	
不吸收红外光油墨	◎	
图像单元选择性位于均分状态区域所形成的多个虚拟区域的其中之一		◎

① 马天旗．专利分析方法、图表解读与情报挖掘［M］．北京：知识产权出版社，2015.

分析提示

通过表14-3可知，两个专利的布局差异在于：'633号专利具有L形表头状态区以及采用不同油墨印制，'770号专利则是图像单元选择性位于均分状态区域所形成的多个虚拟区域的其中之一。

而本公司产品并不具有表头状态区域，也不具有L形表头状态区域，同时不具有图像单元选择性位于均分状态区域所形成的多个虚拟区域的其中之一。因此本公司产品并未落入这两项专利布局范围，且本公司在之后的产品设计中应当规避上述技术特征。

技能训练14-2

根据此前技能训练针对的欧姆龙人脸识别的专利检索结果，会发现人脸识别技术按照不同年份和不同类型有一定的发展过程。

训练要求 以小组为单位，针对欧姆龙公司的人脸识别专利进行技术手段和分类的标引，根据标引结果分析出该公司人脸识别领域专利的技术路线，并且找到重点专利，同时绘制出技术路线图和重点专利表。

任务40 专利风险分析[①]

一、产品风险分析

在产品研发和销售（出口）阶段，均有必要进行产品的专利风险分析即FTO（Freedom-to-Operate）；否则，极可能导致研发完成或产品上市时遭遇专利侵权指控，影响到企业的研发和销售活动。

案例展示14-6

某企业生产等速万向节（CV-Joint）（如图14-4所示），其希望产品在美国市场销售，为了避免出现产品侵犯美国专利权，需要做专利风险分析即产品上市专利风险分析。

① 本任务定位于进阶性研讨，对普通学习者不作过多要求。

图 14-4　企业拟推出的等速万向节

对于上述场景的理解：根据分析，本次专利风险分析要达到的目标是，检索获得在美国已经授权并且仍然有效的等速万向节专利，以及可能将在美国授权的目前仍然待审或在审的美国专利申请、可能会进入美国的 PCT 专利申请。对获得的专利（申请）与企业要推出的等速万向节产品进行比对，判断企业产品是否会落入专利（申请）的权利要求保护范围之内。并建立一个持续监控的机制，定期重复上述过程，确保对于授权专利失效、专利申请授权等事件的及时跟进。

实际工作中，本案例产品的专利风险分析流程可以按照下面方式进行。

第一步：确定技术表达。

根据本案例产品的技术特点，确定专利检索要素如下：国际专利分类号（IPC）：F16D3/224，关键词：（rzeppa and joint）or（constant and velocity and joint）or（CV and joint）or CVJ。

第二步：限定时间和地域（兼顾 PCT）。

限定目标地域为美国（专利文献公开公告国别码 US）、限定专利申请时间为截止专利风险分析时，如果是授权专利，其仍然有效，如果是未授权专利，其申请日不早于20 年前，同时为了考虑 PCT 申请，再构建一个检索条件限定专利文献国别码为 WO。在国别与时间限定条件下，结合第一步中确定的技术表达，在专利数据库中进行检索。例如，对于美国专利可以在 USPTO（美国专利商标局）官方数据库检索，对于风险分析申请，也可以在 WIPO（世界知识产权组织）的官方数据库检索。并对检索结果进行查全、查准处理。

第三步：找到潜在风险专利。

浏览获得的专利文献，采用符合操作者习惯的方式对结果进行展现，比如，用红色表示目前就会构成风险的专利，用黄色表示未来可能形成风险的专利申请，用绿色表示未来可能会进入美国并构成风险的专利申请。

本案例中，通过绘制潜在风险专利的权利要求与产品的对比表（Claim Chart，CC），获得潜在风险专利与产品的对应关系，帮助确认风险专利并进一步评估其影响（例如，是字面侵权还是等同侵权，是极容易被无效掉，还是无效的难度很大）。以获得的一个潜在风险专利 US8128504B2 为例，其独立权利要求与产品的对比表（CC）如表14-4所示。

表14-4 基本要素应符合的要求

风险专利 US8128504B2		本产品对应结构
权利要求1	**技术特征**	
	A constant velocity universal joint, comprising	YES
	an outer joint component	YES
	an inner joint component having an axis hole	YES
	a shaft pressed into the axis hole of the inner joint component	YES
	wherein an inner surface of the inner joint component around the axis hole is unhardened	YES
	wherein a recess and projection section extending along a circumferential direction is formed on an axial end of the shaft and a hardened layer is formed on a radially outward portion of the axial end of the shaft	YES
	wherein the shaft has a solid core at the recess and projection section	YES
	wherein the axial end of the shaft is press – fitted into the axis hole of the inner joint component such that the recess and projection section is wedged into the inner surface of the axis hole of the inner joint component by which the inner surface is plastically deformed and a plastic coupling of the shaft and the inner joint component is completed	YES

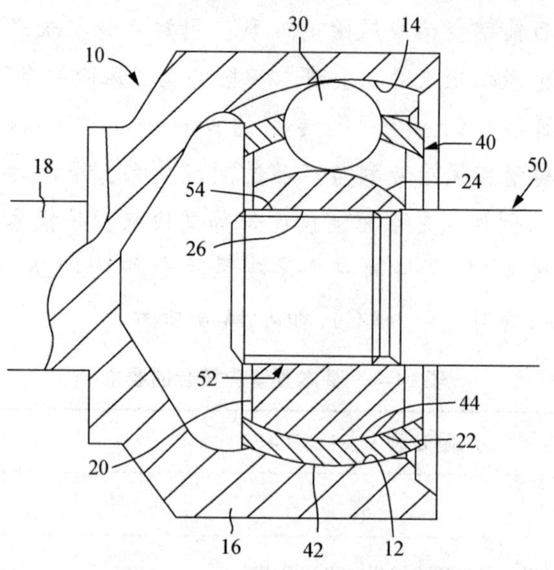

图 14-5　US8128504B2 代表性附图

10—外部件；12—内球面；14，24—轨道槽；16—口部；18—杆部；
20—内部件；22，42—外球面；26—轴心孔内径；30—球；
40—保持架；44—内球面；50—轴；52—轴向端；54—花键

从上面的对比分析可知，字面上看，美国专利 US8128504B2 的独立权利要求 1 已经包括了产品的所有技术特征（从图 14-5 与表 14-4 也容易看出产品的大多数结构特征与技术特征），因此，产品落入了该专利权利要求的保护范围，并且该专利目前仍然处于有效状态，因此，一旦该等速万向节产品进入到美国，就必然侵犯该专利权。

至此，我们已经发现了潜在的风险专利，但专利风险分析的工作不能够到此为止，还应当要为解决该风险寻找解决方案，这才足以构成一个完整的专利风险分析解决方案。

现在我们假定，企业决定将该等速万向节产品在美国销售，那么其必须采取相应的行动或措施，来降低甚至消除专利侵权风险，而专利风险分析本身就是降低该风险的第一步。[①] 如本案例的情况，专利风险分析的结果是发现的确存在风险专利，那么就要采取相应的措施将该风险降到最低乃至于消除。

消除或降低专利侵权风险的方法有多种，具体采用何种方式，需要结合多个因素，包括：企业本身的经营理念和管理方法、风险专利本身的属性（尤

① 由于在美国，由专利律师做出的专利风险分析结论，对于保护客户避免遭受恶意侵权（Willful Infringement）的指控是有帮助的。

其是专利性强度，是否容易被无效掉）、专利权人的特点（是否愿意许可或者转让，以及交易的价格）等。

分析提示

以本案例来分析，US8128504B2的专利权人是日本的恩梯恩公司（NTN Corporation），它是世界最大轴承生产商之一，凭着其世界各地的生产工厂，NTN处于工业和汽车轴承市场的领导供应商地位。该公司对专利极为重视，只用关键词constant velocity joint作为检索要素进行专利检索，就获得了近300项授权美国专利。可根据于本案例中的企业和NTN公司在产业链中的关系，从而采取更针对性的措施。例如，如果本案例企业是一家专门制造等速万向节的企业，是和NTN公司的直接竞争对手，那么无效，或寻求许可或转让可能是最可能的解决方法,[①] 但假如本案例企业和NTN公司是处于产业链中的采购方与供货方的关系，那么完全可能通过直接采购NTN公司产品的方式将该风险直接去除了。

技能训练14-3

某中国企业A打算出口一款在中国国内生产的能够不停机进行换墨的喷墨打印设备到美国，并且其通过信息调查获悉，竞争对手惠普公司极可能有进行专利布局。

训练要求 以小组为单位，假定小组是企业A的知识产权负责人，考虑该如何开展该产品的专利风险分析。

二、技术合作风险分析

随着产业分工的细化，技术合作已经成为企业之间、企业和科研机构之间极为常见的一种技术研发模式。通过合作研发，可以综合利用合作各方的优势，将资源效用最大化，并通过合作申请知识产权等方式对合作的成果利益进行锁定和分配。[②] 与之相应，伴随着人们知识产权意识的提高，技术合作中的知识产权风险问题，尤其是专利风险问题，也随时可能发生，为此，相关利益方应当加以注意。较为常见的技术合作风险实质上基本都可以归为合同风险（或者换句话说，合作各方要尽可能地以签订

---

① 具体能够达成何种方式，显然还取决于恩梯恩公司的经营战略、其所处的外部环境等多种因素。

② Joint Patenting in R&D Alliances: Control Rights and Resource Attributes. http://www. cairn. info/zen. php? ID_ ARTICLE = MANA_ 162_ 0114.

合同方式避免研发合作成果出来后风险和纠纷的产生），尤其需要注意以下方面。

（1）权属不清晰：未能够在合同中明确规定技术合作的研发成果的知识产权权属归哪一方，从而最终可能造成纠纷，或者应得利益受损。

（2）利益分配不平等：尽管有对知识产权归属进行明确，但对利益的分享机制设置存在明显的不平等，某一方能够享有的权利和利益与其付出的成本（包括资金成本和人力等资源成本）明显不匹配，显失公平。

（3）搭售：搭售通常发生在合作双方存在较大的地位差异时，例如强势供应方与弱势采购方之间的技术研发合作，供应方可能会要求采购方在采购合作研发产品的同时搭售其他的产品给采购方。

为了避免上述情况的发生，技术合作双方均应当秉持着公平、诚信的原则，对技术合作的合同风险充分评估和谈判，确保合同的订立是基于双方的真实用意，而不是基于欺瞒、实力差异悬殊胁迫所致。

案例展示 14-7

某中国企业 C 与某美国研究机构 R 开展了合作研发，双方共同提交了专利申请，但是没有签订其他关于如何支配和分配专利收益的合同。后来，利用该专利技术获得的产品在美国深受消费者欢迎，因此，美国研究机构 R 将该专利技术许可给了一家美国企业 U 在美国生产和销售该专利技术产品，而该美国企业 U 是中国企业 C 在美国的重要竞争对手，中国企业对此表示十分不满并试图阻止美国研发机构 R 的专利许可行为，但是美国研发机构 R 以美国专利法的相关规定为由拒绝了中国企业 C 的要求，中国企业不得不接受不利的现实。

分析提示

在技术合作之前，要从权属、利益、市场等方面进行全面分析，再结合技术分析来制订计划以及签订合同。

技能训练 14-4

以下场景中的所有事件和行为均在中国地域发生。

某小企业 A 是某大企业 B 的供应商并向企业 B 提供产品零部件 C，企业 A 受企业 B 的委托，对零部件 C 提出了改进的方案 D 并和企业 B 一起申请了专利保护。后来企业 B 要求企业 A 以更低的价格供应零部件 C，否则企业 B 将把该专利技术许可给企业 A 的竞争对手企业 X 并由企业 X 向企业 B 供货。

训练要求 以小组为单位，考虑企业 A 可以采取什么措施来预防这种情况的发生。

三、技术引进风险分析

技术引进是企业为了提高生产效率或快速切入新的领域常采取的一种方式，但是，在引入声称具备专利保护的技术时，技术引进方应当充分意识到可能存在的专利风险，这种专利风险主要存在以下两大方面。

第一，专利技术的法律状态，即所声称的专利技术是否是已经授权的专利或仅仅是专利申请，是在哪个地域的专利，专利或申请是否仍然有效，专利的权属是否清晰等。

如果专利的法律状态存在风险，则会造成引进或受让的专利没有实际控制效力，因为我们知道，专利的几个基本属性就是其排他性，即他人未经专利权人许可，不得实施专利技术，而如果专利本身的法律属性存在问题，例如已经失效，那么显然受让这样的专利，是完全没有必要的，因为已经失效的专利已经进入公共领域，任何人都可以使用相应的技术，不需要为此支付任何成本。再例如，如果受让的专利并不是在受让地的专利，而且受让方仅在受让地有业务活动，那么，在受让地之外的任何专利，不论其是否是有效的授权专利，对于受让方而言，都没有任何意义，这是由专利的另外一个基本属性即地域性决定的，即专利仅在授予该专利权的国家或地区有效。

第二，专利的技术真实性，即所声称的专利技术是否真的是与要引进的技术或产品相应的技术。

对专利的技术真实性进行分析，其难度比法律状态分析更为具体，难度也相对更大。技术真实性判断的过程，其实就相当于是“类侵权判定”的过程，如果分析的结论是，所引用的专利（在受让地或产品销售地等）的权利要求保护范围覆盖了受让方的相应产品或服务，那么专利的技术真实性得以确认，否则，受让方同样没有必要支付成本而引进与自己的产品或服务没有任何控制力的专利技术，因为对应的专利的保护范围无法对受让方的产品或服务造成排他影响，换句话说，受让方生产或销售其产品，并不会侵犯该专利权，因而没有必要付出成本去引进这一专利技术。

案例展示 14-8

企业 A 打算引进日本企业 B 的“无静电隔离板”技术，生产的产品将销往国际市场，拟实施技术引进的日期为 2005 年 12 月 30 日。

经查，该技术在中国提交了专利申请，其申请日为 2002 年 10 月 10 日，该申请于 2003 年 4 月 23 日公开，其最新的法律状态为发明专利申请公布后的视为撤回，该状态的生效日期为 2005 年 11 月 23 日，在拟实施技术引进日期之前。也就是说，在拟实施技术引进时，该专利申请已经处于无效状态，不会在中国获得专利授权，因此，至少可以肯定，在中国，企业 A 不需要为此支付日本企业 B 任何费用。

此外，由于企业A拟将该产品销往国际市场，因此，除了中国，还需要做国外的专利风险分析，通过申请人、优先权等方式，检索获得该中国专利申请的同族专利申请，进一步确认其法律状态属性，例如是否有效、是否已经授权等，并根据其所在的地域和产品是否在该地域销售等情况，确定是否需要引进该专利技术（受让该专利或专利申请）。

此外，在做出最终的引进决定之前，还需要做专利的技术真实性分析，即授权专利的权利要求保护范围、已经公开的专利申请的权利要求拟保护的范围，是否涵盖了企业A拟生产和销售的产品，如果经过分析，企业A的产品未被权利要求保护范围所覆盖，那么同样的，企业A没有必要为此支付费用而引进不能对其产品造成约束的专利（技术）。

分析提示

因此，在做技术引进时，应当要对专利分险方面进行尽职调查，核实相关信息的真实性、有效性、适用性，否则，就会为那些完全没有必要付费的专利支付高昂的成本。

技能训练 14-5

英国皮尔金顿公司（Pilkington）拟向中国某企业A转让浮法玻璃生产技术，并要求每件专利10万英镑许可费，皮尔金顿公司向中国企业A提供了一份包括约1 300多项专利的专利清单，并希望中国企业A据此支付技术许可费，即1.3亿英镑。

训练要求 以小组为单位，考虑假如您是中国企业A的知识产权负责人，您认为是否存在技术引进风险？如果是，该如何应对？

知识训练

一、选择题（不定项选择）

1. 下列哪些专利信息可以用来进行区域布局分析？（　　）

   A. 申请号　　B. 申请日　　C. 国省别　　D. 发明人

2. 下列哪些分析结果可以得到竞争对手的技术研发方向？（　　）

   A. 竞争对手主要发明人申请量

   B. 针对某一主要产品的几项专利

   C. 10年前针对几项技术或者设备部件的不同改进方案路线图

   D. 几个不同产品涉及的同一项技术专利

3. 对于竞争对手的专利分析，通常可以从竞争对手的在关注领域的（　　）三个方面进行分析。

A. 区域布局　　B. 产品技术布局　　C. 研发团队　　D. 技术发展路线

4. 对市场主体中的研发团队的分析一般针对行业内的（　　）进行分析，通常需要先收集（　　）的各方面信息，然后对（　　）的专利申请特点，研发重点等方面进行分析。

A. 重要发明人　B. 重要申请人　　C. 合作申请　　D. 竞争对手

5. 专利风险分析可以用于（　　）。

A. 产品专利风险分析　　　　　　B. 技术合作中的专利风险分析

C. 技术引进过程中的专利风险分析　D. 技术出口中的专利风险分析

6. 在产品（　　）阶段，均有必要进行产品的专利风险分析，即 FTO，否则，极可能导致研发完成或产品上市时遭遇专利侵权指控，影响企业的研发和销售活动。

A. 研发　　　B. 销售　　　　C. 出口　　　D. 销售

二、简答题

1. 从区域布局分析中我们可以得到哪些关于竞争对手的信息？

2. 研发团队分析对于我们本企业有什么作用？

3. 产品布局分析中技术路线分析给我们带来哪些技术启示？重点专利你认为可以怎么选择？

4. 技术引进是企业为了提高生产效率或快速切入新的领域常采取的一种方式，在引入声称具备专利保护的技术时，技术引进方可能存在的专利风险是什么？如何规避？

5. 请简要阐述专利 FTO 的主要流程。

6. 请简要列举技术合作中的常见专利风险。

7. 请简要列举技术引进中的常见专利风险。

综合实训

实训操作

1. 实训目的

通过实战练习帮助学习者熟悉竞争对手分析的维度，能够灵活运用专利布局的分析方法，并制作相关图表展示分析结果。

2. 实训要求

将学习者按照领域分为 5～8 人一组，每组选出一名组长，负责组织协调本组学习者各项工作。在实战的过程中，教师要给予建议和指导，并检查各组实战工作的进展和完成情况。

3. 实训方法

（1）以组为单位，选取较为关注的技术领域中的领先公司（模拟“竞争对手”），并且确定技术研究边界。

（2）检索“竞争对手”在该技术领域的全球专利，并进行数据清理和技术分支标引。

（3）分析“竞争对手”在该技术领域的区域布局并用图表的形式展示。

（4）分析“竞争对手”在该技术领域的研发团队并用图表的形式展示。

（5）分析“竞争对手”在该技术领域的主要产品技术布局并用图表的形式展示。

模块15　分析报告撰写

教学目标

知识目标

- 了解专利分析报告的基本作用
- 掌握专利分析报告的常见结构
- 熟悉重点分析内容的报告撰写思路

技能目标

- 熟悉需求场景与报告结构的对应关系
- 能够识别专利分析报告的研究重点和特色
- 能够用较顺畅的语言描述和论述分析结论

实训目标

- 具备独立撰写专利分析报告的能力
- 具备根据用户需求调整报告结构的能力

模块概述

本模块主要介绍专利分析报告结构与报告撰写技巧两大任务。其中，专利分析报告结构任务主要介绍专利分析报告通常应当包括的基本内容、重点内容和特色内容。报告撰写技巧任务则主要介绍相应的报告撰写技巧。值得注意的是，每一个专利分析任务或项目都是不同的，因此，什么是重点内容和特色内容，应当采用怎样的行文技巧，都应当适应于具体的场景，案例中展示的内容，仅供读者参考。

任务41　分析报告结构

分析报告结构是专利分析最终成果的基本骨架，从程序上讲，制定分析报告结构是撰写研究报告之前的必要准备，通常是在确定项目需求和研究内容之后就要启动对分析报告结构进行相应的设计。设计报告结构的目的主要体现在以下三个方面。

一、有助于理清总体思路

通过制定报告结构，可以站在宏观层面，检验各章节所处的位置、所起的作用、是否都为全局所需要、比例是否恰当和谐、各章节之间是否相互配合。通过这样的思考和编写，有助于梳理总体研究思路、明确重点，使分析报告完整统一、逻辑清楚，易于更好地按照各部分的要求安排、组织和利用资料，展开进一步的研究工作。

二、有助于及时调整和完善

在项目行进过程中，随着研究人员所掌握信息的增多和研究进程的不断深入，经常会产生新的想法和观点，需要调整研究内容或者转换角度去分析问题。由于报告结构本身已经构成相对统一的有机整体，因此在对局部做补充和修改时，通过综合考虑对报告结构整体以及其他相关部分的影响，可以及时、有效地对其他部分中的相应内容以及与其他部分之间的逻辑关系进行适应性调整和完善。

三、有助于研究任务的分配

由于分析项目需要多名成员共同参与，大家在各个环节需要相互协作。在设计好报告结构之后，报告结构可以作为分配各研究人员工作量的基础，各研究人员可以根据自己的兴趣和特长认领相关的研究内容和报告章节。

一般而言，常见的专利分析报告至少应当包括如下内容①：

（1）项目的立项背景：即为什么要开展这个专利分析项目，例如，是由于产业发展需要、政策制定需要或者竞争态势分析需要等。

（2）项目研究的范围和相关约定：任何专利分析项目，一定是局限在某个特定的范围的，没有哪一个专利分析项目，能够对某个行业的所有专利相关信息都进行深入分析，因此，有必要对项目研究的范围进行限定和约定，并对相关的术语等进行约定，以便统一专利分析人员、报告撰写人员和学习者的认识，避免对一些概念的误解。

（3）行业技术分解：这个内容非常重要，是一份合格的专利分析报告所必须具备的，并且在做技术分解的时候，一定要尽量用行业内人士易于理解、通常使用的语言来表达技术分解，而少用或尽量不用专利文献的术语来表达，因为专利文献中使用的技术术语相对要更加隐晦、晦涩，使用这样的表达，不利于学习者理解（尤其是学习者并没有太多专利基础知识的情况下）。

（4）分析对象所处领域的专利概况：不论是相对上位的大领域或行业性专利分

---

① 关于项目参与人员分工、角色和工作量等信息的撰写不在本模块讨论范围，在这里本书只是顺便提及一下，报告中应当充分体现每个人的贡献及其创新，这是对知识产权的尊重，也是对人格尊重的体现。

析，还是相对较小的细分领域或具体技术的专利分析，专利概况分析通常是必不可少的，通过这块内容，学习者可以对所分析对象领域的整体专利态势有个较为全面的认识，也为后续的深入分析和特色分析提供了基础和不显得突兀。

（5）重点内容分析：除了专利概况，一份专利分析报告应当具备能够突出项目重点的重点分析内容。通常而言，一个专利分析项目立项，都会有其主要需求，对应于该主要需求的内容，就是重点内容，在分析和报告撰写时，都是应当重点关注和突出的。

（6）特色内容分析：尽管随着专利分析工作的日益规范化、流程化、标准化，但是，我们仍然可以看到，基本上在每一个专利分析项目中，都能够看到一些独具行业特色的研究内容，这些特色内容体现了专利分析人员的创新性工作，虽然不如重点内容那样直击专利分析项目的立项需求，但往往能够给学习者以更多启发。

（7）报告内容小结：专利分析报告的结构和一份毕业论文具有相似之处，在报告末尾对整篇报告各个部分的主要内容以精练的语言进行小结基本是必需的，此外，在该部分提出相应的意见建议也基本是必需的，否则，专利分析的价值无法体现和得到升华。当然也有例外的情况，有的撰写人员可能会在报告的每个部分单独进行小结并提出建议，如果这样做了，则没有必要在最后对此进行重复[①]。

（8）报告附件列表：通常，为了使报告的可读性更强，建议将一些支撑性内容（例如，政策梳理结果）、篇幅较长的研究成果具体内容（例如，重要专利列表）等作为附件的形式放到报告的最后，此外，为了进一步提高学习者定位感兴趣的内容，同行还会在报告最后附加内容索引、图表索引等内容。

基本上，如果一份专利分析报告具备包括以上 8 个内容的框架，就足以将分析研究的内容全部纳入其中，并且能够做到重点突出、特色鲜明，以及具备较好的逻辑性、可读性和指导性，并体现专利分析工作的价值。

需要说明的是，上述框架不是绝对的，相应的内容编排也不是绝对的。具体内容及其篇章结构编排，通常取决于项目本身的要求和特点、报告撰写人员的习惯或偏好。例如，许多专利分析报告会将立项背景、研究范围与术语约定乃至于技术分解合并在一章进行撰写，初接触专利分析工作和报告撰写的人员可以多参考一些好的已有报告，并逐步结合自身项目特点与经验积累，找到适合自己的内容选择和篇章结构设计方式。

案例展示 15-1

下面是国家知识产权局专利分析普及推广项目中《汽车碰撞安全行业专利分析报告》的目录结构，让我们以其为例来简要分析其结构。

---

① 这样的情况比较少见，更常见的和与之比较接近的做法是，在报告的每个（宏观）部分结尾进行小结，在整个报告的末尾以相对于每个（宏观）部分的小结更为简洁的语言再次进行小结，并（侧重于）提出意见建议。

分析提示

第一，在第一章研究概况中，对项目背景、研究范围、研究方法、技术分解和术语约定进行了较详细的描述。其中，在研究背景部分，对技术背景、产业背景和行业需求进行了描述，在研究对象和方法部分，则对技术分解和相关术语约定进行了详细描述。

第二，对宏观专利态势进行了分析。其中，首先对全球态势进行了描述，其后具体对中国的宏观专利态势进行了描述。需要注意的是，通常来讲，全球性的宏观专利态势分析是必需的，但是具体的国别或地区宏观态势分析则往往取决于项目本身的要求，项目关注哪个区域，则有必要对该区域进行宏观态势分析。

第三，是重点内容部分。通常该部分内容的确定依据主要来自技术分解表、专利检索结果、非专利信息资源提供的参考（例如，通过非专利信息获得竞争信息、财经信息、法律信息、专家意见等）。

第四，是特色内容分析。例如，其中的应对欧洲法规的偏置碰专利分析、发明人分析等。此外，值得提醒注意的是，特色内容部分并非一定以单独章出现，也可以在重点内容分析的章节中有特色分析内容，例如，安全车身专利分析一章，福特联盟安全车身技术整合（提出多要素的实力综合分析法）、重要专利分析（提出多级引证分析法），都是比较具有特色的内容，其中不乏提出了一些创新性分析和研究方法。

第五，主要对重点内容与特色内容进行了简要概括进行小结，并提出相应的意见建议。同时，在报告最后附上篇幅过长不便于在正文之中直接记载（例如，重要专利列表）的内容[①]以及报告的图表索引[②]。

① 将重要专利列表在正文列出会降低学习者的阅读体验。

② 本书认为如果专利分析报告能够再提供关键词索引可以提供更好的阅读体验。

技能训练 15-1

搜索或者由教师提供涉及不同行业的多份专利分析报告。

训练要求 以小组为单位，从专利分析报告中选择一份与您所从事的技术领域较为相关的报告，浏览分析报告目录结构，评价其章节设置方式的优劣。

任务 42 报告撰写技巧

前面已经说明，重点内容的撰写是每份专利分析报告必备的，因此，本任务主要通过具体案例，看看进行专利分析报告重点内容撰写时常见的撰写技巧。

首先，要确定什么是重点内容。重点内容并没有唯一的绝对性定义，什么是重点内容，每个项目的确定标准往往是不同的。例如，有的项目可能更关注技术发展，有的项目可能更关注专利申请人之间的关联或关系，而有的项目可能尤其关注产业链中的某个企业情况。其次，在确定了重点内容之后，在此基础上进一步确定具体分析的内容，并做深入的专利信息分析，为报告撰写提供信息支撑。

案例展示 15-2

以2014年度专利分析普及推广项目的《柔性显示技术专利分析报告》为例，其中，对三星和苹果两家公司在柔性显示技术领域的专利情况进行了深入分析（见图15-1），而选择三星和苹果公司作为重点分析申请人，原因在于这两家企业在柔性显示技术领域最具影响力。而对两者的分析，侧重点也有所不同，例如，关于三星公司，由于其业务涉及产业广，除了产品专利技术分析，研发合作也是重点分析内容；而对于苹果公司，其研发独立性更强，与他人合作研发相对较少，因此，对苹果公司的分析更多的是围绕产品的专利组合展开。

图 15-1　三星和苹果柔性显示技术分析框架

再以《新能源汽车产业专利分析报告》中“车载储能装置安全”子报告为例，其中，动力电池箱碰撞安全技术和电池热管理技术是新能源汽车车载电池安全技术领域最为重要的两个技术分支，适合作为重点分析内容（见图 15-2）。

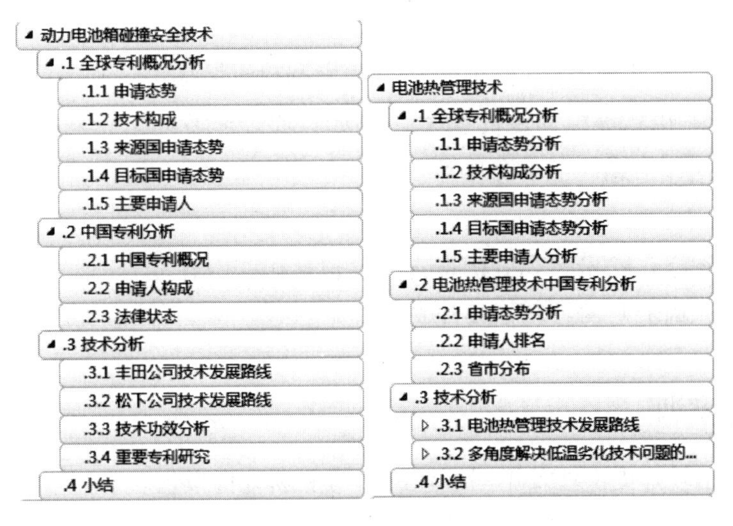

图 15-2　车载储能装置安全行业专利分析框架

实际上，重点技术分支、行业内或某个细分技术领域具有影响力的企业，是专利分析时较为常见的重点分析对象，专利分析和报告撰写人员可以其为参考。

技能训练 15-2

训练要求 以小组为单位，从专利分析报告中选择一份与您所从事的技术领域较为相关的报告，从中找到您认为比较具有特色的章节，详细阅读相应内容。

知识训练

一、选择题（多项选择）

1. 常见的专利分析报告至少应当包括如下内容（ ）。

A. 项目的立项背景　　B. 项目研究的范围和相关约定

C. 行业技术分解　　D. 分析对象所处领域的专利概况

E. 分析对象所处领域的专利概况　　F. 特色内容分析

G. 报告内容小结

2. 报告撰写过程中在研究概况部分，要对（ ）进行较详细的描述。

A. 项目背景　　B. 研究范围　　C. 研究方法　　D. 技术分解和术语约定

3. 专利分析中重点分析内容主要依据（ ）确定。

A. 技术分解表　　B. 专利检索结果

C. 非专利信息资源提供的参考（例如，通过非专利信息获得竞争信息、财经信息、法律信息、专家意见等）

二、简答题

1. 通常情况下，一份专利分析报告主要包括哪些内容？

2. 报告撰写时有哪些技巧需要注意？

综合实训

搜索或者由教师提供涉及不同行业的多份专利分析报告。

实训操作

1. 实训目的

通过实战练习帮助学习者熟悉专利分析报告的篇章结构，了解专利分析报告各篇章的重要度等级，明确重点分析内容。

2. 实训要求

将学习者按照领域分为5～8人一组，每组选出一名组长，负责组织协调本组学习者各项工作。在实战的过程中，教师要给予建议和指导，并检查各组实战工作的进展和完成情况。

3. 实训方法

（1）以组为单位，选择某个报告，分组讨论该报告的篇章结构，找出其重点分析内容。

（2）分析该报告在篇章结构设置、图表制作、图表解读或文字撰写方面的优点和缺点，形成分析心得 PPT。

（3）各组为所选取的报告撰写新的“结论和建议”章节（可参考原报告相关章节）

（4）教师组织分享会，各组汇报分析心得和“结论和建议”章节改写体会。

附录一　异形图表制作

一、不等宽柱形图的制作

（一）了解不等宽柱形图

柱形图用于表示同类项目的对比，但是从表达信息的维度考虑，仅能表达一维的信息，例如，申请量或者授权量。在专利分析中往往要结合几个维度的信息综合分析某个对象，因此，有了利用柱形图表达多维信息的需求，在此基础上产生了不等宽柱形图。每个不等宽柱形图的高度表示一维信息，柱形的长度可以表示另一维度信息，而柱形的面积则可以表示第三维度的信息，如附图 1-1 所示。

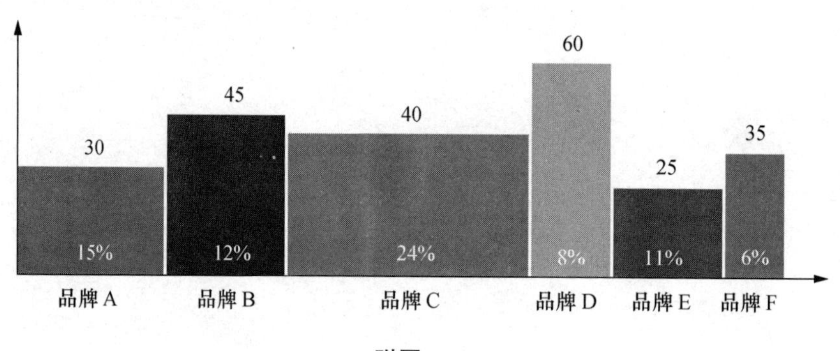

附图 1-1

（二）作图思路

（1）计算不等宽柱形图的宽度比例（以百分比计算）。

（2）柱形图中构建 100 个柱子，柱子高度等于第一维信息的数值，不等宽的宽度比例乘以 100 后的数字对应该宽度内柱子的个数。

（三）绘制方法

使用分组细分法描绘不等宽柱形图，首先，建立原始数据表，包括申请量（对应于横轴），授权量（对应于纵轴）。利用 Excel 生成柱形图前需要对申请量的横轴数据做一处理，将其转换成总量为 100 的整数。可参考处理数据表中给出的方式，D 列为各申请量占总申请量的百分比，然后将其扩大 100 倍，转换成 100 以内的整数，总和为 100。建立堆积柱形图数据表，以此生成堆积柱形图，如附图 1-2 所示。实际上不等宽柱形图每一个柱形区域的宽度是 N 个柱形的叠加，广东对应的柱形宽度为 37 个高度为 189 的柱形叠加，同理，台湾是 26 个高度为 143 的柱形的叠加，北京是 26 个高度为 160 的柱形叠加，浙江是 15 个高度为 85 的柱形的叠加。将生成的堆积柱形图分类间距设置为 0%，删除网格线，去除横坐标，根据需要填写纵坐标以及数据标签，选取每个柱形区域的填充颜色，得到处理后的不等宽柱图，如附图 1-3 所示。

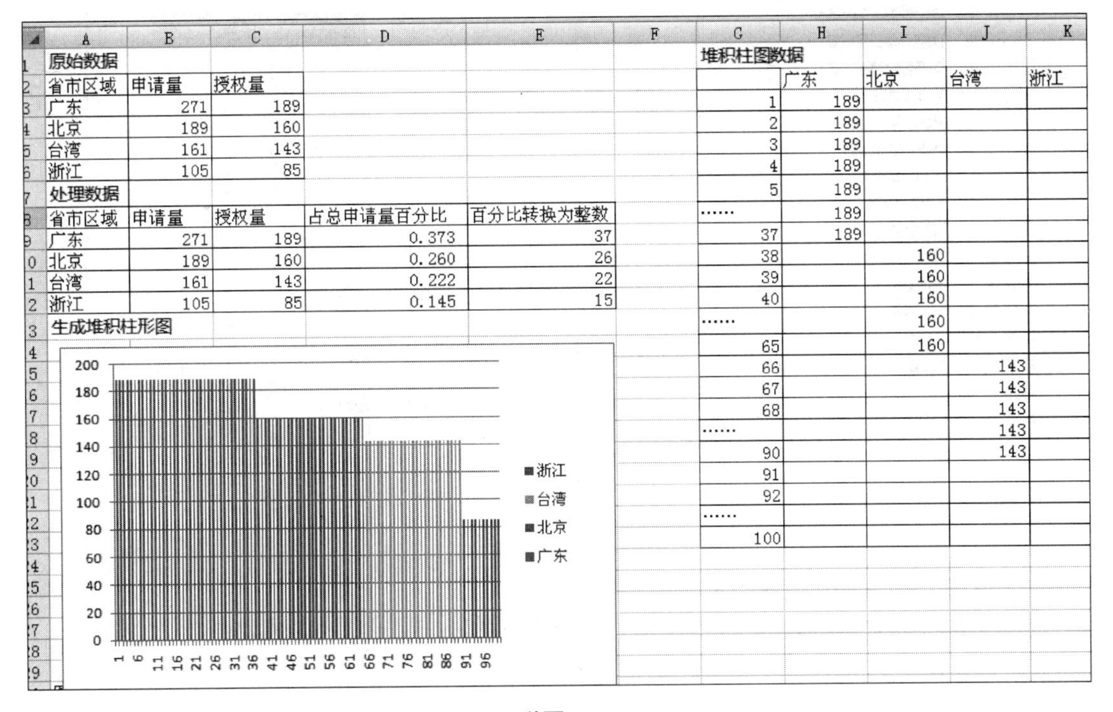

原始数据

省市区域	申请量	授权量
广东	271	189
北京	189	160
台湾	161	143
浙江	105	85

处理数据

省市区域	申请量	授权量	占总申请量百分比	百分比转换为整数
广东	271	189	0.373	37
北京	189	160	0.260	26
台湾	161	143	0.222	22
浙江	105	85	0.145	15

堆积柱图数据

	广东	北京	台湾	浙江
1	189			
2	189			
3	189			
4	189			
5	189			
……	189			
37	189			
38		160		
39		160		
40		160		
……		160		
65		160		
66			143	
67			143	
68			143	
……			143	
90			143	
91				
92				
……				
100				

附图 1-2

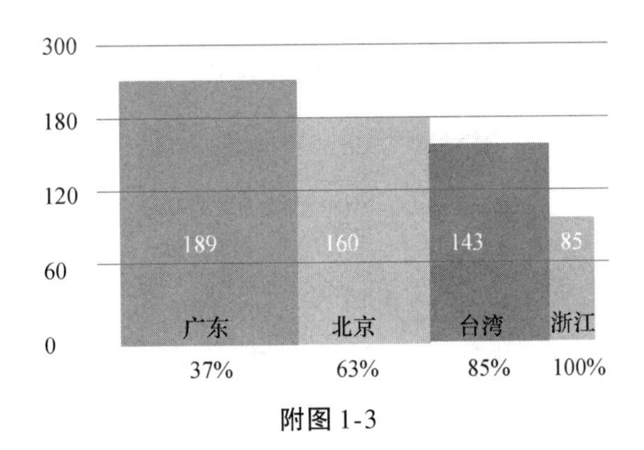

附图 1-3

二、手风琴图的制作

（一）了解手风琴图

条形图可用于表示同类别项目对应数量的排名，当在分析过程中不需要展示所有项目的数量，只需选择性地选择一些显示项目时，不需要的数量则可以相对于需要显示的项目叠加起来，在这种需求下产生了手风琴图，如附图 1-4 所示。

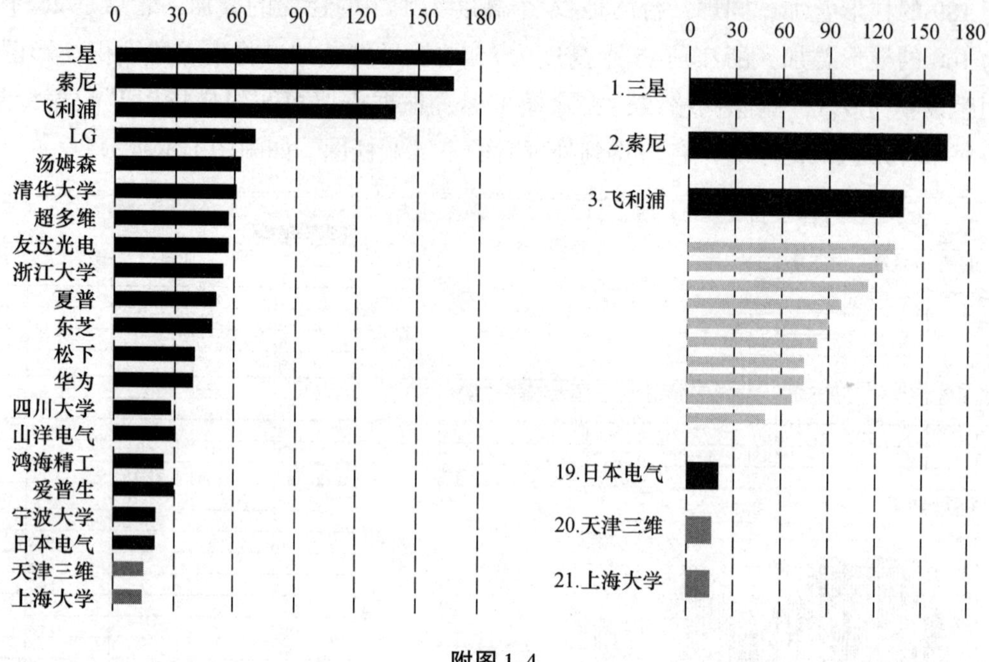

附图 1-4

（二）作图思路

（1）借助 2013 版 Excel 的条件格式实现每个单元格内按照数值比例显示颜色条的长度。

（2）调整需要折叠起来的单元格的行高，使其与需要显示的行高度不同。

（三）绘制方法

（1）在 Excel 中建立按照数量大小进行降序排列的数字表格，如附图 1-5 所示。

名次	申请人	申请量
1	申请人1	524
2	申请人2	197
3	申请人3	155
4	申请人4	151
5	申请人5	126
6	6	90
7	7	86
8	8	79
9	9	56
10	申请人10	55
11	申请人11	49
12		49
13		47
14		38
15	申请人15	

附图 1-5

(2) 选中数据列，设置“条件格式”，如附图 1-6 所示。

剪切 复制 格式刷 粘贴 剪贴板
黑体 11 B I U 字体
自动换行 合并后居中 对齐方式
常规 % 数字
条件格式 套用表格格式 单元格样式
插入 删除 格式 单元格
C8 524

	A	B	C
7	名次	申请人	申请量
8	1	申请人1	524
9	2	申请人2	197
10	3	申请人3	155
11	4	申请人4	151
12	5	申请人5	126
13	6		90
14	7		86
15	8		79
16	9		56
17	10	申请人10	56
18	11	申请人11	55
19	12		49
20	13		49
21	14		47

突出显示单元格规则(H)
项目选取规则(T)
数据条(D)
色阶(S)
图标集(I)
新建规则(N)...
清除规则(C)
管理规则(R)...
渐变填充
实心填充
其他规则(M)...

附图 1-6

(3) 选择“条件格式”→“编辑规则说明”，勾选“仅显示数据条”，如附图 1-7 所示。

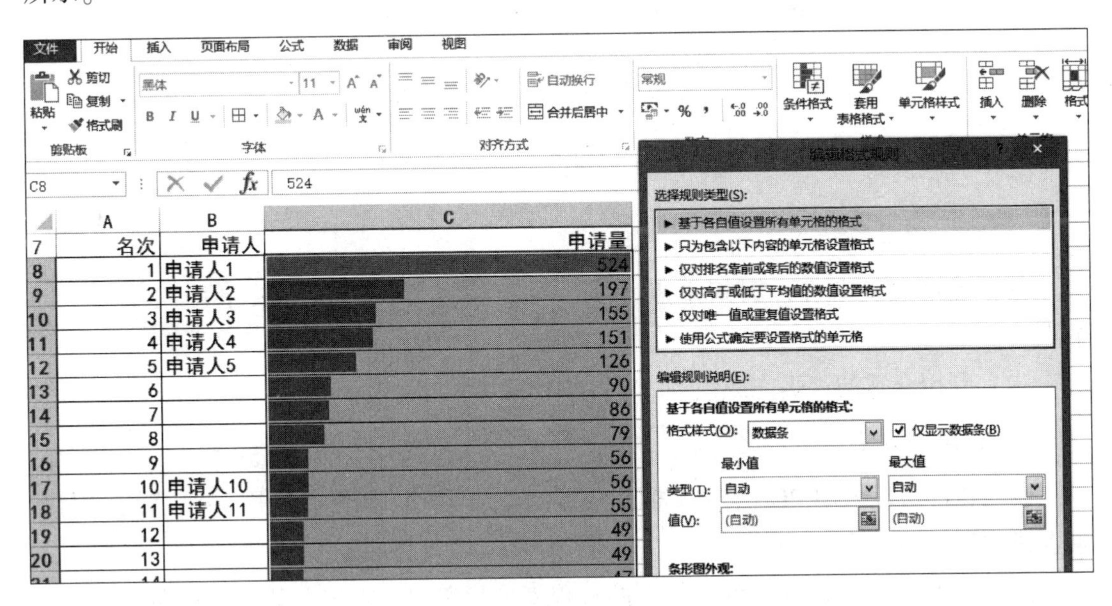

附图 1-7

（4）设置行高，去掉网格线，表格设置“无框线”，如附图 1-8 所示。

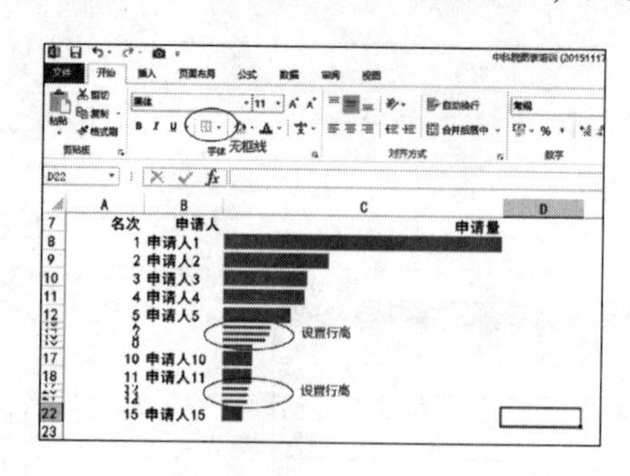

附图 1-8

三、线性进程图的制作

（一）了解线性进程图

线性进程图是以时间为轴表达单一事件进程的图形表现形式，如附图 1-9 所示，是最简单的线性进程图。

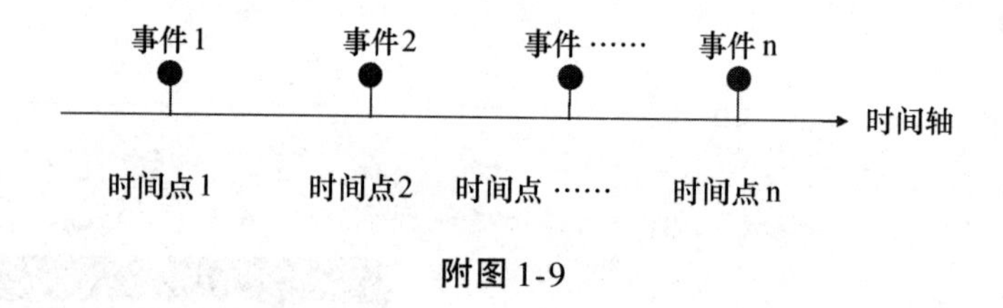

附图 1-9

（二）制图思路

（1）确定主要事件，例如重点专利、重点技术等，以及主要事件发生的时间节点。

（2）利用合适的工具完成绘制。

（三）绘制方法

制图软件可以采用 PPT 中文本框和线形的叠加实现，也可以利用 visio 实现，本书重点讲述利用 visio 的操作。

线性进程图利用 visio 日程安排图的日程表形状实现，首先，建立空白页面，形状选择中选取“日程表”，拖动“块状日程表”到页面上，右键选择“配置日程表”，visio 中时间格式默认为年月日，因此要将时间格式设置为年，参见附图 1-10（a），时间刻度选择“年”，开始中的年份设置 2000，结束中的年份设置为 2015，单击确定。对于起始结束时间也要单击右键，选择“更改时间格式”将时间选择为年（2017），参见附图 1-10（b）、附图 1-10（c）。

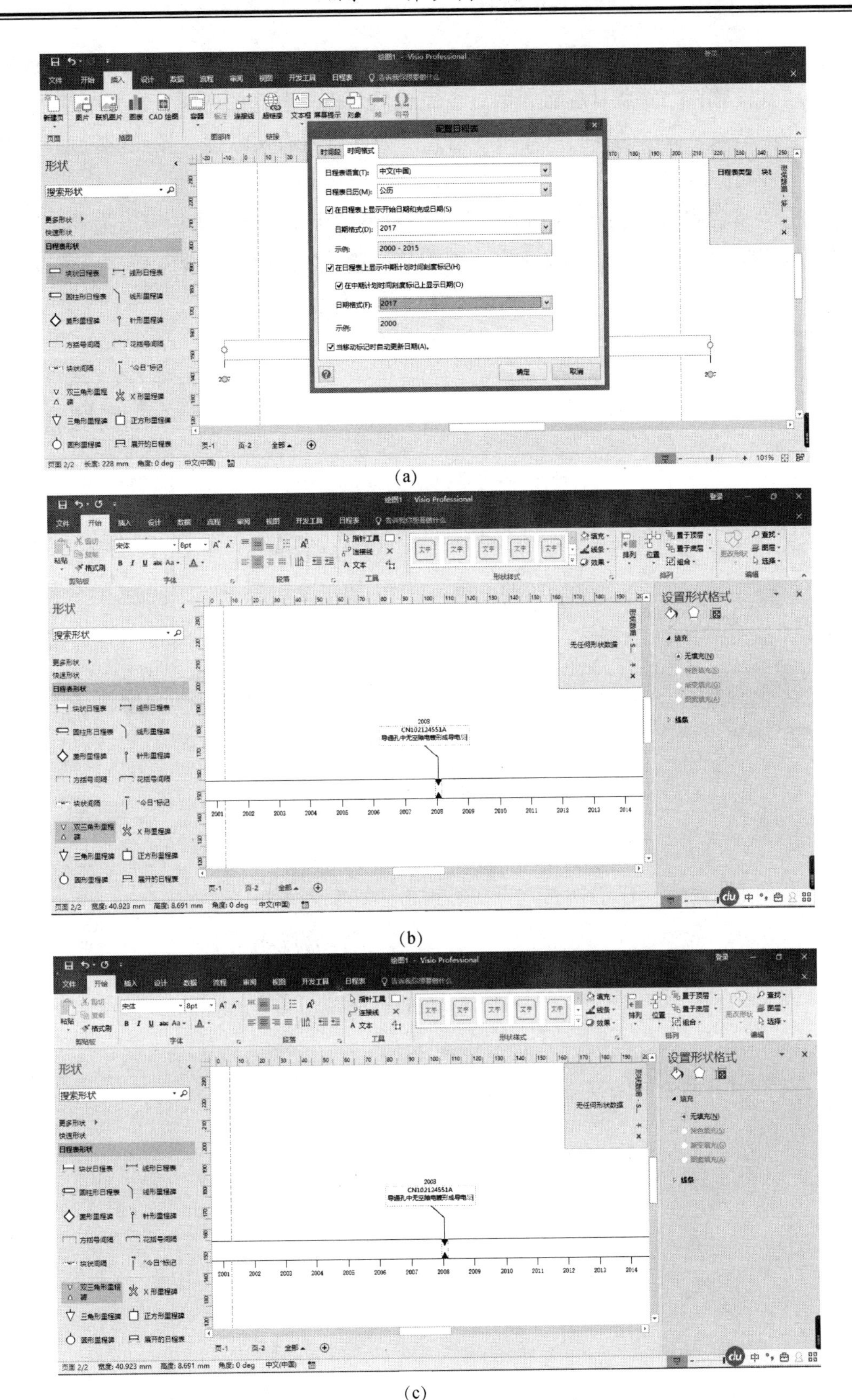

绘图1 - Visio Professional
配置日程表
时间段
时间格式
日程表语言(T): 中文(中国)
日程表日历(M): 公历
在日程表上显示开始日期和完成日期(S)
日期格式(D): 2017
示例: 2000 - 2015
在日程表上显示中期计划时间刻度标记(H)
在中期计划时间刻度标记上显示日期(O)
日期格式(F): 2017
示例: 2000
当移动标记时自动更新日期(A)。
确定
取消
形状
搜索形状
日程表形状
设置形状格式
无任何形状数据
2008
CN102124551A
导通孔中无空隙电镀形成导电
2001
2002
2003
2004
2005
2006
2007
2008
2009
2010
2011
2012
2013
2014

(a)

(b)

(c)

附图 1-10

然后根据技术路线中筛选出的文献在块状日程表上设置里程碑，拖动“里程碑”图标，将其设置在“块状日程表”附近，完成后双击里程碑的说明，在其中输入专利申请号、申请人、简洁的发明点介绍等信息。如此将所有文献逐一按照配置里程碑的方式设置在对应时间区间内。

单击“里程碑”，在引线两端会出现两个黄色的小正方形，鼠标可以拖动其移动，这样可以调整“里程碑”说明文字在页面中的位置，如果“里程碑”较多，可以上下两侧排布，奇数年份设置于一侧，而偶数年份的事件设置于另一侧。

绘制完的技术路线图示例如附图 1-11 所示。

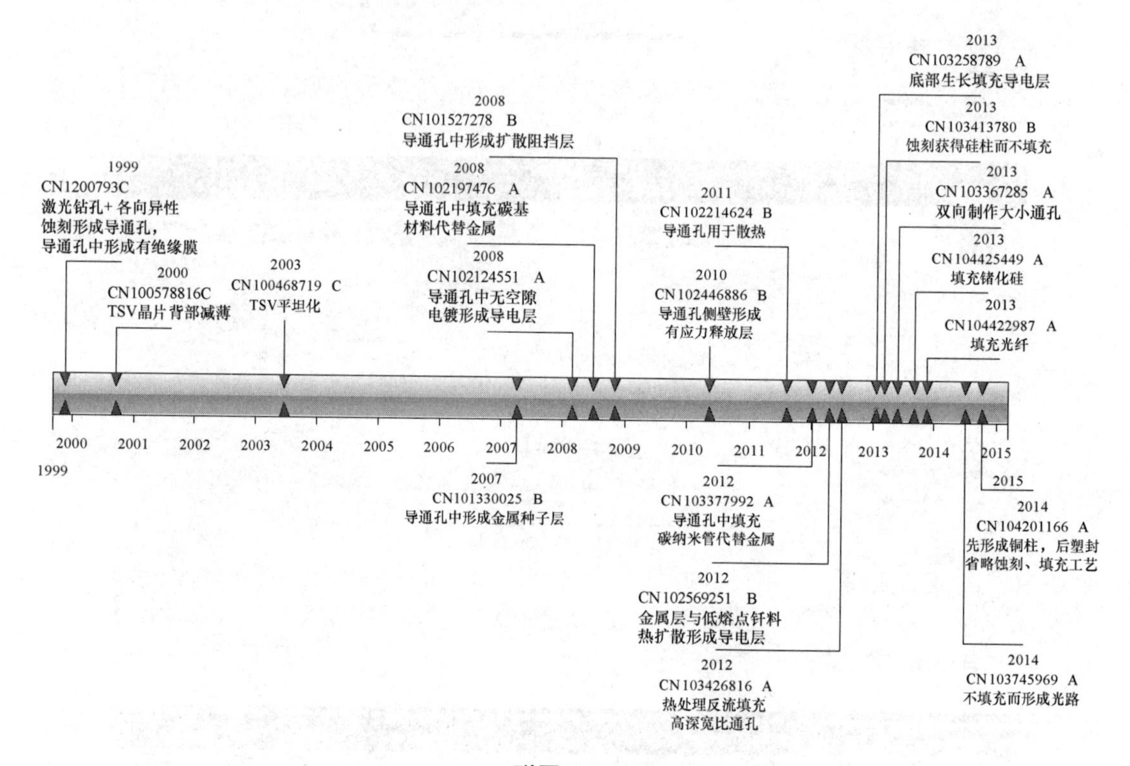

附图 1-11

附录二 常见误读

（一）专利信息分析就是进行数据统计分析，目的是直观地展现各行业的宏观专利状态

解读：专利信息分析不是一种特定的研究目的，而是一种客观的分析手段，它可根据不同的研究需求，实现项目风险预警、专利技术挖掘、技术空白点预研等多种场景的应用。

（二）专利信息分析就是专利检索

解读：专利检索是专利信息分析的组成部分之一，但专利信息分析仅包括专利检索是远远不够的，还需要技术分解、图表制作、数据分析等多个环节的协同。

（三）太复杂了，只有咨询机构的专业团队才能做专利信息分析，企业做不来

解读：专利信息分析是一个内涵很丰富的概念，分析对象可以是几万甚至几十万的行业专利数据，也可以是聚焦某一特定产品或企业的小体量专利数据；分析范畴可以是定量结合定性的多维度分析，也可以仅仅是对某一特定研发项目的查新预警。并不是所有的专利信息分析项目都需要外部咨询团队进行，只要企业配有具备一定技能的人员，完全可以根据自身需求开展好“定制化的”专利信息利用工作。

（四）专利信息分析是单纯对专利大数据和专利文本的提炼与解读

解读：专利信息分析是为商业行为服务的，无论是服务技术研发，还是服务产品销售，最终要落到企业发展上来。因此，分析的范畴不能局限于专利本身，要放在行业发展和技术发展的大环境下考量。

（五）行业调查和技术调查形式大于内容，仅是为了增加研究报告的篇幅

解读：由于不同分析项目的行业特点差异很大，在项目开始前和行进中有必要让项目团队对行业发展状况和技术最新动向进行二次学习，以便支撑后续的技术分解、图表解读等专业性非常高的工作。

（六）专利信息分析报告的研究框架可遵循固定套路，一般是全球专利态势分析居首、国内专利态势分析居中、行业主要专利申请人分析断后。

解读：专利信息分析报告的研究框架要视分析项目的需求而定，可以借鉴已有成

果的思路，但务必要揣度已有成果的项目需求。项目需求一旦明确，研究框架即可围绕这条主线去设计，从而剥离不相关的研究方向。

（七）项目需求方在项目进展过半时又冒出一堆新想法，导致我们南辕北辙经常返工，当初项目启动时怎么什么都不说啊？

解读：真正的项目需求来自于决策企业产品战略的高管，往往这些人在分析项目初始时几乎没有接触过专利信息，也不清楚分析项目能做什么，这就导致项目需求方进入状态很慢。对于项目团队来说，应尽可能投入时间在需求制定环节，要分配足够的精力引导甚至培训项目需求方明确研究需求。

（八）专利信息分析可以不进行产业技术分解这个环节

解读：无论是从专利检索的难度来讲，还是从分析解读的深度来讲，甚至是从与客户沟通的顺畅度来讲，产业技术分解都是至关重要的环节，因此必不可少。

（九）产业技术分解应当以专利分类体系为纲，适度进行调整

解读：专利分类体系有其独立的服务领域，面向对象主要是专利审查或代理人员。如果直接按照专利分类体系进行技术分解，数据检索的难度虽然降低了，但是很可能这种体系与产业实际分工相去甚远，使得分析报告的结构很难被客户理解和认同。

（十）产业技术分解的方法最好是自下而上，即先把子技术考虑全面，然后逐层向上概括

解读：由于项目所属产业的特点千差万别，万万不能简单粗暴地试图找到最佳分解方法，不管是自下而上的方式，还是自上而下的方式，或是上下结合的方式，都要学会灵活运用。

（十一）看图说话：对图表分析的误读

解读：对于专利分析过程中产生的图表解读，最为常见的误区就“看图说话”，认为只要对着图表，把图表上面呈现的内容解释一遍即可。在实际操作中，一定要尽量避免和克服这种误解。虽然说，一幅图表可以达到“一图胜千言”的功效，但假如一幅图表仅需要或仅能够通过看图说话就可以解读透彻，那么这幅图表起到的作用更多的是信息压缩作用，而不是信息增值和价值传达，而后者才是专利信息分析图表所真正要实现的。例如，附图 2-1 是关于某市的发明专利授权、发明专利申请和相应时间段内的 GDP 情况，如果仅仅是看图说话，那么可能就只限于把趋势表达出来，例如，GDP 呈直线增长趋势，发明专利的授权和申请均不稳定。这种解读显然不存在错误，但显然没有将该图所蕴藏的和应该表达的信息传达出来。

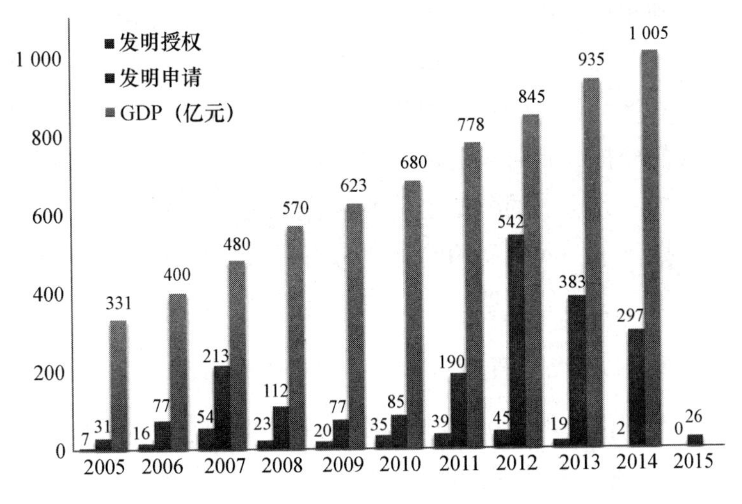

附图 2-1

实际上，对于附图 2-1，其要传达的核心信息是，该市的 GDP 增长极为迅猛，但作为表征技术创新能力的发明专利授权和发明专利申请量并没有保持同步的增长，该图表的解读需要更多地从这一现象发生的原因入手，找出“症状”的源头（例如，是否是政策变化所致等）。

（十二）在进行专利布局分析时，没有具有可操作性的理论依据参考

解读：首先，类似于“事后诸葛亮”式的“倒推式”专利布局分析，并不像想象中的那么复杂，由于专利信息的易获得性、可分析性、可关联性，专利布局的分析，只要明确了具体的需求，结合相应的信息工具，其实现是相对容易的。其次，专利布局分析，是可以有层次的，为了说明这种层次性，此处提出以下递进的层次关系。

（1）宏观层次专利布局分析。

宏观层次的专利布局分析，就是要考察和分析谁（Who）、什么时候（When）、在哪里（Where）、就什么（What）、通过什么途径（How）、申请多少（How Many）专利的分析（4W2H 分析）。应该说，该层次的分析最为初级，也最易于实现，但 4W2H 分析也是专利布局分析中的基础内容，绝大多数情形的专利布局分析都会包括该层次的分析。

（2）技术路线层次专利布局分析。

比 4W2H 分析相对更深层次的专利布局分析是技术路线角度的专利布局分析，在该层次下，分析人员的关注焦点主要集中在发现技术的演进路线上。

（3）重要专利层次的专利布局分析。

通常情况下，专利布局分析最终落到具体技术方案的分析上，而这些具体的技术方案通常是来自被视为重要的专利。

（4）定制融合层次的专利布局分析。

在实务中，专利布局分析，往往是前面第一层次、第二层次、第三层次的融合，并且根据具体的项目需求，有选择性地、定制式地展开。例如，有的情况下，宏观层次的分析是直接针对某个具体的竞争对手，而有的时候则是针对该技术领域，同样的对于技术路线层次的分析，有时候是针对整个技术领域，有时则需要聚焦某个特定的研究对象，对于重要专利层次的分析也是类似的道理。

因此，在实际操作中，我们使用的是“分析对象+层次”的理论依据，即根据要研究的具体对象，所要达成的预期目标，在相应的层次展开专利布局的分析。

（十三）不知道专利信息也可以用来挖掘创新方案

解读：不知道专利信息可以用来挖掘潜在的创新方案以解决当前面对的技术问题（大多数时候实际上还连带着法律问题），这是关于运用专利分析方法进行专利挖掘实务中最为常见的误读。实际上，专利文献作为一种独特的、规范化程度很高的文献，不仅蕴含着大量的技术信息，更是通过其格式化的表现形式，便于人们以很高的效率对这些信息进行检索、分析和挖掘。例如，当面对喷墨打印机中容易堵塞喷墨打印头的问题时，如果能够充分地利用专利信息，就能够找到现有的针对该问题并提出解决方案的专利文献，以及在其基础上进一步改进或挖掘出差异化的新解决方案。

（十四）不知道专利挖掘还有理论指导工具

解读：关于专利挖掘另一个比较常见的误读是认为专利挖掘没有理论指导工具、是完全没有章法的过程。这种情形下，由于没有基本的理论工具，因此在实际的专利挖掘工作中，会显得比较随机，导致工作效率低下，无法切中要害并有效地解决问题。例如，如果专利挖掘时，没有适合的理论指导，就无法保证挖掘对象（专利文献）的全面性和准确性，也无法保证挖掘出的技术方案的创新性和创造性，甚至有可能由此造成未来的潜在风险（例如，认为挖掘出来的技术方案是全新的，但这样的技术方案很可能在仍然有效专利的权利要求保护范围之内）。

（十五）专利风险预警分析只需关注产品或服务的直接竞争对手

解读：上述误读的存在，主要原因是对于风险专利来源主体的认识不够全面或者说不完整。要知道，在如今复杂多变的商业环境中，专利权利人主体已经变得极为多样化，关于风险专利的分析和监控范围，已经扩展到远不仅限于通常认识上的所谓（直接）竞争对手，风险专利还可能来自于更多类型的主体，例如，还应该包括产业上下游企业、科研院所和NPE等，因此，专利风险预警分析要关注的对象，是应该以与产品或服务相应的技术本身为基础，从技术追溯到专利、从专利溯源到权利人主体，以最后做出相应的决策[①]。

（十六）专利风险预警分析只需要关注已经获授权的有效专利

解读：关注已经授权且当前有效的专利是极为重要的一方面，但如前面已经提到过的，在特定的未来时间内可能有效（即授权）、当前仍然是专利申请的，也是重要的关注对象。而且由于PCT申请的存在并且有日受欢迎的趋势，专利FTO要尤其对PCT申请给予关注，因为PCT申请给专利申请人提供了多个保护地域的选择，否则仅限定在明确的地域，很可能会遗漏来自于PCT申请的风险。

（十七）专利风险预警分析结果确认相对安全就可以高枕无忧

解读：上述错误认识主要来自于对专利风险的动态性认识不到位，需要明确的是，全球范围内，专利制度具有多样性特点，例如：PCT专利的存在，可能会导致某个区域的专利在FTO时间点之后才出现；对于实用新型或外观专利等实行授权才公开公告的地区（例如，中国），其专利风险只有在专利授权公告的时候才能够被获悉；对于待审或在审的发明专利申请，其最终是否会构成风险以及可能带来的风险大小，只有在其授权公告的时候才能够明确；以及在现有专利（申请）的基础上衍生出的分案申请（申请人主动或受专利局要求而被动提出），也可能在将来成为风险专利。因此，专利FTO应该是一个动态的、持续的过程，绝不可以因为在某个时间点做了专利FTO确认相对安全[②]之后就感觉可以高枕无忧了，而上面的分析足够表明，这样的认识是严重的误解。

（十八）专利分析报告的撰写就是把分析过程中的所有发现记录下来

解读：严格来说，上述认识并不是错误，但是不完全正确，但如果以这样的认识作为指导专利分析报告的撰写过程，则形成的报告很可能可读性不高、针对性不强、重点不突出、结构不严谨，从而会给读者造成较差的阅读体验，无法以高效的方式获得报告的核心内容。

---

① 对于不同类型的权利主体，可以采取的专利FTO应对措施可能差异很大，例如，如果风险专利来自直接竞争对手，则规避设计可能是更多地考虑方案，因为竞争对手很可能不给予专利许可授权，并借此狙击己方产品或服务的上市。但如果专利权人是科研机构或NPE，它们可能更多的是关注技术的产业化、技术的货币化价值实现，因此，在符合经济利益最大化的前提下，可能转让或许可等方式是比规避设计更佳的选择。

② 专利FTO仅能够做到提供一个相对客观的结论，影响专利FTO结果包括两大重要因素，第一，专利检索；第二，专利侵权分析（即将专利权利要求与产品或服务进行比对）。前者无法做到绝对的完整，导致不可能做到绝对完整的因素也有多种，例如，检索本身无法做到完整，包括检索要素的构建可能无法做到完美、风险专利文献暂时无法获得（包括没有公开无法检索到、由于数据的缺失而无法检索到，这对于一些实行专利制度但专利文献数字化或对外公开程度很差的国家或地区尤其如此），而对于专利侵权分析，同样存在很多不确定影响因素，包括分析人员的专利解读与产品或服务比对能力，甚至于司法系统对于侵权的界定等（例如，司法体系、行政体系对于是否侵权认知不一致的情形常有发生）。